ギリシャ文字

大文字	小文字	読み方	大文字	小文字	読み方
A	α	アルファ	N	ν	ニュー
B	β	ベータ	Ξ	ξ	クシー
Γ	γ	ガンマ	O	o	オミクロン
Δ	δ	デルタ	Π	π	パイ
E	ϵ, ε	イプシロン	P	ρ, ϱ	ロー
Z	ζ	ゼータ	Σ	σ	シグマ
H	η	イータ	T	τ	タウ
Θ	θ, ϑ	シータ	Υ	υ	ウプシロン
I	ι	イオタ	Φ	ϕ, φ	ファイ
K	κ	カッパ	X	χ	カイ
Λ	λ	ラムダ	Ψ	ψ	プサイ
M	μ	ミュー	Ω	ω	オメガ

コア講義

線形代数

礒島 伸・桂 利行・間下克哉・安田和弘 著

裳華房

LINEAR ALGEBRA

by

SHIN ISOJIMA
TOSHIYUKI KATSURA
KATSUYA MASHIMO
KAZUHIRO YASUDA

SHOKABO
TOKYO

はじめに

理工系の学生にとって線形代数学は必須の知識である．本書は，数学専攻ではない理工系学部の学生を主たる対象とした線形代数学の教科書として執筆したものである．理工系の学部では，半期の授業2コマを線形代数学にあてることが多いようである．本書は，春学期・秋学期を通して行われる講義で，各学期に（若干の余裕を見て）13回の授業が行われるものとして構成した．

線形代数学は，前半で学ぶ行列の階数が後半で重要な意味を持つことなど，全体として大きな理論体系をなすものである．全体と細部，それぞれをきちんと理解して体系的な知識として吸収することが必要であることが，線形代数学を難しいと思わせる理由の1つとも考えられる．本書が，数学を専門としない理工系学生を対象とした教科書であることから，面倒な証明は省略した部分も少なくないが，線形代数学の体系性を理解することが可能となるように，例を通して証明が理解できるような配慮を行った．

ここで「線形」の意味について少し説明しておこう．

比例のグラフは $y = kx$ という簡単な式で表される．関数 $y = f(x)$ のグラフの，点 $(a, f(a))$ における接線の方程式

$$y = f'(a)(x - a) + f(a)$$

は，$Y = y - f(a)$，$X = x - a$，$k = f'(a)$ とおくと

$$Y = kX$$

となり比例の式である．一般の関数 $f(x)$ を，$(a, f(a))$ を原点とする XY 座標系において，比例の式 $Y = f'(a)X$ で近似して考えようというのが微分法の

基本的な考え方である．比例の式 $y = kx$ は最も簡単でわかりやすい式である．ごく大雑把にいってしまえば，比例の考え方を拡張しようというのが線形代数学の考え方である．比例の式 $y = kx$ のグラフは直線であるが，線形代数学の「線」は，この「直線」の「線」である．

本書で線形代数学を学ぶ皆さんの中には，平行して微分積分学を学んでいる人も多いものと思われる．微分積分学では偏微分係数という量が導入される．線形代数学の知識を必要とするので，微分積分学の教科書では記述が省略されることが多いが，偏導関数は多変数の関数を本書の第5章に述べる線形写像で近似する際に必要となる量である．このように，微分積分学でもあちこちに「線形代数学」の考えがひそんでいるのである．

くり返しになるが，線形代数学は微分積分学に限らず，数学以外の分野においても広く利用される理論体系であり，少なくとも理工系の学生にとっては必須の知識である．本書で線形代数学を学ぶ皆さんには，理解を深めるために是非とも節末の演習問題を，自ら手を動かして解いて欲しいと思う．そのために，解答は少し詳し目のものを巻末に付けておいた．

数学の授業では，既出の定理を引用することが少なくなく，引用を簡便かつわかりやすく行えることが重要である．そこで本書では定理などの番号付けを，「定理」や「系」，「例題」などの番号は章番号に番号を追加する形式とした．

本書の執筆において，法政大学理工学部で兼任講師として講義を担当する諸先生から有益な指摘をいただきました．また (株) 裳華房編集部の小野達也氏，久米大郎氏にも大変お世話になりました．心からの御礼を申し上げます．

平成28年8月

礒島　伸　　桂　利行
間下克哉　　安田和弘

目　次

第１章　平面と空間のベクトル

第２章　行列の基礎

第３章　行 列 式

第４章　ベクトル空間

第５章　線形写像と固有値

平面と空間のベクトル

1.1　ベクトル

1.1.1　幾何ベクトルと数ベクトル

平面または空間の有向線分を**幾何ベクトル**という．

2 点 A, B が与えられたとき，A を始点，B を終点とする有向線分 AB を $\overrightarrow{\mathrm{AB}}$ で表す．

点 P に対して点 P′ を，線分 AB と PP′ が平行で四角形 ABP′P が平行四辺形になるように定める (図 1.1)．このようにして定まる点 P′ を，点 P をベクトル $\overrightarrow{\mathrm{AB}}$ に沿って平行移動した点といい

$$\mathrm{P}' = \mathrm{P} + \overrightarrow{\mathrm{AB}} \qquad (1.1)$$

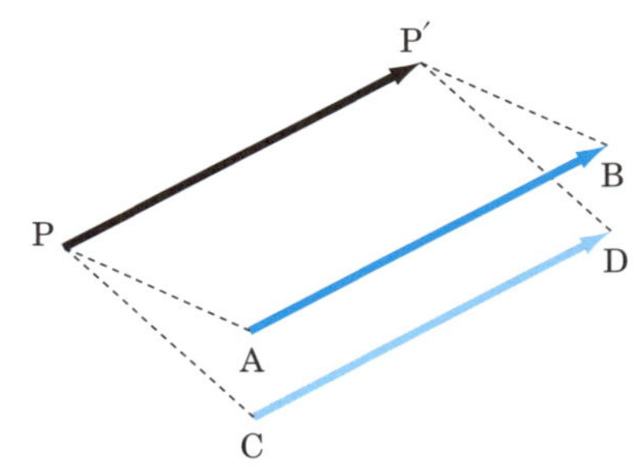

図 1.1　点の平行移動

と表す．$\mathrm{P}' = \mathrm{P} + \overrightarrow{\mathrm{AB}} = \mathrm{P} + \overrightarrow{\mathrm{CD}}$ が成り立つとき，ベクトル $\overrightarrow{\mathrm{AB}}$ と $\overrightarrow{\mathrm{CD}}$ は，等しいといい $\overrightarrow{\mathrm{AB}} = \overrightarrow{\mathrm{CD}}$ と書く．$\overrightarrow{\mathrm{AB}} = \overrightarrow{\mathrm{CD}}$ であることは，線分 AB と CD は長さが等しく，同じ向きで平行であることと同値である．

ベクトル $\vec{u} = \overrightarrow{\mathrm{AB}}$ に沿って点 P を平行移動した点を P′，ベクトル $\vec{v} = \overrightarrow{\mathrm{BC}}$

に沿って P′ を平行移動した点を P″ とすると $P'' = (P + \vec{u}) + \vec{v}$ である(図1.2).

このとき $P'' = P + \vec{w}$ となるベクトル $\vec{w}$ を $\vec{u}$ と $\vec{v}$ の**和**といって $\vec{w} = \vec{u} + \vec{v}$ と書く. $\vec{w} = \overrightarrow{AC}$ であり, 幾何ベクトルの和について,

$$\overrightarrow{AC} = \overrightarrow{AB} + \overrightarrow{BC} \qquad (1.2)$$

が成り立つ.

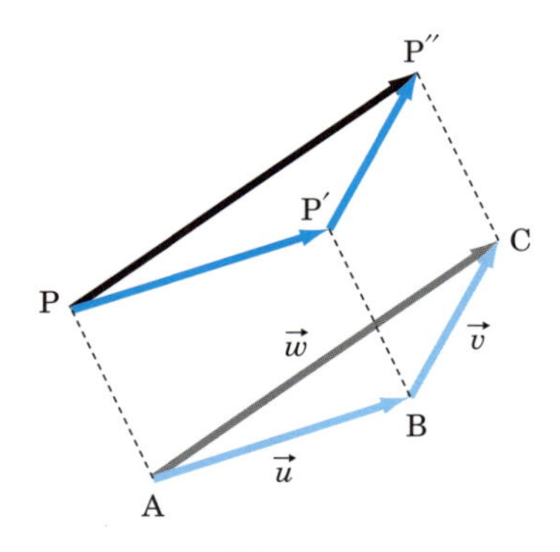

図 1.2 幾何ベクトルの和

3つの実数の組 (x, y, z) を**3次元数ベクトル**という.

点 O を原点とする xyz 空間の点 P の座標が $P(x, y, z)$ であるとき, 幾何ベクトル $\overrightarrow{OP}$ に3次元数ベクトル (x, y, z) を対応させると, 空間の幾何ベクトルの全体と3次元数ベクトルの全体とが1対1に対応する. この対応によって対応する幾何ベクトルと数ベクトルを同じものとみなして

$$\overrightarrow{OP} = (x, y, z)$$

のように書く. $\overrightarrow{OP} = (x, y, z)$ となる数ベクトル (x, y, z) を, 幾何ベクトル $\overrightarrow{OP}$ の**成分表示**という. 幾何ベクトルと数ベクトルの対応を用いて, 数ベクトルの和を定義してみよう.

A を原点 O として (1.2) を書き直すと

$$\overrightarrow{OC} = \overrightarrow{OB} + \overrightarrow{BC} \qquad (1.3)$$

となる. 点 B および C の座標を, それぞれ, $B(b_1, b_2, b_3)$ および $C(c_1, c_2, c_3)$ とするとき, $\overrightarrow{BC}$ に3次元数ベクトル $(c_1 - b_1, c_2 - b_2, c_3 - b_3)$ が対応することは容易にわかる. $c_i - b_i = a_i$ $(i = 1, 2, 3)$ とおいて (1.3) を対応する数ベクトルで書き直すと

$$(a_1 + b_1, a_2 + b_2, a_3 + b_3) = (a_1, a_2, a_3) + (b_1, b_2, b_3)$$

となる.

始点と終点が同じ点である幾何ベクトル $\overrightarrow{\mathrm{PP}}$ を**零ベクトル**といい $\vec{0}$ と書く．また，ベクトル $\vec{v}=\overrightarrow{\mathrm{PQ}}$ の始点と終点を交換したベクトル $\overrightarrow{\mathrm{QP}}$ を $\vec{v}$ の**逆ベクトル**といい $-\vec{v}$ と書く．

零ベクトル $\vec{0}$ には数ベクトル $(0,0,0)$ が対応し，幾何ベクトル $\vec{v}$ に数ベクトル (a,b,c) が対応するとき，逆ベクトル $-\vec{v}$ には $(-a,-b,-c)$ が対応することが容易にわかる．

定理 1.1 ベクトルの和について次が成り立つ．

(1) $\vec{u}+\vec{v}=\vec{v}+\vec{u}$

(2) $(\vec{u}+\vec{v})+\vec{w}=\vec{u}+(\vec{v}+\vec{w})$

(3) $\vec{0}+\vec{v}=\vec{v}+\vec{0}=\vec{v}$

(4) $(-\vec{v})+\vec{v}=\vec{v}+(-\vec{v})=\vec{0}$

ベクトル $\vec{v}=(v_1,v_2,v_3)$ と実数 k に対して，これらの**積**と呼ばれるベクトル $k\vec{v}$ を

$$k\vec{v}=(kv_1,kv_2,kv_3)$$

で定義する．実数とベクトルの積を，ベクトルの**スカラー倍**ともいう．

$\vec{v}=\overrightarrow{\mathrm{AB}}$ が零ベクトルでなく，$\vec{v}=(v_1,v_2,v_3)$ であるとしよう．$\overrightarrow{\mathrm{AC}}=k\vec{v}$ となるとき

- $k=0$ ならば，C は A に一致する．
- $k>0$ ならば，C は線分 AB を B の側に延長した半直線上にあり，線分の長さについて $\mathrm{AC}=k\mathrm{AB}$ をみたす点である．
- $k<0$ ならば，C は線分 AB を A の側に延長した半直線上にあり，線分の長さについて $\mathrm{AC}=-k\mathrm{AB}$ をみたす点である．

定理 1.2 ベクトルと実数の積について次が成り立つ．

(1) $1\vec{v}=\vec{v}$

(2) $k(\vec{u}+\vec{v})=k\vec{u}+k\vec{v}$

(3) $(k+l)\vec{v}=k\vec{v}+l\vec{v}$

(4)　$(kl)\vec{v} = k(l\vec{v})$

1.1.2　ベクトルの内積

2つの数ベクトル $\vec{a} = (a_1, a_2, a_3)$，$\vec{b} = (b_1, b_2, b_3)$ に対して，これらの**内積**と呼ばれる数 $\vec{a}\cdot\vec{b}$ を

$$\vec{a}\cdot\vec{b} = a_1b_1 + a_2b_2 + a_3b_3$$

で定義する．

$\vec{a}\cdot\vec{b} = 0$ のとき，$\vec{a}$ と $\vec{b}$ は**直交する**という．

$\vec{a} = \overrightarrow{\mathrm{OP}}$ で，点 P の座標が $\mathrm{P}(x, y, z)$ のとき $\vec{a}\cdot\vec{a} = x^2 + y^2 + z^2$ だから，線分 OP の長さは $\mathrm{OP} = \sqrt{\vec{a}\cdot\vec{a}}$ である．$\sqrt{\vec{a}\cdot\vec{a}}$ を，ベクトル $\vec{a}$ の**長さ**といい

$$|\vec{a}| = \sqrt{\vec{a}\cdot\vec{a}}$$

と書く．長さが1であるベクトルを**単位ベクトル**という．

定理 1.3　ベクトルの内積について次が成り立つ．

(1)　$\vec{a}\cdot\vec{b} = \vec{b}\cdot\vec{a}$

(2)　$(\vec{a} + \vec{b})\cdot\vec{c} = \vec{a}\cdot\vec{c} + \vec{b}\cdot\vec{c}$

　　$\vec{a}\cdot(\vec{b} + \vec{c}) = \vec{a}\cdot\vec{b} + \vec{a}\cdot\vec{c}$

(3)　$(k\vec{a})\cdot\vec{b} = \vec{a}\cdot(k\vec{b}) = k(\vec{a}\cdot\vec{b})$

(4)　$\vec{a}\cdot\vec{a} = |\vec{a}|^2 \geq 0$ *

　　等号が成り立つのは $\vec{a} = \vec{0}$ のときに限る．

系 1.4　$\vec{a} = (a_1, a_2, a_3)$，$\vec{b} = (b_1, b_2, b_3)$ とする．

任意の $\vec{x} = (x_1, x_2, x_3)$ に対して

$$\vec{a}\cdot\vec{x} = \vec{b}\cdot\vec{x}$$

が成り立つならば $\vec{a} = \vec{b}$ である．

* ≦（または ≧）を本書では，≤（または ≥）と書く．

証明 $\vec{a}\cdot\vec{x}=\vec{b}\cdot\vec{x}$ から $(\vec{a}-\vec{b})\cdot\vec{x}=0$ が成り立つ．ここで，$\vec{x}$ は任意だから，とくに $\vec{x}=\vec{a}-\vec{b}$ とすると $|\vec{a}-\vec{b}|^2=0$ となる．定理 1.3 (4) から $\vec{a}-\vec{b}=0$ となる．■

単位ベクトルとの内積には次の図 1.3 のような幾何学的な意味がある．

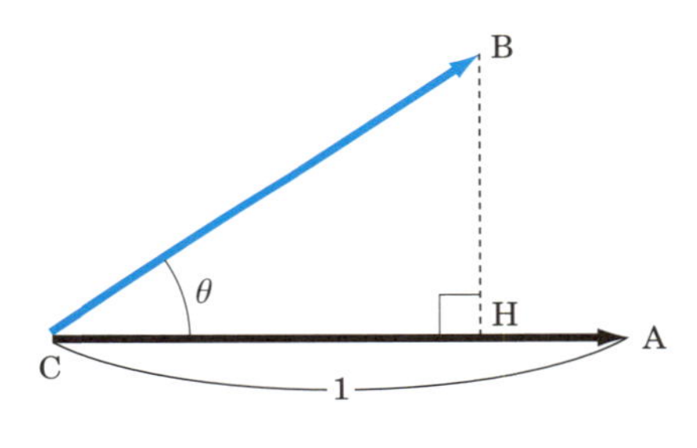

図 1.3 $\mathrm{CH}=\overrightarrow{\mathrm{CA}}\cdot\overrightarrow{\mathrm{CB}}$

定理 1.5 点 C を始点とする 2 つの幾何ベクトル $\overrightarrow{\mathrm{CA}}$, $\overrightarrow{\mathrm{CB}}$ が与えられているとする．角 ACB の大きさを θ とするとき

$$\overrightarrow{\mathrm{CA}}\cdot\overrightarrow{\mathrm{CB}}=\mathrm{CA}\,\mathrm{CB}\cos\theta$$

である．

とくに，$\theta=\dfrac{\pi}{2}$ のとき $\overrightarrow{\mathrm{CA}}\cdot\overrightarrow{\mathrm{CB}}=0$ である．

証明 三角形 ACB に対して余弦定理を用いると

$$2\,\mathrm{CA}\,\mathrm{CB}\cos\theta=\mathrm{CA}^2+\mathrm{CB}^2-\mathrm{AB}^2$$

となる．$\overrightarrow{\mathrm{CA}}$, $\overrightarrow{\mathrm{CB}}$ の成分表示を，それぞれ $\overrightarrow{\mathrm{CA}}=(a_1,a_2,a_3)$，$\overrightarrow{\mathrm{CB}}=(b_1,b_2,b_3)$ とすると，$\overrightarrow{\mathrm{AB}}=(b_1-a_1,b_2-a_2,b_3-a_3)$ で

$$\begin{aligned}2\,\mathrm{CA}\,\mathrm{CB}\cos\theta&=\mathrm{CA}^2+\mathrm{CB}^2-\mathrm{AB}^2\\&=\{(a_1)^2+(a_2)^2+(a_3)^2\}+\{(b_1)^2+(b_2)^2+(b_3)^2\}\\&\qquad-\{(b_1-a_1)^2+(b_2-a_2)^2+(b_3-a_3)^2\}\\&=2a_1b_1+2a_2b_2+2a_3b_3\\&=2\overrightarrow{\mathrm{CA}}\cdot\overrightarrow{\mathrm{CB}}\end{aligned}$$

となる．■

1.1.3　空間ベクトルの外積

空間ベクトル $\vec{a}=(a_1,a_2,a_3)$，$\vec{b}=(b_1,b_2,b_3)$ に対して定まる次のベクトルを $\vec{a}$ と $\vec{b}$ の**外積**という．

$$\vec{a}\times\vec{b}=(a_2b_3-a_3b_2,\ a_3b_1-a_1b_3,\ a_1b_2-a_2b_1)$$

例 1.1　(1)　基本ベクトル $\vec{e_1}=(1,0,0)$，$\vec{e_2}=(0,1,0)$，$\vec{e_3}=(0,0,1)$ の外積は

$$\vec{e_1}\times\vec{e_2}=-\vec{e_2}\times\vec{e_1}=\vec{e_3},$$
$$\vec{e_2}\times\vec{e_3}=-\vec{e_3}\times\vec{e_2}=\vec{e_1},$$
$$\vec{e_3}\times\vec{e_1}=-\vec{e_1}\times\vec{e_3}=\vec{e_2}$$

(2)　$(1,2,3)\times(4,5,6)=(-3,6,-3)$　◆

次の定理は，定義に従って簡単に示せる．

定理 1.6　外積は次の性質を持つ．

(1)　$\vec{a}\times\vec{a}=\vec{0}$

(2)　$\vec{a}\times\vec{b}=-\vec{b}\times\vec{a}$

(3)　$(k\vec{a})\times\vec{b}=\vec{a}\times(k\vec{b})=k(\vec{a}\times\vec{b})$

(4)　$\vec{a}\times(\vec{b}+\vec{c})=\vec{a}\times\vec{b}+\vec{a}\times\vec{c}$

　　$(\vec{a}+\vec{b})\times\vec{c}=\vec{a}\times\vec{c}+\vec{b}\times\vec{c}$

(5)　$(\vec{a}\times\vec{b})\cdot\vec{c}=\vec{a}\cdot(\vec{b}\times\vec{c})$

3つの空間ベクトル $\vec{a}$, $\vec{b}$, $\vec{p}$ は，右手の親指を $\vec{a}$ の向きに，右手の人差し指

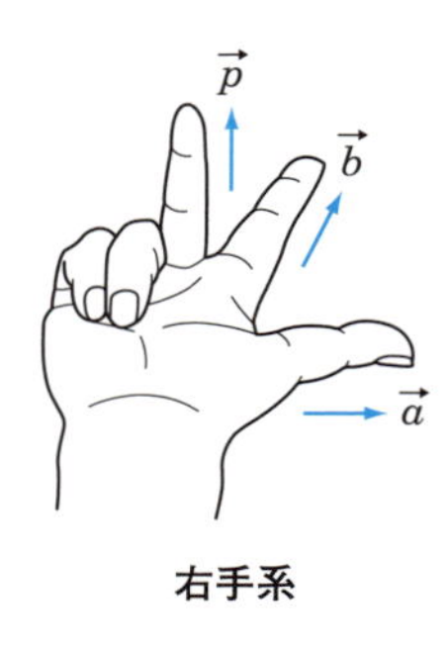

右手系

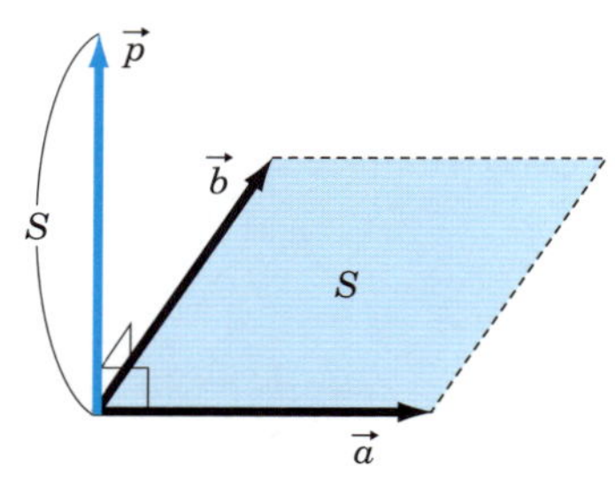

外積

を $\vec{b}$ の向きに，右手の中指を $\vec{p}$ の向きに合わせられるとき，**右手系**であるという．

定理 1.7 (1) $\vec{a}$ と $\vec{b}$ が平行であるとき $\vec{a} \times \vec{b} = \vec{0}$ である．

(2) $\vec{a}$ と $\vec{b}$ は平行でないとし，$\vec{a}$ と $\vec{b}$ を隣り合う 2 辺とする平行四辺形の面積を S とする．外積 $\vec{p} = \vec{a} \times \vec{b}$ は次の性質を持つ．

(i) $\vec{p}$ は $\vec{a}$ にも $\vec{b}$ にも直交する．

(ii) $\vec{p}$ の長さ $|\vec{p}|$ は S に等しい．

(iii) $\vec{a}$，$\vec{b}$，$\vec{p}$ は右手系である．

証明 (1) は定理 1.6 (1)，(3) から明らかである．

(2) $\vec{a} = (a_1, a_2, a_3)$，$\vec{b} = (b_1, b_2, b_3)$ とすると，定義から

$$\vec{a}\cdot(\vec{a} \times \vec{b}) = a_1(a_2b_3 - a_3b_2) + a_2(a_3b_1 - a_1b_3) + a_3(a_1b_2 - a_2b_1) = 0$$

となるから，$\vec{p} = \vec{a} \times \vec{b}$ は $\vec{a}$ に直交する．同様に $\vec{p} = \vec{a} \times \vec{b}$ が $\vec{b}$ に直交することも示せる．

$\vec{a}$ と $\vec{b}$ のなす角を $\theta\ (0 \leq \theta \leq \pi)$ とすると $S = |\vec{a}||\vec{b}|\sin\theta$ である．これより

$$\begin{aligned}
S^2 &= |\vec{a}|^2|\vec{b}|^2(1 - \cos^2\theta) \\
&= |\vec{a}|^2|\vec{b}|^2 - (\vec{a}\cdot\vec{b})^2 \\
&= ((a_1)^2 + (a_2)^2 + (a_3)^2)((b_1)^2 + (b_2)^2 + (b_3)^2) \\
&\qquad\qquad - (a_1b_1 + a_2b_2 + a_3b_3)^2 \\
&= (a_1b_2 - b_1a_2)^2 + (a_2b_3 - b_2a_3)^2 + (a_3b_1 - b_3a_1)^2 \\
&= |\vec{p}|^2
\end{aligned}$$

となり (ii) が示される．

(iii) の証明は省略する． ■

演習問題 1.1

1.1.1 次のベクトルの外積を計算せよ．

(1)　$(2, 3, 1) \times (1, 5, 2)$　　(2)　$(2, 1, 4) \times (2, 3, 6)$

(3)　$(a, b, 0) \times (c, d, 0)$　　(4)　$(a, b, c) \times (c, a, b)$

1.1.2 定理1.6を示せ．

1.1.3 次の2つのベクトル $\vec{a}, \vec{b}$ と直交する長さ1のベクトル $\vec{c}$ で，$\vec{a}, \vec{b}, \vec{c}$ が右手系になるものを求めよ．また，2つのベクトル $\vec{a}, \vec{b}$ と直交する長さ1のベクトル $\vec{d}$ で，$\vec{a}, \vec{d}, \vec{b}$ が右手系になるものを求めよ．

$$\vec{a} = (1, -2, 3), \quad \vec{b} = (1, 1, 0)$$

1.1.4 Oを原点とする空間に3点 $A(1, 2, 1)$，$B(1, 1, 2)$，$C(1, 1, 6)$ がある．OA, OB, OCを3つの辺としてできる平行六面体（下図）の体積を求めよ．

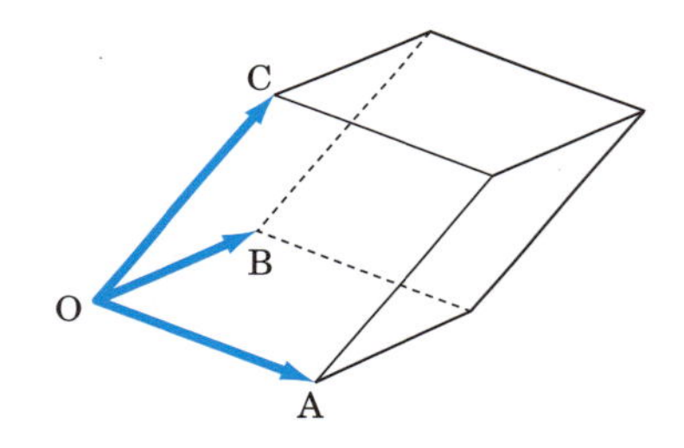

1.1.5 (1)　ベクトル $\vec{a}, \vec{b}$ を2辺とする平行四辺形の面積 S は

$$S = \sqrt{|\vec{a}|^2 |\vec{b}|^2 - (\vec{a} \cdot \vec{b})^2}$$

で与えられることを示せ．

(2)　空間の3点 $P(1, 2, 1)$，$Q(3, 5, 3)$，$R(-1, -2, -1)$ を頂点とする三角形の面積を求めよ．

1.1.6 $\vec{e}$ を直線 ℓ に平行な単位ベクトルとする．点A, Bから，ℓ に下した垂線の足をそれぞれ A′, B′ とする．

$$A'B' = |\overrightarrow{AB} \cdot \vec{e}|$$

が成り立つことを示せ．

1.2 平面の方程式

c を実数とするとき，xyz 空間の，$z = c$ で表される図形は平面である．ここでは，空間内の一般の平面の方程式について考える．

1.2.1 直線の方程式

平面の方程式について考える前に，直線の方程式について見なおしておこう．

O を原点とする座標平面上に，相異なる 2 点 $A(a_1, a_2)$，$B(b_1, b_2)$ が与えられたとき，A, B を通る直線がただ 1 本存在する．この直線を ℓ とし，ℓ 上の任意の点 $P(x, y)$ をとる．

このとき，ベクトル $\overrightarrow{AP}$ は，適当な実数 t を用いて $\overrightarrow{AP} = t\overrightarrow{AB}$ と表すことができるから

$$\overrightarrow{OP} = \overrightarrow{OA} + t\overrightarrow{AB} \tag{1.4}$$

となる．これを，直線 ℓ の**ベクトル方程式**という．

(1.4) を書き直すことによって，ℓ の別の表示を得ることができる．そのことを，例で見てみよう．

例題 1.1 xy 平面の，2 点 $A(2, 1)$，$B(-1, 3)$ を通る直線 ℓ の方程式を求めよ (図 1.4)．

解答 P を ℓ の任意の点とするとき，$\overrightarrow{AB} = (-3, 2)$ だから

$$\overrightarrow{OP} = (2, 1) + t(-3, 2) \qquad (t \in \boldsymbol{R})$$

は ℓ のベクトル方程式である．

P の座標を $P(x, y)$ としてベクトル方程式の両辺の x 成分および y 成分を比較すると

$$x = 2 - 3t, \qquad y = 1 + 2t \qquad (t \in \boldsymbol{R})$$

となる．これを直線 ℓ の**媒介変数表示**という．媒介変数表示から媒介変数 t を消去した

$$2(x - 2) + 3(y - 1) = 0 \tag{1.5}$$

も ℓ を表す方程式である．さらに，(1.5) を，y について解くと

$$y = -\frac{2}{3}x + \frac{7}{3}$$

となり，ℓ は傾きが $-\dfrac{2}{3}$ で y 切片が $\dfrac{7}{3}$ の直線であることがわかる． ◆

(1.5) の左辺 $2(x-2)+3(y-1)$ は，ベクトル $\vec{n}=(2,3)$ と $\overrightarrow{\mathrm{OP}}=(x-2,y-1)$ の内積だから (1.5) は，ベクトル $\vec{n}$ と $\overrightarrow{\mathrm{OP}}$ が直交することを示している．

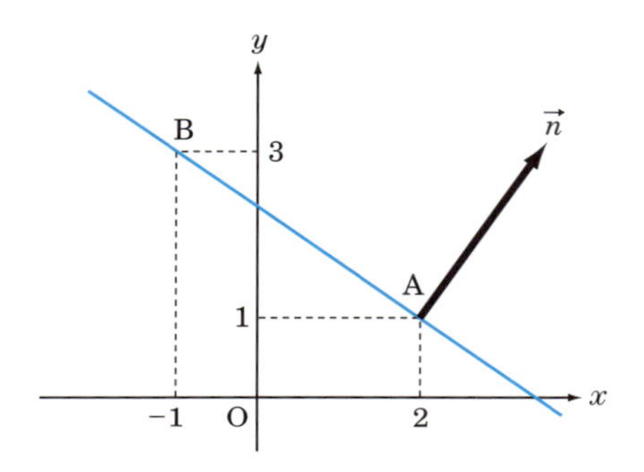

図 1.4　直線と法ベクトル

✓**注意**　$\vec{n}=(2,3)$ は，$\overrightarrow{\mathrm{AB}}=(-3,2)$ に直交するベクトルである．$\vec{n}$ のように，直線 ℓ に平行なベクトルに直交し零ベクトルでないベクトルを，直線 ℓ の**法ベクトル**という．

法ベクトルに着目した直線の方程式は，点と直線の距離を求める際に有用である．

定理 1.8　ℓ を xy 平面上の直線とする．$\mathrm{P}_0(x_0,y_0)$ を ℓ 上の点とし $\vec{n}=(a,b)\neq(0,0)$ を ℓ に直交するベクトルとすると，ℓ の方程式は

$$ax+by=c \qquad (c=ax_0+by_0) \tag{1.6}$$

である．また，点 $\mathrm{Q}(\alpha,\beta)$ と ℓ の距離 d は

$$d=\frac{|a\alpha+b\beta-c|}{\sqrt{a^2+b^2}} \tag{1.7}$$

である．

証明　平面上の点 $\mathrm{P}(x,y)$ が ℓ の上にあることは $\overrightarrow{\mathrm{P_0P}}=(x-x_0,y-y_0)$ と $\vec{n}=(a,b)$ の内積 $\overrightarrow{\mathrm{P_0P}}\cdot\vec{n}$ が 0 に等しいこと，すなわち

$$\overrightarrow{\mathrm{P_0P}}\cdot\vec{n}=a(x-x_0)+b(y-y_0)=ax+by-(ax_0+by_0)=0$$

と同値である．

点 $Q(\alpha, \beta)$ から ℓ に下した垂線の足を $H(x, y)$ とする．$\overrightarrow{QH} = t\vec{n}$ となる実数 t が存在するから $\overrightarrow{OH} = \overrightarrow{OQ} + t\vec{n}$ となり

$$x = \alpha + ta, \qquad y = \beta + tb$$

となる．$H(x, y)$ は ℓ の上にあるから $a(\alpha + ta - x_0) + b(\beta + tb - y_0) = 0$ となり

$$t = -\frac{a\alpha + b\beta - c}{a^2 + b^2} \qquad (c = ax_0 + by_0)$$

である．Q と ℓ の距離 d は，$|\overrightarrow{QH}| = |t\vec{n}| = |t|\sqrt{a^2 + b^2}$ に等しいから

$$d = \frac{|a\alpha + b\beta - c|}{\sqrt{a^2 + b^2}}$$

となる．■

1.2.2　平面の方程式

定理 1.8 と同様の考え方を用いて，空間内の 1 点と法ベクトルを用いて平面の方程式を導くことができる．

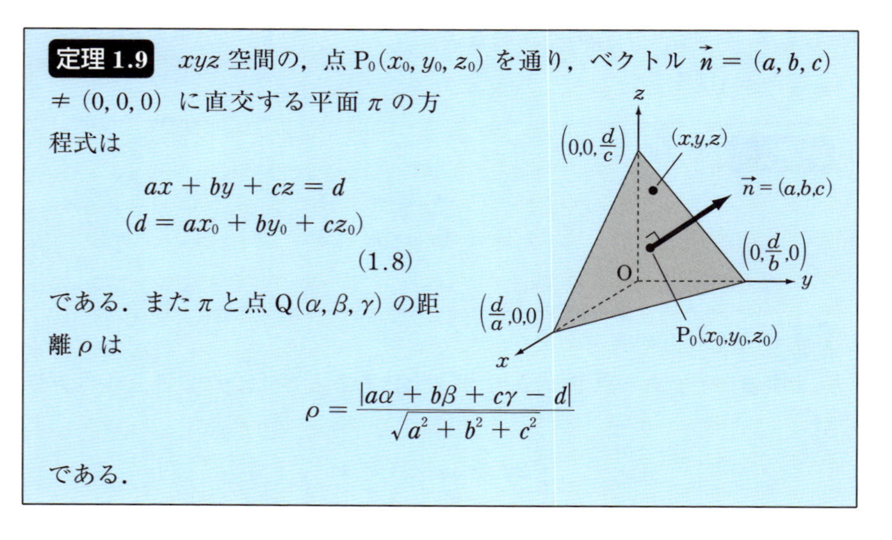

定理 1.9　xyz 空間の，点 $P_0(x_0, y_0, z_0)$ を通り，ベクトル $\vec{n} = (a, b, c) \neq (0, 0, 0)$ に直交する平面 π の方程式は

$$ax + by + cz = d \quad (d = ax_0 + by_0 + cz_0) \tag{1.8}$$

である．また π と点 $Q(\alpha, \beta, \gamma)$ の距離 ρ は

$$\rho = \frac{|a\alpha + b\beta + c\gamma - d|}{\sqrt{a^2 + b^2 + c^2}}$$

である．

空間内の，一直線上にはない3点 $A(a_1, a_2, a_3)$，$B(b_1, b_2, b_3)$，$C(c_1, c_2, c_3)$ を含む平面を π とする．

$\overrightarrow{CA}$, $\overrightarrow{CB}$ はともに零ベクトルでなく，平行でもない．点Pが π 上にあるとき，$\overrightarrow{CP}$ は，実数 s，t と $\overrightarrow{CA}$, $\overrightarrow{CB}$ によって

$$\overrightarrow{CP} = s\overrightarrow{CA} + t\overrightarrow{CB} \tag{1.9}$$

の形に一意的に表すことができる．これを，平面の**ベクトル方程式**という．

1.2.3 連立1次方程式

3元連立1次方程式の解について考えよう．

平行でない2平面 π_1，π_2 の方程式が，それぞれ $a_1x + b_1y + c_1z = d_1$，$a_2x + b_2y + c_2z = d_2$ であるとする．(x, y, z) が，連立1次方程式

$$\begin{cases} a_1x + b_1y + c_1z = d_1 \\ a_2x + b_2y + c_2z = d_2 \end{cases}$$

の解であるとき，点 $P(x, y, z)$ は2平面 π_1 と π_2 の交線の上にあり，逆もまた真である（図1.5）．

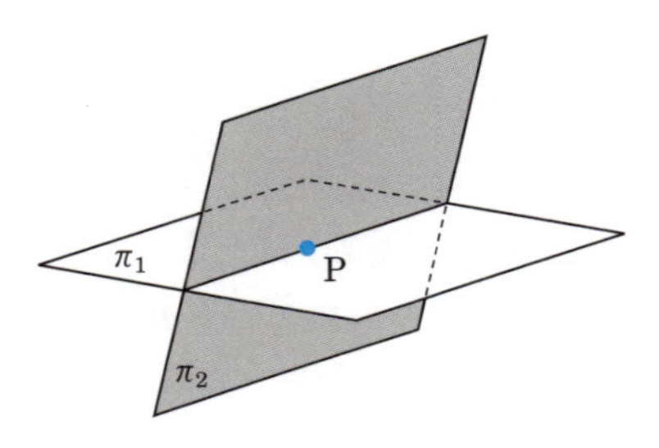

図1.5 2平面の交線

例題1.2 2平面

$$\pi_1 : 2x + 3y + 4z = 1$$
$$\pi_2 : 3x + 4y + 2z = 3$$

の交線 ℓ の方程式を求めよ．

解答 t を任意の実数とする．

z 座標が t である点 $P(x, y, t)$ が ℓ 上にあるとき (x, y) は連立1次方程式

$$\begin{cases} 2x + 3y = 1 - 4t \\ 3x + 4y = 3 - 2t \end{cases}$$

の解である．上の連立 1 次方程式の解は

$$x = 5 + 10t, \qquad y = -3 - 8t$$

である．ℓ の点 P の座標は，$z = t$ とするとき

$$x = 5 + 10t, \qquad y = -3 - 8t, \qquad z = t \qquad (t\text{ は任意の実数})$$

である（媒介変数表示）．

ℓ の点 P に対して

$$\overrightarrow{\mathrm{OP}} = (5, -3, 0) + t(10, -8, 1)$$

が成り立つ（ベクトル方程式）．◆

✓**注意**　$\mathrm{P}(5 + 10t, -3 - 8t, t)$ が π_1 と π_2 の交線の上を動くことを，次のように確かめることもできる．

$$\overrightarrow{\mathrm{OP}} = (5, -3, 0) + t(10, -8, 1)$$

は点 P が，点 $\mathrm{P}_0(5, -3, 0)$ を通りベクトル $\vec{d} = (10, -8, 1)$ に平行な直線の上を動くことを表す式である．

点 P_0 が π_1 の上にあることは，π_1 の方程式に，$x = 5$，$y = -3$，$z = 0$ を代入してみれば容易に確かめることができる．また，ベクトル $\vec{d}$ が，平面 π_1 の法ベクトル $(2, 3, 4)$ に直交することも容易に確かめられるから $\mathrm{P}(5 + 10t, -3 - 8t, t)$ は平面 π_1 の上にある．$\mathrm{P}(5 + 10t, -3 - 8t, t)$ が平面 π_2 の上にあることも同様に示せる．

演習問題 1.2

1.2.1　点 $\mathrm{A}(1, 2)$ から，直線 $3x + 4y = 1$ に下した垂線の足 H の座標を求めよ．

1.2.2　点 $\mathrm{A}(1, 2, 3)$ から，平面 $\pi : x + 2y - 2z = 2$ に下した垂線の足 H の座標を求めよ．

1.2.3　3 点 $\mathrm{A}(1, 2, 3)$，$\mathrm{B}(2, 3, 1)$，$\mathrm{C}(3, 1, 2)$ を通る平面 π の法ベクトルで，長さが 1 に等しく z 成分が正のものを求めよ．

2
Chapter

行列の基礎

2.1 行　列

2.1.1 行列の定義

m, n を自然数とし，a_{ij} を実数とする $(i = 1, 2, \cdots, m\ ;\ j = 1, 2, \cdots, n)$．$m \times n$ 個の実数 a_{ij} を長方形に並べた

$$A = \begin{bmatrix} a_{11} & a_{12} & \cdots & a_{1j} & \cdots & a_{1n} \\ \vdots & \vdots & & \vdots & & \vdots \\ a_{i1} & a_{i2} & \cdots & a_{ij} & \cdots & a_{in} \\ \vdots & \vdots & & \vdots & & \vdots \\ a_{m1} & a_{m2} & \cdots & a_{mj} & \cdots & a_{mn} \end{bmatrix} \leftarrow \text{第} i \text{行}$$

↑
第 j 列

を **(m, n) 型の行列**または **(m, n) 行列**という（**m 行 n 列の行列**，**$m \times n$ 行列**ともいう）．また，自然数の組 (m, n) を，行列 A の**型**という．行列 A を

$$[a_{ij}]$$

と表すこともある．

行列の横の並びを**行**，縦の並びを**列**という．行列の，上から第 i 番目の行を**第 i 行**，左から第 j 番目の列を**第 j 列**という．a_{ij} を行列 A の **(i, j) 成分**という．行列の成分の位置を表す 2 重の添字は，最初の添字（a_{ij} の i）が行の番号

を，2番目の添字（a_{ij} の j）が列の番号を表す．

成分がすべて0である行列を**零行列**といい O で表す．零行列 O が (m, n) 型の行列であることを明らかにするために $O_{m,n}$ と書くこともある．

例 2.1　行列

$$\begin{bmatrix} 3 & -1 & 7 \\ 2 & 4 & 3 \end{bmatrix} \begin{matrix} \leftarrow \text{第1行} \\ \leftarrow \text{第2行} \end{matrix}$$

$$\begin{matrix} \uparrow & \uparrow & \uparrow \\ \text{第} & \text{第} & \text{第} \\ 1 & 2 & 3 \\ \text{列} & \text{列} & \text{列} \end{matrix}$$

は $(2, 3)$ 行列である．また，$(1, 3)$ 成分は7で，$(2, 2)$ 成分は4である．◆

行の個数と列の個数が等しい行列を**正方行列**といい，(n, n) 行列を $\boldsymbol{n}$ **次正方行列**ともいう．n 次正方行列

$$A = \begin{bmatrix} a_{11} & a_{12} & \cdots & a_{1n} \\ a_{21} & a_{22} & \cdots & a_{2n} \\ \vdots & \vdots & \ddots & \vdots \\ a_{n1} & a_{n2} & \cdots & a_{nn} \end{bmatrix}$$

の (i, i) 成分 a_{ii} $(i = 1, 2, \cdots, n)$ を**対角成分**という．

例 2.2　行列

$$A = \begin{bmatrix} 8 & 3 & -5 \\ -2 & 7 & 11 \\ 0 & 6 & -3 \end{bmatrix}$$

は3次正方行列である．また，A の対角成分は8，7，-3 である．◆

m 個の実数 b_i $(i = 1, 2, \cdots, m)$ を縦に並べた $(m, 1)$ 行列 $\begin{bmatrix} b_1 \\ b_2 \\ \vdots \\ b_m \end{bmatrix}$ を $\boldsymbol{m}$ **次の列ベクトル**（または m 次の縦ベクトル）といい，横に並べた $(1, m)$ 行列 $[b_1, b_2, \cdots, b_m]$ を $\boldsymbol{m}$ **次の行ベクトル**（または m 次の横ベクトル）という．

2.1.2　行列の和およびスカラー倍

2 つの行列 $A = [a_{ij}]$ と $B = [b_{ij}]$ は，型が同じで対応する成分が等しい，すなわち A，B がともに (m, n) 行列で $a_{ij} = b_{ij}$ $(1 \leq i \leq m,\ 1 \leq j \leq n)$ が成り立つとき，**等しい**といって $A = B$ と書く．

例 2.3

$$\begin{bmatrix} 1 & 4 & 0 \\ u & v & w \end{bmatrix} = \begin{bmatrix} x & y & z \\ 9 & -3 & 2 \end{bmatrix}$$

ならば $u = 9$，$v = -3$，$w = 2$，$x = 1$，$y = 4$，$z = 0$ である．◆

$A = [a_{ij}]$ と $B = [b_{ij}]$ を (m, n) 行列とする．A と B の**和** $A + B$ を

$$A + B = \begin{bmatrix} a_{11} + b_{11} & a_{12} + b_{12} & \cdots & a_{1j} + b_{1j} & \cdots & a_{1n} + b_{1n} \\ \vdots & \vdots & & \vdots & & \vdots \\ a_{i1} + b_{i1} & a_{i2} + b_{i2} & \cdots & a_{ij} + b_{ij} & \cdots & a_{in} + b_{in} \\ \vdots & \vdots & & \vdots & & \vdots \\ a_{m1} + b_{m1} & a_{m2} + b_{m2} & \cdots & a_{mj} + b_{mj} & \cdots & a_{mn} + b_{mn} \end{bmatrix}$$

で定める．型が異なる行列の和は定義しない．

例 2.4　$A = \begin{bmatrix} 1 & 4 & 0 \\ -3 & 5 & 1 \end{bmatrix}$，$B = \begin{bmatrix} 2 & -4 & 3 \\ 9 & -3 & -2 \end{bmatrix}$ のとき，

$$A + B = \begin{bmatrix} 1 & 4 & 0 \\ -3 & 5 & 1 \end{bmatrix} + \begin{bmatrix} 2 & -4 & 3 \\ 9 & -3 & -2 \end{bmatrix} = \begin{bmatrix} 3 & 0 & 3 \\ 6 & 2 & -1 \end{bmatrix}$$

である．◆

k を実数とする．行列 A の k 倍 (**スカラー倍**) kA を

$$kA = \begin{bmatrix} ka_{11} & ka_{12} & \cdots & ka_{1j} & \cdots & ka_{1n} \\ \vdots & \vdots & & \vdots & & \vdots \\ ka_{i1} & ka_{i2} & \cdots & ka_{ij} & \cdots & ka_{in} \\ \vdots & \vdots & & \vdots & & \vdots \\ ka_{m1} & ka_{m2} & \cdots & ka_{mj} & \cdots & ka_{mn} \end{bmatrix}$$

で定める．

例 2.5 $A=\begin{bmatrix}1 & 4\\ 0 & -3\\ 5 & 1\end{bmatrix}$ のとき，

$$3A=3\begin{bmatrix}1 & 4\\ 0 & -3\\ 5 & 1\end{bmatrix}=\begin{bmatrix}3 & 12\\ 0 & -9\\ 15 & 3\end{bmatrix}$$

である．◆

2つの (m,n) 行列 A，B の**差** $A-B$ を

$$A-B=A+(-1)B$$

で定める．

例 2.6 $A=\begin{bmatrix}1 & 4 & 0\\ -3 & 5 & 1\end{bmatrix}$，$B=\begin{bmatrix}2 & -4 & 3\\ 9 & -3 & -2\end{bmatrix}$ のとき，

$$A-B=\begin{bmatrix}1-2 & 4-(-4) & 0-3\\ -3-9 & 5-(-3) & 1-(-2)\end{bmatrix}=\begin{bmatrix}-1 & 8 & -3\\ -12 & 8 & 3\end{bmatrix}$$

である．◆

次は容易に示せる．

定理 2.1 A, B, C を (m,n) 行列，O を (m,n) 型の零行列とし，k, h を実数とするとき，次が成り立つ．

(1) $A+B=B+A$ **(交換法則)**

(2) $(A+B)+C=A+(B+C)$ **(結合法則)**

(3) $A+O=O+A$

(4) $A+(-A)=(-A)+A=O$

(5) $k(hA)=(kh)A$

(6) $1A=A$

(7) $(k+h)A=kA+hA$

(8) $k(A+B)=kA+kB$

2.1.3　転置行列，対称行列，交代行列

(m, n) 行列 $A = [a_{ij}]$ に対して，(i, j) 成分が a_{ji} である (n, m) 行列を，A の**転置行列**といい ${}^tA$ と書く．

例 2.7　$A = \begin{bmatrix} 1 & 4 & 0 \\ -3 & 5 & 1 \end{bmatrix}$ の転置行列は ${}^tA = \begin{bmatrix} 1 & -3 \\ 4 & 5 \\ 0 & 1 \end{bmatrix}$ である．◆

行列 A は，${}^tA = A$ をみたすとき**対称行列**であるといい，${}^tA = -A$ をみたすとき**交代行列**であるという．

例 2.8　$A = \begin{bmatrix} 5 & 0 & -2 \\ 0 & 3 & 1 \\ -2 & 1 & -1 \end{bmatrix}$ は対称行列であり，$B = \begin{bmatrix} 0 & -1 & 2 \\ 1 & 0 & 1 \\ -2 & -1 & 0 \end{bmatrix}$ は交代行列である．◆

次は容易に示せる．

定理 2.2　A, B を (m, n) 行列とするとき次が成り立つ．

(1)　${}^t({}^tA) = A$

(2)　${}^t(A + B) = {}^tA + {}^tB$

一般の $(n, 1)$ 行列を**数ベクトル**または単に**ベクトル**という．本書では，幾何ベクトル（1ページ参照）を $\vec{a}$，$\vec{x}$ などのように矢印を用いた記号で表し，数ベクトルを $\boldsymbol{a}$，$\boldsymbol{X}$ などの記号で表して区別している．また，第1章では幾何ベクトルの成分表示として現れる数ベクトルを，高等学校で用いられた記法に従って (x, y, z) のように丸括弧を用いて表したが，今後，数ベクトルは ${}^t[x, y, z] = \begin{bmatrix} x \\ y \\ z \end{bmatrix}$ などのように角括弧を用いて表す．

演習問題 2.1

2.1.1 $A = \begin{bmatrix} 1 & 2 & 3 \\ -3 & -2 & -1 \end{bmatrix}$, $B = \begin{bmatrix} 3 & -2 & 1 \\ 7 & -1 & 9 \end{bmatrix}$, $C = \begin{bmatrix} -6 & -1 & 3 \\ 2 & 0 & 5 \end{bmatrix}$ のとき次の行列を求めよ.

(1) $-2B$　(2) $0C$　(3) $3(A+C)$

(4) $-2B-3(A+C)$

2.1.2 次の各問に答えよ.

(1) $A = \begin{bmatrix} 1 & 3 \\ -2 & -1 \\ 5 & 0 \end{bmatrix}$ のとき, ${}^tA$ および ${}^t({}^tA)$ を求めよ.

(2) $A = \begin{bmatrix} 0 & 5 & x \\ z & -1 & y \\ -2 & 8 & -7 \end{bmatrix}$ が対称行列であるときの x, y, z を求めよ.

(3) $A = [a_{ij}]$ が交代行列のとき, A の対角成分はすべて 0 であることを示せ.

(4) $A = \begin{bmatrix} 1 & 2 & 3 \\ 4 & 5 & 6 \\ 7 & 8 & 9 \end{bmatrix}$ を対称行列と交代行列の和で表せ.

2.1.3 定理 2.1 の (3), (4), (5), (6), (7) を示せ.

2.2 行列の積

2.2.1 行列の積の定義

$A = [a_{ik}]$ を (m, l) 行列, $B = [b_{kj}]$ を (l, n) 行列とする. (i, j) 成分が

$$c_{ij} = \sum_{k=1}^{l} a_{ik} b_{kj} = a_{i1}b_{1j} + a_{i2}b_{2j} + \cdots + a_{il}b_{lj}$$

である (m, n) 行列 $C = [c_{ij}]$ を, A と B の**積**といい

$$C = AB$$

と書く.

行列の積 AB の (i,j) 成分

$$\sum_{k=1}^{l} a_{ik}b_{kj} = a_{i1}b_{1j} + a_{i2}b_{2j} + \cdots + a_{il}b_{lj}$$

は，行列 A の第 i 行を左から右に，また行列 B の第 j 列を上から下に見ていったときの1番目同士（a_{i1} と b_{1j}），2番目同士（a_{i2} と b_{2j}），…，l 番目同士（a_{il} と b_{lj}）の成分の積をすべて加えたものである．

$$\text{第}\,i\,\text{行}\rightarrow\begin{bmatrix} a_{11} & \cdots & a_{1k} & \cdots & a_{1l} \\ \vdots & & \vdots & & \vdots \\ a_{i1} & \cdots & a_{ik} & \cdots & a_{il} \\ \vdots & & \vdots & & \vdots \\ a_{m1} & \cdots & a_{mk} & \cdots & a_{ml} \end{bmatrix}\overset{\text{第}\,j\,\text{列}\downarrow}{\begin{bmatrix} b_{11} & \cdots & b_{1j} & \cdots & b_{1n} \\ \vdots & & \vdots & & \vdots \\ b_{k1} & \cdots & b_{kj} & \cdots & b_{kn} \\ \vdots & & \vdots & & \vdots \\ b_{l1} & \cdots & b_{lj} & \cdots & b_{ln} \end{bmatrix}}$$

✓**注意**　一般に行列の積は，実数の積のような交換法則をみたさない（$AB = BA$ が成り立つとは限らない）．行列 A，B に対して，$AB = BA$ が成り立つとき，A と B は**交換可能**であるという．

例 2.9　$A = \begin{bmatrix} 1 & 2 & 3 \\ -3 & 0 & -1 \end{bmatrix}$，$B = \begin{bmatrix} -1 & -2 \\ -3 & 0 \\ 2 & 1 \end{bmatrix}$ とする．このとき，AB は

$$AB = \begin{bmatrix} 1\times(-1)+2\times(-3)+3\times2 & 1\times(-2)+2\times0+3\times1 \\ -3\times(-1)+0\times(-3)+(-1)\times2 & -3\times(-2)+0\times0+(-1)\times1 \end{bmatrix}$$

$$= \begin{bmatrix} -1 & 1 \\ 1 & 5 \end{bmatrix}$$

である．一方，BA は

$$BA = \begin{bmatrix} -1\times1+(-2)\times(-3) & -1\times2+(-2)\times0 & -1\times3+(-2)\times(-1) \\ -3\times1+0\times(-3) & -3\times2+0\times0 & -3\times3+0\times(-1) \\ 2\times1+1\times(-3) & 2\times2+1\times0 & 2\times3+1\times(-1) \end{bmatrix}$$

$$= \begin{bmatrix} 5 & -2 & -1 \\ -3 & -6 & -9 \\ -1 & 4 & 5 \end{bmatrix}$$

であり $AB \neq BA$ である．◆

交換法則が成り立たない例をもう1つあげておこう.

例 2.10 $A=\begin{bmatrix}2 & -2\\0 & 1\end{bmatrix}$, $B=\begin{bmatrix}3 & -1 & 0\\5 & -3 & 2\end{bmatrix}$ のとき

$$AB=\begin{bmatrix}-4 & 4 & -4\\5 & -3 & 2\end{bmatrix}$$

であるが, $(2,3)$ 行列 B と $(2,2)$ 行列 A の積 BA は定義されない. ◆

定理 2.3 k, l, m, n を自然数とし, h を実数とする.

(1) A を (m,k) 行列, B を (k,n) 行列, h を実数とするとき次が成り立つ.

$$(hA)B=A(hB)=h(AB)$$

(2) **(結合法則)** A を (m,k) 行列, B を (k,l) 行列, C を (l,n) 行列とするとき次が成り立つ.

$$(AB)C=A(BC)$$

(3) **(分配法則)** A,B を (m,k) 行列, C を (k,n) 行列とするとき次が成り立つ.

$$(A+B)C=AC+BC$$

また, A を (m,k) 行列, B,C を (k,n) 行列とするとき次が成り立つ.

$$A(B+C)=AB+AC$$

(4) A を (m,n) 行列とするとき次が成り立つ.

$$AO_{n,k}=O_{m,k}, \qquad O_{k,m}A=O_{k,n}$$

(5) A を (m,n) 行列, h を実数とするとき次が成り立つ.

$${}^t(hA)=h\,{}^tA$$

(6) A を (m,k) 行列, B を (k,n) 行列とするとき次が成り立つ.

$${}^t(AB)={}^tB\,{}^tA$$

✓**注意** (1) A が正方行列であるとき, A の累乗 A^2, A^3, $\cdots$, A^k, $\cdots$ が次で定められる.

$$A^2 = AA, \quad A^3 = A(AA) = AA^2, \quad \cdots, \quad A^k = A(A^{k-1}).$$

A と A は交換可能だから，**指数法則**

$$A^{k+l} = A^k A^l, \quad (A^k)^l = A^{kl}$$

が成り立つ．A が零行列でないとき $A^0 = E$ とする．

(2)　A を (m, l) 行列，B を (l, n) 行列とする．A もしくは B が零行列でなくても，$AB = O$ となることがある．例えば，$A = \begin{bmatrix} 1 & 0 & 1 \\ 0 & -1 & 0 \end{bmatrix}$，$B = \begin{bmatrix} -1 & 1 \\ 0 & 0 \\ 1 & -1 \end{bmatrix}$ のとき，$AB = \begin{bmatrix} 0 & 0 \\ 0 & 0 \end{bmatrix}$ となる．

2.2.2　分割した行列による積

A を (m, l) 行列，B を (l, n) 行列とする．

B の第 j 列を $\boldsymbol{b}_j$ とする．行列 B を，$(l, 1)$ 行列 $\boldsymbol{b}_j = \begin{bmatrix} b_{1j} \\ b_{2j} \\ \vdots \\ b_{lj} \end{bmatrix}$ を横に並べたものと考えて

$$B = [\boldsymbol{b}_1, \boldsymbol{b}_2, \cdots, \boldsymbol{b}_n]$$

と書くこともできる．(m, l) 行列 A と，$(l, 1)$ 行列 $\boldsymbol{b}_j$ の積

$$A\boldsymbol{b}_j = \begin{bmatrix} a_{11} & a_{12} & \cdots & a_{1l} \\ a_{21} & a_{22} & \cdots & a_{2l} \\ \vdots & \vdots & \ddots & \vdots \\ a_{m1} & a_{m2} & \cdots & a_{ml} \end{bmatrix} \begin{bmatrix} b_{1j} \\ b_{2j} \\ \vdots \\ b_{lj} \end{bmatrix} = \begin{bmatrix} \sum_{k=1}^{l} a_{1k} b_{kj} \\ \sum_{k=1}^{l} a_{2k} b_{kj} \\ \vdots \\ \sum_{k=1}^{l} a_{mk} b_{kj} \end{bmatrix}$$

は，A と B の積 AB の第 j 列と一致する．したがって，AB は，列ベクトル $A\boldsymbol{b}_1$，$A\boldsymbol{b}_2$，$\cdots$，$A\boldsymbol{b}_n$ を横に並べてできる行列と等しく

$$AB = A[\boldsymbol{b}_1, \boldsymbol{b}_2, \cdots, \boldsymbol{b}_n] = [A\boldsymbol{b}_1, A\boldsymbol{b}_2, \cdots, A\boldsymbol{b}_n] \tag{2.1}$$

が成り立つ．

A の第 i 行を $\boldsymbol{a}^i$ とする．A を，$(1, l)$ 行列 $\boldsymbol{a}^i = [a_{i1}, a_{i2}, \cdots, a_{il}]$ を縦に並べたものと考えて

$$A = \begin{bmatrix} \boldsymbol{a}^1 \\ \boldsymbol{a}^2 \\ \vdots \\ \boldsymbol{a}^m \end{bmatrix}$$

と書くこともできる．(2.1) と同様に

$$AB = \begin{bmatrix} \boldsymbol{a}^1 \\ \boldsymbol{a}^2 \\ \vdots \\ \boldsymbol{a}^m \end{bmatrix} B = \begin{bmatrix} \boldsymbol{a}^1 B \\ \boldsymbol{a}^2 B \\ \vdots \\ \boldsymbol{a}^m B \end{bmatrix} \tag{2.2}$$

を示すことができる．

(2.1) と (2.2) をあわせれば

$$AB = \begin{bmatrix} \boldsymbol{a}^1 \\ \boldsymbol{a}^2 \\ \vdots \\ \boldsymbol{a}^m \end{bmatrix} [\boldsymbol{b}_1, \boldsymbol{b}_2, \cdots, \boldsymbol{b}_n] = \begin{bmatrix} \boldsymbol{a}^1\boldsymbol{b}_1 & \boldsymbol{a}^1\boldsymbol{b}_2 & \cdots & \boldsymbol{a}^1\boldsymbol{b}_n \\ \boldsymbol{a}^2\boldsymbol{b}_1 & \boldsymbol{a}^2\boldsymbol{b}_2 & \cdots & \boldsymbol{a}^2\boldsymbol{b}_n \\ \vdots & \vdots & \ddots & \vdots \\ \boldsymbol{a}^m\boldsymbol{b}_1 & \boldsymbol{a}^m\boldsymbol{b}_2 & \cdots & \boldsymbol{a}^m\boldsymbol{b}_n \end{bmatrix} \tag{2.3}$$

が成り立つ．

演習問題 2.2

2.2.1 $A = \begin{bmatrix} 1 & 2 \\ 3 & 4 \end{bmatrix}$, $B = \begin{bmatrix} -1 & 0 & 1 \\ 0 & 1 & -1 \end{bmatrix}$, $C = \begin{bmatrix} -1 & 0 \\ -2 & 1 \\ -3 & 2 \end{bmatrix}$ とする．

(1) AB および $(AB)C$ を求めよ．

(2) BC および $A(BC)$ を求めよ．

2.2.2 $A = \begin{bmatrix} 1 & 2 & 3 \\ 4 & 5 & 6 \end{bmatrix}$, $B = \begin{bmatrix} 2 & 1 & 0 \\ 0 & -1 & -2 \end{bmatrix}$, $C = \begin{bmatrix} 1 & 2 \\ 2 & 1 \\ -1 & -2 \end{bmatrix}$ とする．

(1) $A + B$ および $(A + B)C$ を求めよ．

(2)　AC および BC を求めよ．さらに $AC+BC$ を求めよ．

2.2.3 $A=\begin{bmatrix}\cos\alpha & -\sin\alpha \\ \sin\alpha & \cos\alpha\end{bmatrix}$, $B=\begin{bmatrix}\cos\beta & -\sin\beta \\ \sin\beta & \cos\beta\end{bmatrix}$ の積 AB を求めよ．

2.2.4 n を自然数とする．$A=\begin{bmatrix}1 & 0 \\ 2 & 1\end{bmatrix}$ の n 乗 A^n を求めよ．

2.2.5 定理2.3を示せ．

2.2.6 $\lambda_1, \cdots, \lambda_n$ を実数，n 次正方行列 P の第 i 列を $\boldsymbol{p}_i$ とするとき次が成り立つことを示せ．

$$[\boldsymbol{p}_1, \boldsymbol{p}_2, \cdots, \boldsymbol{p}_n]\begin{bmatrix}\lambda_1 & 0 & \cdots & 0 \\ 0 & \lambda_2 & \cdots & 0 \\ \vdots & \vdots & \ddots & \vdots \\ 0 & 0 & \cdots & \lambda_n\end{bmatrix} = [\lambda_1\boldsymbol{p}_1, \lambda_2\boldsymbol{p}_2, \cdots, \lambda_n\boldsymbol{p}_n]$$

2.3 正則行列

2.3.1 単位行列

対角成分がすべて1で，対角成分以外はすべて0である n 次正方行列

$$\begin{bmatrix}1 & 0 & \cdots & 0 \\ 0 & 1 & \cdots & 0 \\ \vdots & \vdots & \ddots & \vdots \\ 0 & 0 & \cdots & 1\end{bmatrix}$$

を n 次**単位行列**といい，E または E_n で表す．

✓**注意**　(1)　単位行列 E の (i, j) 成分を δ_{ij} とすると，$E=[\delta_{ij}]$ で

$$\delta_{ij}=\begin{cases}1 & (i=j\text{ のとき}) \\ 0 & (i\neq j\text{ のとき})\end{cases} \tag{2.4}$$

である．δ_{ij} を**クロネッカーのデルタ**という．

(2)　$\boldsymbol{e}^i=[0, \cdots, \underset{\uparrow\,\text{第}\,i\,\text{列}}{1}, \cdots, 0]$ とし，$\boldsymbol{e}_j=\begin{bmatrix}0 \\ \vdots \\ 1 \\ \vdots \\ 0\end{bmatrix}$ ←第 j 行 とすると

$$E = \begin{bmatrix} \boldsymbol{e}^1 \\ \vdots \\ \boldsymbol{e}^i \\ \vdots \\ \boldsymbol{e}^n \end{bmatrix} = [\boldsymbol{e}_1, \cdots, \boldsymbol{e}_j, \cdots, \boldsymbol{e}_n] \tag{2.5}$$

である.

(3) 対角成分以外の，すべての成分が 0 である正方行列を**対角行列**という．単位行列は対角行列である.

定理 2.4 A を n 次正方行列とするとき

$$AE_n = E_nA = A$$

が成り立つ.

証明 A の第 i 行を $\boldsymbol{a}^i$ とし，E_n の第 j 列を $\boldsymbol{e}_j$ とする．$\boldsymbol{e}_j$ は第 j 行の成分が 1 で，他はすべて 0 である．(2.3) から，AE_n の (i,j) 成分は，

$$\begin{aligned} \boldsymbol{a}^i\boldsymbol{e}_j &= a_{i1} \times 0 + \cdots + a_{ij-1} \times 0 + a_{ij} \times 1 + a_{ij+1} \times 0 + \cdots + a_{in} \times 0 \\ &= a_{ij} \end{aligned}$$

となり A の (i,j) 成分と一致する．ここで，i, j は任意だから $AE_n = A$ である．$E_nA = A$ も同様に示せる． ■

2.3.2 正則行列

n 次正方行列 A に対して

$$AX = XA = E_n$$

をみたす行列 X が存在するとき，A は**正則行列**であるという．また，X を A の**逆行列**といい A^{-1} で表す.

例 2.11 $A = \begin{bmatrix} 1 & 2 \\ 3 & 4 \end{bmatrix}$ とする．$X = \begin{bmatrix} -2 & 1 \\ \frac{3}{2} & -\frac{1}{2} \end{bmatrix}$ とすると $AX = XA = E_2$ が成り立つから A は正則行列で，X は A の逆行列 $X = A^{-1}$ である． ◆

定理 2.5　a, b, c, d を実数とし，$A=\begin{bmatrix} a & b \\ c & d \end{bmatrix}$ とする．

$D=ad-bc \neq 0$ ならば A は正則行列で，逆行列 A^{-1} は

$$A^{-1}=\frac{1}{D}\begin{bmatrix} d & -b \\ -c & a \end{bmatrix} \tag{2.6}$$

である．

証明　$X=\dfrac{1}{D}\begin{bmatrix} d & -b \\ -c & a \end{bmatrix}$ とおいて，$AX=XA=E_2$ が成り立つことを確かめればよい．■

例 2.12　例 2.11 で扱った行列 $A=\begin{bmatrix} 1 & 2 \\ 3 & 4 \end{bmatrix}$ は，定理 2.5 の D が $D=1\times 4-2\times 3=-2\neq 0$ となるから正則行列で，逆行列 A^{-1} は

$$A^{-1}=\frac{1}{-2}\begin{bmatrix} 4 & -2 \\ -3 & 1 \end{bmatrix}=\begin{bmatrix} -2 & 1 \\ \dfrac{3}{2} & -\dfrac{1}{2} \end{bmatrix}$$

である．◆

例 2.13　$B=\begin{bmatrix} 1 & 2 \\ 2 & 4 \end{bmatrix}$ は，定理 2.5 の D が $D=1\times 4-2\times 2=0$ となるから正則行列ではない．◆

2.3.3　正則行列の性質

定理 2.6　A, B を n 次正方行列とする．

(1)　$AX=XA=E_n$ をみたす行列 X は，存在すればただ1つに限る．

(2)　A が正則行列であるとき，A の逆行列 A^{-1} もまた正則行列で

$$(A^{-1})^{-1}=A$$

である．

(3)　A, B がともに正則行列であるとき，積 AB もまた正則行列で

$$(AB)^{-1} = B^{-1}A^{-1}$$

である．

(4) A が正則行列であるとき

$${}^t(A^{-1}) = ({}^tA)^{-1}$$

が成り立つ．

(5) A が正則行列であるとき，すべての自然数 k に対して

$$(A^k)^{-1} = (A^{-1})^k$$

が成り立つ．

証明 (1) 行列 X が $AX = XA = E_n$ をみたし，行列 Y も，$AY = YA = E_n$ をみたすとすると

$$Y = YE_n = Y(AX) = (YA)X = E_nX = X$$

となるから $X = Y$ である．

(2) A が正則行列のとき $AA^{-1} = A^{-1}A = E_n$ である．この式の見方を変えれば A^{-1} も正則行列で $(A^{-1})^{-1} = A$ である．

(3) 積の結合法則により，

$$\begin{aligned}(AB)(B^{-1}A^{-1}) &= A(B(B^{-1}A^{-1})) = A((BB^{-1})A^{-1}) \\ &= A(E_nA^{-1}) = AA^{-1} = E_n, \\ (B^{-1}A^{-1})(AB) &= B^{-1}(A^{-1}(AB)) = B^{-1}((A^{-1}A)B) \\ &= B^{-1}(E_nB) = B^{-1}B = E_n\end{aligned}$$

となるから，AB も正則行列で，$(AB)^{-1} = B^{-1}A^{-1}$ であることがわかる．

(4) 転置行列に関する性質（定理 2.3 (6)）より

$$\begin{aligned}{}^tA\,{}^t(A^{-1}) &= {}^t(A^{-1}A) = {}^tE_n = E_n, \\ {}^t(A^{-1})\,{}^tA &= {}^t(AA^{-1}) = {}^tE_n = E_n,\end{aligned}$$

となるから，${}^tA$ も正則行列で，$({}^tA)^{-1} = {}^t(A^{-1})$ である．

(5) (4) と同様に示せる（演習問題 2.3.5）． ■

例題 2.1　$C = \begin{bmatrix} 1 & 0 & 0 \\ 2 & 1 & 0 \\ 0 & 2 & 1 \end{bmatrix}$ の逆行列を求めよ．

解答　C が正則行列であると仮定して，C の逆行列を $X = \begin{bmatrix} x_1 & x_2 & x_3 \\ y_1 & y_2 & y_3 \\ z_1 & z_2 & z_3 \end{bmatrix}$ とおく．$CX = E_3$ の両辺の第1列同士を比較すると

$$\begin{cases} x_1 & & = 1 \\ 2x_1 + & y_1 & = 0 \\ & 2y_1 + z_1 & = 0 \end{cases}$$

となり $x_1 = 1$，$y_1 = -2$，$z_1 = 4$ である．同様に $CX = E_3$ の両辺の第2列同士および第3列同士を比較すると

$$\begin{cases} x_2 & & = 0 \\ 2x_2 + & y_2 & = 1, \\ & 2y_2 + z_2 & = 0 \end{cases} \qquad \begin{cases} x_3 & & = 0 \\ 2x_3 + & y_3 & = 0 \\ & 2y_3 + z_3 & = 1 \end{cases}$$

となり $x_2 = 0$，$y_2 = 1$，$z_2 = -2$，$x_3 = 0$，$y_3 = 0$，$z_3 = 1$ である．

$X = \begin{bmatrix} 1 & 0 & 0 \\ -2 & 1 & 0 \\ 4 & -2 & 1 \end{bmatrix}$ とすると $XC = E_3$ も成り立つから，C は正則行列で

$$C^{-1} = \begin{bmatrix} 1 & 0 & 0 \\ -2 & 1 & 0 \\ 4 & -2 & 1 \end{bmatrix}$$

である．◆

演習問題 2.3

2.3.1　$A = \begin{bmatrix} 1 & 1 \\ 3 & 4 \end{bmatrix}$ の逆行列を求めよ．

2.3.2 $A = \begin{bmatrix} 1 & 2 & 3 \\ 0 & 1 & 2 \\ 0 & 0 & 1 \end{bmatrix}$ の逆行列を求めよ.

2.3.3 n を自然数とし，n 次の正方行列 $A = [a_{ij}]$ が正則行列であるとする．このとき，連立 1 次方程式

$$\begin{cases} a_{11}x_1 + a_{12}x_2 + \cdots + a_{1n}x_n = 1 \\ a_{21}x_1 + a_{22}x_2 + \cdots + a_{2n}x_n = 0 \\ \qquad\qquad\vdots \\ a_{n1}x_1 + a_{n2}x_2 + \cdots + a_{nn}x_n = 0 \end{cases}$$

が解けることを示せ.

2.3.4 定理 2.5 を示せ.

2.3.5 定理 2.6 (5) を示せ.

2.4 連立 1 次方程式 (1)

2.4.1 連立 1 次方程式の解法

連立 1 次方程式の解法の一般論を展開するために，次の問題を詳しく考えてみよう.

例題 2.2 次の 2 元連立 1 次方程式を解け.

$$\begin{cases} x + 2y = 3 & \cdots\cdots ① \\ 4x + 5y = 6 & \cdots\cdots ② \end{cases} \tag{2.7}$$

解答 (2.7) の第 2 式 ② に第 1 式 ① を -4 倍した式を加えると，

$$0x + (-3)y = -6 \quad \cdots\cdots ③$$

となる．ここで，$x = a$，$y = b$ が連立 1 次方程式 (2.7) の解であるとき，$x = a$，$y = b$ は ③ をみたすから，$x = a$，$y = b$ は次の連立 1 次方程式の解でもある.

$$\begin{cases} x + \quad\quad 2y = \quad 3 & \cdots\cdots ① \\ 0x + (-3)y = -6 & \cdots\cdots ③ \end{cases} \tag{2.8}$$

逆に，(2.8) の第 2 式 ③ の両辺に (2.8) の第 1 式 ① を 4 倍した式を加え

ると (2.7) の第2式 ② が得られるから，$x = a$，$y = b$ が連立1次方程式 (2.8) の解であるとき，$x = a$，$y = b$ は (2.7) の解でもある．

同様にして，式 ③ の両辺を -3 で割った式で置き換えた連立1次方程式

$$\begin{cases} x + 2y = 3 & \cdots\cdots ① \\ 0x + y = 2 & \cdots\cdots ④ \end{cases} \tag{2.9}$$

の解は連立1次方程式 (2.8) の解であり，(2.8) の解は (2.9) の解でもある．さらに，(2.9) の ① の両辺に ④ を -2 倍した式を加えると

$$\begin{cases} x + 0y = -1 & \cdots\cdots ⑤ \\ 0x + y = 2 & \cdots\cdots ④ \end{cases} \tag{2.10}$$

となる．連立1次方程式 (2.9) の解は，連立1次方程式 (2.7) の解であり (2.10) の解は (2.9) の解でもある．

最後の連立1次方程式 (2.10) が連立1次方程式 (2.7) の解である． ◆

連立1次方程式 (2.7)，(2.8)，(2.9)，(2.10) のいずれにおいても，文字 x，y や記号 $+$，$=$ は同じ順序で現れる．そこで，連立1次方程式の解法を，連立1次方程式から文字 x，y と記号 $+$，$=$ を取り除いた残りの数字を並べてできる行列に対する操作として見なおしてみることにする．

(2.7) から文字 x，y と記号 $+$，$=$ を取り除いた残りの数字を並べると $(2,3)$ 行列

$$\widetilde{A} = \left[\begin{array}{cc:c} 1 & 2 & 3 \\ 4 & 5 & 6 \end{array}\right]$$

が得られる．逆に，$\widetilde{A}$ から，もとの連立1次方程式 (2.7) を作ることも容易である．

連立1次方程式から，文字 x，y と記号 $+$，$=$ を取り除いた残りの数字を並べてできる行列を，連立1次方程式の**拡大係数行列**という．

例題 2.2 の別解 (1) $\widetilde{A}$ から (2.8) の拡大係数行列 $\widetilde{A}_1$ を作ること

$$\widetilde{A} = \left[\begin{array}{cc:c} 1 & 2 & 3 \\ 4 & 5 & 6 \end{array}\right] \longrightarrow \widetilde{A}_1 = \left[\begin{array}{cc:c} 1 & 2 & 3 \\ 0 & -3 & -6 \end{array}\right]$$

は，$\widetilde{A}$ の第2行に第1行の -4 倍を加えることによって行える．

(2) $\widetilde{A}_1$ から (2.9) の拡大係数行列 $\widetilde{A}_2$ を作ること

$$\widetilde{A}_1 = \left[\begin{array}{cc:c} 1 & 2 & 3 \\ 0 & -3 & -6 \end{array}\right] \longrightarrow \widetilde{A}_2 = \left[\begin{array}{cc:c} 1 & 2 & 3 \\ 0 & 1 & 2 \end{array}\right]$$

は，$\widetilde{A}_1$ の第2行を $-1/3$ 倍することによって行える．

(3) $\widetilde{A}_2$ から (2.10) の拡大係数行列 $\widetilde{A}_3$ を作ること

$$\widetilde{A}_2 = \left[\begin{array}{cc:c} 1 & 2 & 3 \\ 0 & 1 & 2 \end{array}\right] \longrightarrow \widetilde{A}_3 = \left[\begin{array}{cc:c} 1 & 0 & -1 \\ 0 & 1 & 2 \end{array}\right]$$

は，$\widetilde{A}_2$ の第1行に第2行の -2 倍を加えることによって行える．$\widetilde{A}_3$ を係数行列に持つ連立1次方程式は $x = -1,\ y = 2$ である．これが連立1次方程式 (2.7) の解である． ◈

上の解法をふり返ってみると，連立1次方程式の解は拡大係数行列に対して次の操作を行うことで得られたことがわかる．

(1) 拡大係数行列の ある行に他の行の定数倍を加える．

(2) 拡大係数行列の ある行を定数 ($\neq 0$) 倍する．

上の例では行っていないが

(3) 拡大係数行列の 2つの行を交換する．

という操作を行っても，連立1次方程式の解は変わらないことも容易にわかる．

上で説明した2元連立1次方程式を拡大係数行列の変形を用いて解く方法は，未知数の個数が増えても同様に使える．

例題 2.3 次の3元連立1次方程式を解け．

$$\begin{cases} \quad\ \ y + 2z = 3 \\ x + y \qquad\ = 1 \\ x + y - \ z = 2 \end{cases} \tag{2.11}$$

解答 拡大係数行列を $\widetilde{A}$ とおくと $\widetilde{A} = \left[\begin{array}{ccc:c} 0 & 1 & 2 & 3 \\ 1 & 1 & 0 & 1 \\ 1 & 1 & -1 & 2 \end{array}\right]$ である．

$\widetilde{A}$ に変形

① 第1行と第2行を交換する．

② 第1行の -1 倍を第3行に加える．

③ 第3行を -1 倍する．

④ 第3行の -2 倍を第2行に加える．

⑤ 第2行の -1 倍を第1行に加える．

を行うと

$$\widetilde{A}=\left[\begin{array}{ccc:c}0&1&2&3\\1&1&0&1\\1&1&-1&2\end{array}\right]\xrightarrow{①}\left[\begin{array}{ccc:c}1&1&0&1\\0&1&2&3\\1&1&-1&2\end{array}\right]\xrightarrow{②}\left[\begin{array}{ccc:c}1&1&0&1\\0&1&2&3\\0&0&-1&1\end{array}\right]\xrightarrow{③}\left[\begin{array}{ccc:c}1&1&0&1\\0&1&2&3\\0&0&1&-1\end{array}\right]$$

$$\xrightarrow{④}\left[\begin{array}{ccc:c}1&1&0&1\\0&1&0&5\\0&0&1&-1\end{array}\right]\xrightarrow{⑤}\left[\begin{array}{ccc:c}1&0&0&-4\\0&1&0&5\\0&0&1&-1\end{array}\right]$$

となるから $x=-4$，$y=5$，$z=-1$ が解である． ◆

2.4.2 行列を用いた連立1次方程式の解法

n 個の未知数 x_1，x_2，$\cdots$，x_n についての連立1次方程式

$$\begin{cases}a_{11}x_1+a_{12}x_2+\cdots+a_{1n}x_n=b_1\\a_{21}x_1+a_{22}x_2+\cdots+a_{2n}x_n=b_2\\\qquad\qquad\vdots\\a_{n1}x_1+a_{n2}x_2+\cdots+a_{nn}x_n=b_n\end{cases}\qquad(2.12)$$

を考える．

行列

$$A=\begin{bmatrix}a_{11}&a_{12}&\cdots&a_{1n}\\a_{21}&a_{22}&\cdots&a_{2n}\\\vdots&\vdots&\ddots&\vdots\\a_{n1}&a_{n2}&\cdots&a_{nn}\end{bmatrix},\qquad \boldsymbol{x}=\begin{bmatrix}x_1\\x_2\\\vdots\\x_n\end{bmatrix},\qquad \boldsymbol{b}=\begin{bmatrix}b_1\\b_2\\\vdots\\b_n\end{bmatrix}$$

を用いて，連立1次方程式 (2.12) を

$$A\boldsymbol{x} = \boldsymbol{b}$$

と表すことができる．

行列 A を連立1次方程式 (2.12) の**係数行列**という．また，係数行列 A にベクトル $\boldsymbol{b}$ を付け加えた

$$\widetilde{A} = \left[\begin{array}{cccc|c} a_{11} & a_{12} & \cdots & a_{1n} & b_1 \\ a_{21} & a_{22} & \cdots & a_{2n} & b_2 \\ \vdots & \vdots & \ddots & \vdots & \vdots \\ a_{n1} & a_{n2} & \cdots & a_{nn} & b_n \end{array}\right]$$

を連立1次方程式 (2.12) の**拡大係数行列**という．

拡大係数行列の変形によって連立1次方程式 (2.12) を解いた方法をふり返ってみると次のことがわかる．

定理 2.7 n 元連立1次方程式 (2.12) の拡大係数行列が，以下の操作 (R1), (R2), (R3) をくり返し行うことによって

$$\left[\begin{array}{cccc|c} 1 & 0 & \cdots & 0 & \alpha_1 \\ 0 & 1 & \cdots & 0 & \alpha_2 \\ \vdots & \vdots & \ddots & \vdots & \vdots \\ 0 & 0 & \cdots & 1 & \alpha_n \end{array}\right] \tag{2.13}$$

に変形されたならば，連立1次方程式 (2.12) はただ一組の解

$$x_1 = \alpha_1, \quad x_2 = \alpha_2, \quad \cdots, \quad x_n = \alpha_n$$

を持つ．

(R1) A の第 i 行を k ($k \neq 0$) 倍する．

(R2) A の第 i 行に第 j 行の k 倍を加える．

(R3) A の第 i 行と第 j 行を交換する．

✓ **注意** 3つの操作 (R1), (R2), (R3) をまとめて，**行基本変形**という．拡大係数行列に行基本変形を施すことによって連立1次方程式を解く解法を**掃き出し法**という．

例題 2.4　次の4元連立1次方程式を解け．

$$\begin{cases} x+\ \ y+\ \ z+\ \ w=4 \\ x+2y+2z+2w=1 \\ x+\ \ y+2z+2w=2 \\ x+\ \ y+\ \ z+2w=1 \end{cases}$$

解答　拡大係数行列 $\widetilde{A}$ の第2行，第3行，第4行に第1行の -1 倍を加えると

$$\widetilde{A}=\left[\begin{array}{cccc:c} 1&1&1&1&4 \\ 1&2&2&2&1 \\ 1&1&2&2&2 \\ 1&1&1&2&1 \end{array}\right] \longrightarrow \left[\begin{array}{cccc:c} 1&1&1&1&4 \\ 0&1&1&1&-3 \\ 0&0&1&1&-2 \\ 0&0&0&1&-3 \end{array}\right]$$

となる．さらに，① 第1行に第2行の -1 倍を加え，② 第2行に第3行の -1 倍を加え，③ 第3行に第4行の -1 倍を加えると

$$\left[\begin{array}{cccc:c} 1&1&1&1&4 \\ 0&1&1&1&-3 \\ 0&0&1&1&-2 \\ 0&0&0&1&-3 \end{array}\right] \xrightarrow{①} \left[\begin{array}{cccc:c} 1&0&0&0&7 \\ 0&1&1&1&-3 \\ 0&0&1&1&-2 \\ 0&0&0&1&-3 \end{array}\right]$$

$$\xrightarrow{②} \left[\begin{array}{cccc:c} 1&0&0&0&7 \\ 0&1&0&0&-1 \\ 0&0&1&1&-2 \\ 0&0&0&1&-3 \end{array}\right] \xrightarrow{③} \left[\begin{array}{cccc:c} 1&0&0&0&7 \\ 0&1&0&0&-1 \\ 0&0&1&0&1 \\ 0&0&0&1&-3 \end{array}\right]$$

となるから $x=7$，$y=-1$，$z=1$，$w=-3$ が解である．◆

演習問題 2.4

2.4.1　次の連立1次方程式を掃き出し法を用いて解け．

(1) $\begin{cases} 3x-\ \ y=1 \\ 2x+2y=1 \end{cases}$　　(2) $\begin{cases} 3x-\ \ y+2z=1 \\ 2x+2y-2z=1 \\ \ \ x+2y-5z=2 \end{cases}$

(3) $\begin{cases} 2x + 2y + 3z = 1 \\ 3x + 2y + \ \ z = 2 \\ 2x + 3y + 6z = 1 \end{cases}$

2.5 逆 行 列

2 次正方行列の逆行列は，定理 2.5 によって求められた．この節では，一般の正方行列の逆行列の求め方について考える．

2.5.1 逆 行 列

例題 2.5 行列 $A = \begin{bmatrix} 1 & 1 & 0 \\ 0 & 1 & 1 \\ 0 & 1 & 2 \end{bmatrix}$ の逆行列を求めよ．

解答 A が正則行列であるとして

$$X = A^{-1} = \begin{bmatrix} x_1 & x_2 & x_3 \\ y_1 & y_2 & y_3 \\ z_1 & z_2 & z_3 \end{bmatrix}$$

とする．X を，列ベクトル

$$\boldsymbol{x}_1 = \begin{bmatrix} x_1 \\ y_1 \\ z_1 \end{bmatrix}, \quad \boldsymbol{x}_2 = \begin{bmatrix} x_2 \\ y_2 \\ z_2 \end{bmatrix}, \quad \boldsymbol{x}_3 = \begin{bmatrix} x_3 \\ y_3 \\ z_3 \end{bmatrix}$$

を用いて $X = [\boldsymbol{x}_1, \boldsymbol{x}_2, \boldsymbol{x}_3]$ と書くと，(2.1) によって

$$AX = [A\boldsymbol{x}_1, A\boldsymbol{x}_2, A\boldsymbol{x}_3]$$

となる．したがって $AX = E_3$ が成り立つとき，$\boldsymbol{x}_1$，$\boldsymbol{x}_2$，$\boldsymbol{x}_3$ はそれぞれ，A を係数行列に持つ連立 1 次方程式

$$A\boldsymbol{x}_1 = \boldsymbol{e}_1, \quad A\boldsymbol{x}_2 = \boldsymbol{e}_2, \quad A\boldsymbol{x}_3 = \boldsymbol{e}_3 \tag{2.14}$$

の解である．ただし $\boldsymbol{e}_1 = \begin{bmatrix} 1 \\ 0 \\ 0 \end{bmatrix}$，$\boldsymbol{e}_2 = \begin{bmatrix} 0 \\ 1 \\ 0 \end{bmatrix}$，$\boldsymbol{e}_3 = \begin{bmatrix} 0 \\ 0 \\ 1 \end{bmatrix}$ である．

連立1次方程式 $A\boldsymbol{x}_1 = \boldsymbol{e}_1$ の拡大係数行列 $\left[\begin{array}{ccc:c} 1 & 1 & 0 & 1 \\ 0 & 1 & 1 & 0 \\ 0 & 1 & 2 & 0 \end{array}\right]$ に行基本変形

① 第2行の -1 倍を第3行に加える.

② 第3行の -1 倍を第2行に加える.

③ 第2行の -1 倍を第1行に加える.

を行うと

$$\left[\begin{array}{ccc:c} 1 & 1 & 0 & 1 \\ 0 & 1 & 1 & 0 \\ 0 & 1 & 2 & 0 \end{array}\right] \xrightarrow{①} \left[\begin{array}{ccc:c} 1 & 1 & 0 & 1 \\ 0 & 1 & 1 & 0 \\ 0 & 0 & 1 & 0 \end{array}\right] \xrightarrow{②} \left[\begin{array}{ccc:c} 1 & 1 & 0 & 1 \\ 0 & 1 & 0 & 0 \\ 0 & 0 & 1 & 0 \end{array}\right] \xrightarrow{③} \left[\begin{array}{ccc:c} 1 & 0 & 0 & 1 \\ 0 & 1 & 0 & 0 \\ 0 & 0 & 1 & 0 \end{array}\right]$$

となるから連立1次方程式 $A\boldsymbol{x}_1 = \boldsymbol{e}_1$ の解は $\boldsymbol{x}_1 = {}^t[1, 0, 0]$ である.

連立1次方程式 $A\boldsymbol{x}_2 = \boldsymbol{e}_2$ および $A\boldsymbol{x}_3 = \boldsymbol{e}_3$ の係数行列は, $A\boldsymbol{x}_1 = \boldsymbol{e}_1$ のときと同じ A だから, 上と同じ行基本変形 ① ～ ③ をそれぞれの拡大係数行列に施すことによって $A\boldsymbol{x}_2 = \boldsymbol{e}_2$ および $A\boldsymbol{x}_3 = \boldsymbol{e}_3$ の解を求めることができる.

実際, $A\boldsymbol{x}_2 = \boldsymbol{e}_2$ の拡大係数行列は

$$\left[\begin{array}{ccc:c} 1 & 1 & 0 & 0 \\ 0 & 1 & 1 & 1 \\ 0 & 1 & 2 & 0 \end{array}\right] \xrightarrow{①} \left[\begin{array}{ccc:c} 1 & 1 & 0 & 0 \\ 0 & 1 & 1 & 1 \\ 0 & 0 & 1 & -1 \end{array}\right] \xrightarrow{②} \left[\begin{array}{ccc:c} 1 & 1 & 0 & 0 \\ 0 & 1 & 0 & 2 \\ 0 & 0 & 1 & -1 \end{array}\right] \xrightarrow{③} \left[\begin{array}{ccc:c} 1 & 0 & 0 & -2 \\ 0 & 1 & 0 & 2 \\ 0 & 0 & 1 & -1 \end{array}\right]$$

と変形されるから, $A\boldsymbol{x}_2 = \boldsymbol{e}_2$ の解は $\boldsymbol{x}_2 = {}^t[-2, 2, -1]$ である.

また, $A\boldsymbol{x}_3 = \boldsymbol{e}_3$ の拡大係数行列は

$$\left[\begin{array}{ccc:c} 1 & 1 & 0 & 0 \\ 0 & 1 & 1 & 0 \\ 0 & 1 & 2 & 1 \end{array}\right] \xrightarrow{①} \left[\begin{array}{ccc:c} 1 & 1 & 0 & 0 \\ 0 & 1 & 1 & 0 \\ 0 & 0 & 1 & 1 \end{array}\right] \xrightarrow{②} \left[\begin{array}{ccc:c} 1 & 1 & 0 & 0 \\ 0 & 1 & 0 & -1 \\ 0 & 0 & 1 & 1 \end{array}\right] \xrightarrow{③} \left[\begin{array}{ccc:c} 1 & 0 & 0 & 1 \\ 0 & 1 & 0 & -1 \\ 0 & 0 & 1 & 1 \end{array}\right]$$

と変形されるから, $A\boldsymbol{x}_3 = \boldsymbol{e}_3$ の解は $\boldsymbol{x}_3 = {}^t[1, -1, 1]$ である.

$X = \begin{bmatrix} 1 & -2 & 1 \\ 0 & 2 & -1 \\ 0 & -1 & 1 \end{bmatrix}$ とおくとき $XA = E_3$ も成り立つから, A は正則行列で

$$A^{-1} = \begin{bmatrix} 1 & -2 & 1 \\ 0 & 2 & -1 \\ 0 & -1 & 1 \end{bmatrix}$$

である. ◈

上の解答では，3つの連立1次方程式に対する拡大係数行列それぞれに対して同じ行基本変形を行ったが，それらを次のようにまとめて行うことができる.

行列 A に単位行列を付け加えた $(3, 6)$ 行列 $\left[\begin{array}{ccc:ccc} 1 & 1 & 0 & 1 & 0 & 0 \\ 0 & 1 & 1 & 0 & 1 & 0 \\ 0 & 1 & 2 & 0 & 0 & 1 \end{array}\right]$ に行基本変形 ①～③ を行うと次のようになる.

$$\left[\begin{array}{ccc:ccc} 1 & 1 & 0 & 1 & 0 & 0 \\ 0 & 1 & 1 & 0 & 1 & 0 \\ 0 & 1 & 2 & 0 & 0 & 1 \end{array}\right] \xrightarrow{①} \left[\begin{array}{ccc:ccc} 1 & 1 & 0 & 1 & 0 & 0 \\ 0 & 1 & 1 & 0 & 1 & 0 \\ 0 & 0 & 1 & 0 & -1 & 1 \end{array}\right]$$

$$\xrightarrow{②} \left[\begin{array}{ccc:ccc} 1 & 1 & 0 & 1 & 0 & 0 \\ 0 & 1 & 0 & 0 & 2 & -1 \\ 0 & 0 & 1 & 0 & -1 & 1 \end{array}\right] \xrightarrow{③} \left[\begin{array}{ccc:ccc} 1 & 0 & 0 & 1 & -2 & 1 \\ 0 & 1 & 0 & 0 & 2 & -1 \\ 0 & 0 & 1 & 0 & -1 & 1 \end{array}\right]$$

上で行った行基本変形には，3つの連立1次方程式 (2.14) を解くために行った行基本変形がすべて含まれていて，変形の結果得られた $[E_3 \,\vdots\, X]$ の形の行列 $\left[\begin{array}{ccc:ccc} 1 & 0 & 0 & 1 & -2 & 1 \\ 0 & 1 & 0 & 0 & 2 & -1 \\ 0 & 0 & 1 & 0 & -1 & 1 \end{array}\right]$ の右半分 $X = \begin{bmatrix} 1 & -2 & 1 \\ 0 & 2 & -1 \\ 0 & -1 & 1 \end{bmatrix}$ は，$AX = E_3$ をみたす行列になっている.

上で行った計算から次のことがわかる.

A を n 次正方行列とするとき $(n, 2n)$ 行列 $[A \,\vdots\, E_n]$ が，行基本変形をくり返し行って $[E_n \,\vdots\, X]$ の形に変形されたならば，X は $AX = E_n$ をみたす.

$AX = E_n$ をみたす X に対して $XA = E_n$ が成り立つことを後に示す（定理 3.14）. 次の定理が成り立つ.

定理 2.8 $A=[a_{ij}]$ を n 次正方行列とする．$(n,2n)$ 行列 $[A \,\vdots\, E_n]$ に行基本変形をくり返し行って

$$[A \,\vdots\, E_n] \longrightarrow [E_n \,\vdots\, X]$$

となったならば，A は正則行列で X は A の逆行列である．

例題 2.6 $A=\begin{bmatrix}1&0&0&1\\1&1&0&1\\1&0&1&1\\1&0&0&2\end{bmatrix}$ の逆行列を求めよ．

解答 $(4,8)$ 行列 $[A \,\vdots\, E_4]$ の第1行の -1 倍を，第2行，第3行，第4行に加えると

$$\left[\begin{array}{cccc:cccc}1&0&0&1&1&0&0&0\\1&1&0&1&0&1&0&0\\1&0&1&1&0&0&1&0\\1&0&0&2&0&0&0&1\end{array}\right]\longrightarrow\left[\begin{array}{cccc:cccc}1&0&0&1&1&0&0&0\\0&1&0&0&-1&1&0&0\\0&0&1&0&-1&0&1&0\\0&0&0&1&-1&0&0&1\end{array}\right]$$

となり，第4行の -1 倍を第1行に加えると

$$\left[\begin{array}{cccc:cccc}1&0&0&1&1&0&0&0\\0&1&0&0&-1&1&0&0\\0&0&1&0&-1&0&1&0\\0&0&0&1&-1&0&0&1\end{array}\right]\longrightarrow\left[\begin{array}{cccc:cccc}1&0&0&0&2&0&0&-1\\0&1&0&0&-1&1&0&0\\0&0&1&0&-1&0&1&0\\0&0&0&1&-1&0&0&1\end{array}\right]$$

となる．$A^{-1}=\begin{bmatrix}2&0&0&-1\\-1&1&0&0\\-1&0&1&0\\-1&0&0&1\end{bmatrix}$ である．◆

2.5.2　連立1次方程式と逆行列

$A=[a_{ij}]$ を n 次正方行列とし，$\boldsymbol{b}={}^t[b_1, b_2, \cdots, b_n]$ を $(n,1)$ 行列とする．

未知数 x_1, x_2, $\cdots$, x_n に関する連立1次方程式

$$\begin{cases} a_{11}x_1 + a_{12}x_2 + \cdots + a_{1n}x_n = b_1 \\ a_{21}x_1 + a_{22}x_2 + \cdots + a_{2n}x_n = b_2 \\ \qquad \vdots \\ a_{n1}x_1 + a_{n2}x_2 + \cdots + a_{nn}x_n = b_n \end{cases}$$

は, $\boldsymbol{x} = {}^t[x_1, x_2, \cdots, x_n]$ として, 行列の積を用いて

$$A\boldsymbol{x} = \boldsymbol{b} \tag{2.15}$$

と表すことができた. ここで A が正則行列ならば (2.15) の両辺に A の逆行列を左からかけて

$$\boldsymbol{x} = A^{-1}\boldsymbol{b}$$

となる.

定理 2.9 $A = [a_{ij}]$ が n 次正則行列であるとき, 未知数 x_1, x_2, $\cdots$, x_n に関する連立1次方程式

$$A\boldsymbol{x} = \boldsymbol{b} \qquad (\text{ただし } \boldsymbol{x} = {}^t[x_1, x_2, \cdots, x_n],\ \boldsymbol{b} = {}^t[b_1, b_2, \cdots, b_n])$$

はただ1つの解

$$\boldsymbol{x} = A^{-1}\boldsymbol{b}$$

を持つ.

例題 2.7 $a_{11}a_{22} - a_{21}a_{12} \neq 0$ が成り立つとき, 連立1次方程式

$$\begin{cases} a_{11}x + a_{12}y = b_1 \\ a_{21}x + a_{22}y = b_2 \end{cases} \tag{2.16}$$

はただ一組の解

$$x = \frac{a_{22}b_1 - a_{12}b_2}{a_{11}a_{22} - a_{21}a_{12}}, \qquad y = \frac{-a_{21}b_1 + a_{11}b_2}{a_{11}a_{22} - a_{21}a_{12}}$$

を持つことを示せ.

解答 $A = \begin{bmatrix} a_{11} & a_{12} \\ a_{21} & a_{22} \end{bmatrix}$, $\boldsymbol{x} = \begin{bmatrix} x \\ y \end{bmatrix}$, $\boldsymbol{b} = \begin{bmatrix} b_1 \\ b_2 \end{bmatrix}$ とおけば (2.16) は $A\boldsymbol{x} = \boldsymbol{b}$

と書ける．定理 2.5 によって A は正則行列で

$$A^{-1} = \frac{1}{a_{11}a_{22} - a_{21}a_{12}} \begin{bmatrix} a_{22} & -a_{12} \\ -a_{21} & a_{11} \end{bmatrix}$$

だから

$$\begin{bmatrix} x \\ y \end{bmatrix} = \frac{1}{a_{11}a_{22} - a_{21}a_{12}} \begin{bmatrix} a_{22} & -a_{12} \\ -a_{21} & a_{11} \end{bmatrix} \begin{bmatrix} b_1 \\ b_2 \end{bmatrix}$$
$$= \frac{1}{a_{11}a_{22} - a_{21}a_{12}} \begin{bmatrix} a_{22}b_1 - a_{12}b_2 \\ -a_{21}b_1 + a_{11}b_2 \end{bmatrix}$$

となる． ◆

演習問題 2.5

2.5.1　次の行列の逆行列を求めよ．

(1) $\begin{bmatrix} 1 & 2 \\ 1 & 3 \end{bmatrix}$　(2) $\begin{bmatrix} 1 & 2 & 3 \\ 0 & 1 & 2 \\ 0 & 0 & 1 \end{bmatrix}$　(3) $\begin{bmatrix} 1 & -3 & -1 \\ 2 & -1 & -2 \\ -3 & 1 & 2 \end{bmatrix}$

(4) $\begin{bmatrix} 1 & 2 & 3 & 4 \\ 0 & 1 & 2 & 3 \\ 0 & 0 & 1 & 2 \\ 0 & 0 & 0 & 1 \end{bmatrix}$　(5) $\begin{bmatrix} 1 & 1 & 1 & 1 \\ 2 & 2 & 2 & 1 \\ 3 & 3 & 2 & 1 \\ 4 & 3 & 2 & 1 \end{bmatrix}$

2.6　連立1次方程式 (2)

2.4 節では，未知数と方程式の個数が同じである連立1次方程式について学んだ．この節では，連立1次方程式の未知数と方程式の個数が等しくない場合や，未知数と方程式の個数が等しくても係数行列が正則行列でない場合に，適用できる連立1次方程式の解法について学ぶ．

x_1, x_2, x_3 を未知数とする連立1次方程式

$$\begin{cases} 3x_1 + 4x_2 + x_3 = 19 \\ 2x_1 + 2x_2 + 2x_3 = 12 \end{cases} \tag{2.17}$$

は次のようにして解くことができる.

① 第2式を $\frac{1}{2}$ 倍する

$$\begin{cases} 3x_1 + 4x_2 + x_3 = 19 \\ x_1 + x_2 + x_3 = 6 \end{cases}$$

② 2つの式を交換する

$$\begin{cases} x_1 + x_2 + x_3 = 6 \\ 3x_1 + 4x_2 + x_3 = 19 \end{cases}$$

③ 第1式を -3 倍して第2式に加える

$$\begin{cases} x_1 + x_2 + x_3 = 6 \\ x_2 - 2x_3 = 1 \end{cases}$$

④ 第2式を -1 倍して第1式に加える

$$\begin{cases} x_1 + 3x_3 = 5 \\ x_2 - 2x_3 = 1 \end{cases}$$

最後に，2つの式の左辺の x_3 を移項すると

$$\begin{cases} x_1 = 5 - 3x_3 \\ x_2 = 1 + 2x_3 \end{cases} \tag{2.18}$$

となる.

(x_1, x_2, x_3) が (2.17) の解であるとき，(2.18) が成り立つことも，x_3 を任意の実数として x_1，x_2 を (2.18) によって定めたときの x_1, x_2, x_3 が (2.17) の解であることも明らかで，連立1次方程式 (2.17) の解は

$$x_1 = 5 - 3x_3, \quad x_2 = 1 + 2x_3, \quad x_3 \text{ は任意の実数} \tag{2.19}$$

である.

ここで連立1次方程式を解くために用いた操作は

(1) ある式の定数倍を他の式に加える.

(2) ある式を定数倍する.

(3) 2つの式を交換する.

で，2.4節で連立1次方程式を解いたときに用いた操作と同じである (31ページ参照). 未知数と方程式の個数が等しくない連立1次方程式も，2.4節

で行ったのと同様に，行列の行基本変形によって解くことができる．

$$A=\begin{bmatrix}3&4&1\\2&2&2\end{bmatrix},\qquad \boldsymbol{x}=\begin{bmatrix}x_1\\x_2\\x_3\end{bmatrix},\qquad \boldsymbol{b}=\begin{bmatrix}19\\12\end{bmatrix}$$

とおけば，連立1次方程式 (2.17) は

$$A\boldsymbol{x}=\boldsymbol{b}$$

と表される．行列 A にベクトル $\boldsymbol{b}$ を付け加えた $(2,4)$ 行列を

$$\widetilde{A}=[A \,\vdots\, \boldsymbol{b}]$$

とおく．

連立1次方程式 (2.17) を解いたときの操作①～④は，次のような $\widetilde{A}$ に対する行基本変形に対応する．

$$\widetilde{A}=\left[\begin{array}{ccc:c}3&4&1&19\\2&2&2&12\end{array}\right]$$

$$\longrightarrow\left[\begin{array}{ccc:c}3&4&1&19\\1&1&1&6\end{array}\right]\qquad \left(\text{① 第2行を}\,\frac{1}{2}\,\text{倍する}\right)$$

$$\longrightarrow\left[\begin{array}{ccc:c}1&1&1&6\\3&4&1&19\end{array}\right]\qquad (\text{② 第1行と第2行を入れ替える})$$

$$\longrightarrow\left[\begin{array}{ccc:c}1&1&1&6\\0&1&-2&1\end{array}\right]$$

$$(\text{③ 第1行の}\ -3\ \text{倍を第2行に加える})$$

$$\longrightarrow\left[\begin{array}{ccc:c}1&0&3&5\\0&1&-2&1\end{array}\right]$$

$$(\text{④ 第2行の}\ -1\ \text{倍を第1行に加える})$$

最後の行列を連立1次方程式に戻すと

$$\begin{cases}x_1 \qquad +3x_3=5\\ \qquad x_2-2x_3=1\end{cases}$$

となり，求める解は t を任意の実数として，

$$x_1=5-3t,\qquad x_2=1+2t,\qquad x_3=t$$

となる．

以上の方法を一般の連立 1 次方程式に適用すると，連立 1 次方程式の解法は次のようにまとめられる．

n 個の未知数 $x_1, x_2, \cdots, x_n$ に関する連立 1 次方程式

$$\begin{cases} a_{11}x_1 + a_{12}x_2 + \cdots + a_{1n}x_n = b_1 \\ a_{21}x_1 + a_{22}x_2 + \cdots + a_{2n}x_n = b_2 \\ \qquad \vdots \\ a_{m1}x_1 + a_{m2}x_2 + \cdots + a_{mn}x_n = b_m \end{cases} \tag{2.20}$$

は

$$A = \begin{bmatrix} a_{11} & a_{12} & \cdots & a_{1n} \\ a_{21} & a_{22} & \cdots & a_{2n} \\ \vdots & \vdots & \ddots & \vdots \\ a_{m1} & a_{m2} & \cdots & a_{mn} \end{bmatrix}, \quad \boldsymbol{x} = \begin{bmatrix} x_1 \\ x_2 \\ \vdots \\ x_n \end{bmatrix}, \quad \boldsymbol{b} = \begin{bmatrix} b_1 \\ b_2 \\ \vdots \\ b_m \end{bmatrix}$$

とおけば

$$A\boldsymbol{x} = \boldsymbol{b}$$

と表される．

A を連立 1 次方程式 (2.20) の**係数行列**，$\boldsymbol{x}$ を**変数ベクトル**，$\boldsymbol{b}$ を**定数ベクトル**という．また，行列 A にベクトル $\boldsymbol{b}$ を付け加えた $(m, n+1)$ 行列

$$\widetilde{A} = [A \mid \boldsymbol{b}]$$

を (2.20) の**拡大係数行列**という．行基本変形をくり返し行って $\widetilde{A}$ を

$$\left[\begin{array}{cccc|ccc|c} 1 & 0 & \cdots & 0 & \alpha_{1,r+1}' & \cdots & \alpha_{1,n}' & \beta_1' \\ 0 & 1 & \cdots & 0 & \alpha_{2,r+1}' & \cdots & \alpha_{2,n}' & \beta_2' \\ \vdots & \vdots & \ddots & \vdots & \vdots & \ddots & \vdots & \vdots \\ 0 & 0 & \cdots & 1 & \alpha_{r,r+1}' & \cdots & \alpha_{r,n}' & \beta_r' \\ \hline 0 & 0 & \cdots & 0 & 0 & \cdots & 0 & \beta_{r+1}' \\ 0 & 0 & \cdots & 0 & 0 & \cdots & 0 & 0 \\ \vdots & \vdots & \ddots & \vdots & \vdots & \ddots & \vdots & \vdots \\ 0 & 0 & \cdots & 0 & 0 & \cdots & 0 & 0 \end{array}\right] \tag{2.21}$$

の形に変形できたとする．これを連立 1 次方程式に戻すと

$$
\begin{cases}
x_1 \qquad\quad + \alpha_{1,r+1}' x_{r+1} + \cdots + \alpha_{1,n}' x_n = \beta_1' \\
\quad x_2 \qquad + \alpha_{2,r+1}' x_{r+1} + \cdots + \alpha_{2,n}' x_n = \beta_2' \\
\qquad \vdots \\
\qquad\quad x_r + \alpha_{r,r+1}' x_{r+1} + \cdots + \alpha_{r,n}' x_n = \beta_r' \\
\qquad\qquad\qquad\qquad\qquad\qquad 0 = \beta_{r+1}' \\
\qquad\qquad\qquad\qquad\qquad\qquad 0 = 0 \\
\qquad\qquad\qquad\qquad\qquad\qquad \vdots \\
\qquad\qquad\qquad\qquad\qquad\qquad 0 = 0
\end{cases}
$$

となる．このことから，連立1次方程式の解に関して次がわかる．

定理 2.10　A を (m, n) 行列，$\boldsymbol{x} = {}^t[x_1, \cdots, x_n]$，$\boldsymbol{b} = {}^t[b_1, \cdots, b_m]$ とする．連立1次方程式

$$A\boldsymbol{x} = \boldsymbol{b}$$

の拡大係数行列 $\widetilde{A} = [A \,\vdots\, \boldsymbol{b}]$ に行基本変形を何回か施して (2.21) の形にできたとすると

(i)　$\beta_{r+1}' \neq 0$ のとき，$A\boldsymbol{x} = \boldsymbol{b}$ は解を持たない．

(ii)　$\beta_{r+1}' = 0$ のとき，$A\boldsymbol{x} = \boldsymbol{b}$ の解は x_{r+1}，x_{r+2}，$\cdots$，x_m を任意の実数として

$$
\begin{cases}
x_1 = \beta_1' - \alpha_{1,r+1}' x_{r+1} - \cdots - \alpha_{1,n}' x_n \\
x_2 = \beta_2' - \alpha_{2,r+1}' x_{r+1} - \cdots - \alpha_{2,n}' x_n \\
\qquad \vdots \\
x_r = \beta_r' - \alpha_{r,r+1}' x_{r+1} - \cdots - \alpha_{r,n}' x_n
\end{cases}
$$

で与えられる．

✓**注意**　連立1次方程式の拡大係数行列が，行基本変形だけでは (2.21) の形に変形できないこともある．その場合には，第1列から第 n 列のうちのいくつかの列の交換をすることが許される．ただし，列の交換は変数の番号を交換することに対応するので十分な注意が必要である．

例 2.14　連立1次方程式

$$\begin{cases} x_1 + x_2 + x_3 = 1 \\ x_1 + x_2 + x_3 = 2 \end{cases}$$

は解を持たない．これを以下のように説明することもできる．

拡大係数行列

$$\widetilde{A} = \left[\begin{array}{ccc:c} 1 & 1 & 1 & 1 \\ 1 & 1 & 1 & 2 \end{array}\right]$$

に行基本変形を施すと

$$\widetilde{A} = \left[\begin{array}{ccc:c} 1 & 1 & 1 & 1 \\ 1 & 1 & 1 & 2 \end{array}\right] \longrightarrow \left[\begin{array}{ccc:c} 1 & 1 & 1 & 1 \\ 0 & 0 & 0 & 1 \end{array}\right] \quad (\text{第 1 行の } -1 \text{ 倍を第 2 行に加える})$$

となる．これを方程式に戻すと

$$\begin{cases} x_1 + x_2 + x_3 = 1 \\ \qquad\qquad\ \ 0 = 1 \end{cases}$$

となるが，第2式は矛盾である． ◆

例題 2.8 連立1次方程式

$$\begin{cases} x_1 + \ \ x_2 + \ \ x_3 + \ \ x_4 + \ \ x_5 = 3 \\ x_1 + 2x_2 + 2x_3 + 3x_4 + 4x_5 = 4 \\ x_1 + 3x_2 + 3x_3 + 6x_4 + 7x_5 = 7 \end{cases}$$

を解け．

解答 拡大係数行列

$$\widetilde{A} = \left[\begin{array}{ccccc:c} 1 & 1 & 1 & 1 & 1 & 3 \\ 1 & 2 & 2 & 3 & 4 & 4 \\ 1 & 3 & 3 & 6 & 7 & 7 \end{array}\right]$$

の第1行の -1 倍を第2行と第3行に加えると

$$\widetilde{A} \longrightarrow \left[\begin{array}{ccccc:c} 1 & 1 & 1 & 1 & 1 & 3 \\ 0 & 1 & 1 & 2 & 3 & 1 \\ 0 & 2 & 2 & 5 & 6 & 4 \end{array}\right]$$

となり，第2行の -1 倍を第1行に加え，第2行の -2 倍を第3行に加えると

$$\longrightarrow \left[\begin{array}{ccccc|c} 1 & 0 & 0 & -1 & -2 & 2 \\ 0 & 1 & 1 & 2 & 3 & 1 \\ 0 & 0 & 0 & 1 & 0 & 2 \end{array}\right]$$

となる．次に，(2.21) の形に変形するために，第3列と第4列を交換すると

$$\longrightarrow \left[\begin{array}{ccccc|c} 1 & 0 & -1 & 0 & -2 & 2 \\ 0 & 1 & 2 & 1 & 3 & 1 \\ 0 & 0 & 1 & 0 & 0 & 2 \end{array}\right]$$

となり，第3行を第1行に加え，第3行の -2 倍を第2行に加えると

$$\longrightarrow \left[\begin{array}{ccccc|c} 1 & 0 & 0 & 0 & -2 & 4 \\ 0 & 1 & 0 & 1 & 3 & -3 \\ 0 & 0 & 1 & 0 & 0 & 2 \end{array}\right]$$

となる．

途中で行った，第3列と第4列の交換が，変数 x_3 と変数 x_4 の交換に対応することに注意すると，解は，$x_3 = s$，$x_5 = t$ を任意の実数として

$$x_1 = 4 + 2t, \quad x_2 = -3 - s - 3t, \quad x_3 = s, \quad x_4 = 2, \quad x_5 = t$$

である．◆

演習問題 2.6

2.6.1 次の連立1次方程式を掃き出し法を用いて解け．

(1) $\begin{cases} x_1 + 3x_2 + 4x_3 = 1 \\ 3x_1 + 4x_2 + 2x_3 = 3 \end{cases}$　　(2) $\begin{cases} x_1 + 2x_2 + 3x_3 = 1 \\ 2x_1 + 5x_2 + 9x_3 = 8 \\ 3x_1 + 8x_2 + 15x_3 = 15 \end{cases}$

2.6.2 次の連立1次方程式が解を持つかどうか判定し，解を持つならば解を求めよ．

(1) $\begin{cases} 2x_1 + 3x_2 + 4x_3 = 1 \\ 3x_1 + 4x_2 + 2x_3 = 1 \\ 5x_1 + 7x_2 + 6x_3 = 3 \end{cases}$　　(2) $\begin{cases} x_1 + 2x_2 + 3x_3 = 1 \\ 2x_1 + 5x_2 + 9x_3 = 8 \\ x_1 + 4x_2 + 9x_3 = 13 \end{cases}$

2.6.3 a を定数とするとき，連立1次方程式

$$\begin{cases} \qquad\qquad 2x_2 + 4x_3 + 2x_4 = 2 \\ -x_1 + x_2 + 3x_3 + 2x_4 = 2 \\ x_1 + 2x_2 + 3x_3 + x_4 = a \\ -2x_1 - x_2 + \qquad\quad 2x_4 = 1 \end{cases}$$

が解を持つような a の値をすべて求め，その a の値に対する解を求めよ．

2.7 行列の階数

前節で調べた連立1次方程式の解法では，行基本変形 (R1), (R2), (R3) (33ページ) と

(C3) 2つの列を交換する．

をくり返し行って，(m, n) 行列 A を次の形に変形した．

$$\left[\begin{array}{cccc:ccc} 1 & 0 & \cdots & 0 & a_{1,r+1}' & \cdots & a_{1,n}' \\ 0 & 1 & \cdots & 0 & a_{2,r+1}' & \cdots & a_{2,n}' \\ \vdots & \vdots & \ddots & \vdots & \vdots & & \vdots \\ 0 & 0 & \cdots & 1 & a_{r,r+1}' & \cdots & a_{r,n}' \\ \hdashline 0 & 0 & \cdots & 0 & 0 & \cdots & 0 \\ \vdots & \vdots & & \vdots & \vdots & & \vdots \\ 0 & 0 & \cdots & 0 & 0 & \cdots & 0 \end{array}\right] = \left[\begin{array}{c:c} E_r & * \\ \hdashline O_{m-r,r} & O_{m-r,n-r} \end{array}\right] \quad (2.22)$$

左上に現れる単位行列 E_r の，行（または列）の個数 r を行列 A の**階数**（または**ランク**）といい

$$r(A) \quad \text{または} \quad \mathrm{rank}(A)$$

と書く．(m, n) 行列 A の階数 $r(A)$ は，m, n の小さい方を $\min\{m, n\}$ と書けば $r(A) \leq \min\{m, n\}$ である．

✓**注意** 一般に $\mathrm{rank}(A) = \mathrm{rank}({}^tA)$ が成り立つことが知られている．

例題 2.9

$$A = \begin{bmatrix} 1 & 2 & 3 & 1 \\ 2 & 4 & 9 & 8 \\ 3 & 6 & 15 & 15 \end{bmatrix}$$

の階数を求めよ．

解答　行列 A に行基本変形

① 第 1 行の -2 倍を第 2 行に加える.
② 第 1 行の -3 倍を第 3 行に加える.
③ 第 2 行の -2 倍を第 3 行に加える.
④ 第 2 行を $\frac{1}{3}$ 倍する.
⑤ 第 2 行の -3 倍を第 1 行に加える.

を施すと

$$\begin{bmatrix}1&2&3&1\\2&4&9&8\\3&6&15&15\end{bmatrix}\xrightarrow{①}\begin{bmatrix}1&2&3&1\\0&0&3&6\\3&6&15&15\end{bmatrix}\xrightarrow{②}\begin{bmatrix}1&2&3&1\\0&0&3&6\\0&0&6&12\end{bmatrix}\xrightarrow{③}\begin{bmatrix}1&2&3&1\\0&0&3&6\\0&0&0&0\end{bmatrix}$$

$$\xrightarrow{④}\begin{bmatrix}1&2&3&1\\0&0&1&2\\0&0&0&0\end{bmatrix}\xrightarrow{⑤}\begin{bmatrix}1&2&0&-5\\0&0&1&2\\0&0&0&0\end{bmatrix}$$

となる. 行に関する基本変形で変形できるのはここまでであるが, さらに第 2 列と第 3 列の交換を行うと

$$\longrightarrow\left[\begin{array}{cc:cc}1&0&2&-5\\0&1&0&2\\\hdashline 0&0&0&0\end{array}\right]$$

となり, (2.22) の形の行列が得られる.

行列 A の階数 $r(A)$ は 2 である. ◆

連立 1 次方程式が解を持つための条件 (定理 2.10) を行列の階数を用いて述べることができる. そのことを理解するために次の例題を考えよう.

例題 2.10　a を実数とするとき, 次の連立 1 次方程式を解け.

$$\begin{cases} x+y+z+w=1\\ x+2y+z+2w=3\\ 2x+2y+2z+2w=a\end{cases}$$

解答 係数行列を $A=\begin{bmatrix}1&1&1&1\\1&2&1&2\\2&2&2&2\end{bmatrix}$, 拡大係数行列を $\widetilde{A}=\left[\begin{array}{cccc:c}1&1&1&1&1\\1&2&1&2&3\\2&2&2&2&a\end{array}\right]$ とする. 拡大係数行列の, 第1行の -1 倍を第2行に, -2 倍を第3行に加えた後に, 第2行の -1 倍を第1行に加えると,

$$\widetilde{A}=\left[\begin{array}{cccc:c}1&1&1&1&1\\1&2&1&2&3\\2&2&2&2&a\end{array}\right]\longrightarrow\left[\begin{array}{cc:cc:c}1&0&1&0&-1\\0&1&0&1&2\\\hdashline 0&0&0&0&a-2\end{array}\right]$$

となり, 与えられた連立1次方程式は $a=2$ のとき, 解

$$x_1=-s-1,\quad x_2=-t+2,\quad x_3=s,\quad x_4=t$$

(s, t は任意の実数)

を持ち, $a\neq 2$ のときは解を持たない. ◆

上の例題の連立1次方程式は, $\mathrm{rank}(A)=\mathrm{rank}(\widetilde{A})$ のときにのみ解を持つ. そのことを次のように一般化することができる.

n 変数の連立1次方程式は, (m,n) 行列 A, 変数ベクトル $\boldsymbol{x}$, 定数ベクトル $\boldsymbol{b}$ を用いて,

$$A\boldsymbol{x}=\boldsymbol{b} \tag{2.23}$$

と表される.

連立1次方程式 (2.23) の拡大係数行列 $\widetilde{A}=[A\,\vdots\,\boldsymbol{b}]$ を, 行基本変形 (R1), (R2), (R3) と, 第1列から第 n 列までのうちの2つの列の交換 (C3) を何回か行うことによって次の形に変形することができる.

$$\left[\begin{array}{cccc:ccc:c}
1 & 0 & \cdots & 0 & \alpha_{1,r+1}' & \cdots & \alpha_{1,n}' & \beta_1' \\
0 & 1 & \cdots & 0 & \alpha_{2,r+1}' & \cdots & \alpha_{2,n}' & \beta_2' \\
\vdots & \vdots & \ddots & \vdots & \vdots & & \vdots & \vdots \\
0 & 0 & \cdots & 1 & \alpha_{r,r+1}' & \cdots & \alpha_{r,n}' & \beta_r' \\
\hdashline
0 & 0 & \cdots & 0 & 0 & \cdots & 0 & \beta_{r+1}' \\
0 & 0 & \cdots & 0 & 0 & \cdots & 0 & 0 \\
\vdots & \vdots & & \vdots & \vdots & & \vdots & \vdots \\
0 & 0 & \cdots & 0 & 0 & \cdots & 0 & 0
\end{array}\right]$$

ここで行った基本変形を，係数行列 A に対して行えば，上の行列から第 $n+1$ 列を取り除いた行列が得られるから $r(A)=r$ である．

$\beta_{r+1}'=0$ のとき，定理 2.10 により連立 1 次方程式 (2.23) は解を持つ．また，このとき明らかに $r(\widetilde{A})=r$ であり，連立 1 次方程式 (2.23) が解を持つならば $r(A)=r(\widetilde{A})$ であることがわかる．

次に $\beta_{r+1}'\neq 0$ とする．このとき，連立 1 次方程式 (2.23) は解を持たない．拡大係数行列の $r+1$ 列と $n+1$ 列を交換した後，$r+1$ 行に β_{r+1}' の逆数をかけると

$$\left[\begin{array}{cccc:c:cccc}
1 & 0 & \cdots & 0 & \beta_1' & \alpha_{1,r+2}' & \cdots & \alpha_{1,n}' & \alpha_{1,r+1}' \\
0 & 1 & \cdots & 0 & \beta_2' & \alpha_{2,r+2}' & \cdots & \alpha_{2,n}' & \alpha_{2,r+1}' \\
\vdots & \vdots & \ddots & \vdots & \vdots & \vdots & & \vdots & \vdots \\
0 & 0 & \cdots & 1 & \beta_r' & \alpha_{r,r+2}' & \cdots & \alpha_{r,n}' & \alpha_{r,r+1}' \\
\hdashline
0 & 0 & \cdots & 0 & 1 & 0 & \cdots & 0 & 0 \\
\hdashline
0 & 0 & \cdots & 0 & 0 & 0 & \cdots & 0 & 0 \\
\vdots & \vdots & & \vdots & \vdots & \vdots & & \vdots & \vdots \\
0 & 0 & \cdots & 0 & 0 & 0 & \cdots & 0 & 0
\end{array}\right]$$

となり，さらに，第 $r+1$ 行の $-\beta_i'$ 倍を第 i 行 $(1\leq i\leq r)$ に加えることによって

$$\left[\begin{array}{c:c}
E_{r+1} & * \\
\hdashline
O_{m-r-1,\,r+1} & O_{m-r-1,\,n-r-1}
\end{array}\right]$$

という形の行列になるから $r(\widetilde{A})=r+1$ である．

したがって，連立 1 次方程式 (2.23) が解を持たないとき $r(A)\neq r(\widetilde{A})$ で

ある.

以上をまとめて次の定理を得る.

定理 2.11 連立1次方程式 $A\boldsymbol{x} = \boldsymbol{b}$ が解を持つための必要十分条件は $r(A) = r(\widetilde{A})$ となることである.

連立1次方程式

$$A\boldsymbol{x} = \boldsymbol{0}$$

を**同次連立1次方程式**といい $\boldsymbol{b} \neq \boldsymbol{0}$ のとき,連立1次方程式

$$A\boldsymbol{x} = \boldsymbol{b}$$

を**非同次連立1次方程式**という.このとき,$\boldsymbol{x} = \boldsymbol{0}$ は,同次連立1次方程式の解である.これを**自明な解**という.自明でない解を持つ同次連立1次方程式は,本書の後半で重要な役割を果たす.

系 2.12 A を (m, n) 行列とする.連立1次方程式 $A\boldsymbol{x} = \boldsymbol{0}$ が自明でない解を持つための必要十分条件は $r(A) < n$ となることである.

証明 A の階数 $r(A)$ を r として,定理 2.10 の記号を用いる.

$\beta_1' = \beta_2' = \cdots = \beta_r' = 0$ かつ $r(A) = r$ だから,連立1次方程式 $A\boldsymbol{x} = \boldsymbol{0}$ の解は

$$\begin{cases} x_1 &= -\alpha_{1,r+1}' x_{r+1} - \cdots - \alpha_{1,n}' x_n \\ x_2 &= -\alpha_{2,r+1}' x_{r+1} - \cdots - \alpha_{2,n}' x_n \\ & \qquad \vdots \\ x_r &= -\alpha_{r,r+1}' x_{r+1} - \cdots - \alpha_{r,n}' x_n \end{cases}$$

である.このことから $A\boldsymbol{x} = \boldsymbol{0}$ は,$r < n$ のときには自明でない解(例えば $x_1 = -\alpha_{1,r+1}', \cdots, x_r = -\alpha_{r,r+1}', x_{r+1} = 1, x_{r+2} = \cdots = x_n = 0$)を持ち,$r = n$ のときには自明な解しか持たないことがわかる.

ゆえに,$r < n$ が自明でない解を持つための必要十分条件である. ■

系 2.13　A を n 次正方行列とする．連立1次方程式 $A\boldsymbol{x} = \boldsymbol{0}$ が自明な解しか持たないための必要十分条件は $r(A) = n$ となることである．

証明　系 2.12 より，自明でない解を持つための必要十分条件は $r(A) < n$ である．A は n 次正方行列だから $r(A) \leq n$ であり，自明な解しか持たないための必要十分条件は $r(A) = n$ である．■

演習問題 2.7

2.7.1　次の行列の階数を求めよ．

(1) $\begin{bmatrix} 1 & 2 & 3 & 3 \\ 2 & 3 & 2 & 4 \\ 0 & 1 & -1 & 1 \end{bmatrix}$　(2) $\begin{bmatrix} 1 & 2 & 2 & 2 \\ 1 & 2 & 3 & 3 \\ 1 & 2 & 4 & 4 \end{bmatrix}$　(3) $\begin{bmatrix} 1 & -1 & -2 & -2 \\ -2 & 3 & 3 & -1 \\ 1 & -2 & -1 & 3 \end{bmatrix}$

2.7.2　次の連立1次方程式が自明でない解を持つかどうか判定せよ．

(1) $\begin{cases} 2x_1 + x_2 = 0 \\ 3x_1 + 2x_2 = 0 \end{cases}$　(2) $\begin{cases} 2x_1 + 3x_2 + 4x_3 = 0 \\ 3x_1 + 4x_2 + 2x_3 = 0 \\ 5x_1 + 7x_2 + 6x_3 = 0 \end{cases}$

(3) $\begin{cases} 2x_1 - x_2 = 0 \\ -x_1 + 2x_2 - x_3 = 0 \\ -x_2 + 2x_3 - x_4 = 0 \\ -x_3 + 2x_4 = 0 \end{cases}$

2.7.3　次の連立1次方程式が解を持つように a の値を定めよ．

$$\begin{cases} 3x_1 - x_2 + 2x_3 - 4x_4 = 1 \\ 2x_1 + 2x_2 - 2x_3 - 2x_4 = 1 \\ -x_1 - 2x_2 + 5x_3 - 2x_4 = 2 \\ -x_1 - 3x_2 - 2x_3 + 6x_4 = a \end{cases}$$

2.7.4　変数が n 個の同次連立1次方程式の拡大係数行列の第 $n+1$ 列は零ベクトルである．行基本変形によって第 $n+1$ 列が零ベクトルであることは変わらない．このことを利用して，次の連立1次方程式を，係数行列の行基本変形によって解け．

$$\begin{cases} x_1 + \ x_2 + \ x_3 - 2x_4 = 0 \\ x_1 + \ x_2 - \ x_3 + 2x_4 = 0 \\ x_1 - 2x_2 - 2x_3 + \ x_4 = 0 \end{cases}$$

行列と複素数の対応

column

2 次正方行列

$$E = \begin{bmatrix} 1 & 0 \\ 0 & 1 \end{bmatrix}, \quad J = \begin{bmatrix} 0 & -1 \\ 1 & 0 \end{bmatrix}$$

は $E^2 = E$, $EJ = JE = J$, $J^2 = -E$ をみたす．a, b, x, y を実数として

$$Z_1 = a_1 E + b_1 J, \quad Z_2 = a_2 E + b_2 J$$

とおくとき Z_1 と Z_2 の積は

$$Z_1 Z_2 = (a_1 a_2 - b_1 b_2) E + (a_1 b_2 + b_1 a_2) J \tag{2.24}$$

となる．

複素数 $a + bi$ (a, b は実数) を $a \cdot 1 + b \cdot i$ と書くことにする．このとき，$z_1 = a_1 \cdot 1 + b_1 \cdot i$, $z_2 = a_2 \cdot 1 + b_2 \cdot i$ の積は

$$z_1 z_2 = (a_1 a_2 - b_1 b_2) \cdot 1 + (a_1 b_2 + b_1 a_2) \cdot i \tag{2.25}$$

となる．1 を E, i を J と書き換えると z_1, z_2 はそれぞれ Z_1, Z_2 に，(2.25) の右辺は (2.24) の右辺になる．

逆行列についても，$Z = \begin{bmatrix} a & -b \\ b & a \end{bmatrix}$ の逆行列

$$Z^{-1} = \frac{1}{a^2 + b^2} \begin{bmatrix} a & b \\ -b & a \end{bmatrix} = \frac{a}{a^2 + b^2} E - \frac{b}{a^2 + b^2} J \tag{2.26}$$

と $z = a \cdot 1 + b \cdot i$ の逆数

$$z^{-1} = \frac{1}{a \cdot 1 + b \cdot i} = \frac{a \cdot 1 - b \cdot i}{a^2 + b^2} = \frac{a}{a^2 + b^2} \cdot 1 - \frac{b}{a^2 + b^2} \cdot i \tag{2.27}$$

の間には，上述の書き換えで (2.27) の右辺が (2.26) の右辺になるという関係が成り立っている．

　このような対応は偶然であろうか？　この疑問については，後に解説する．

3
Chapter

行列式

3.1 置換と行列式

3.1.1 置換

1からnまでの整数全体の集合をXで表す．1からnまでの数を，重複することなく並べた数の並び$p_1, p_2, \cdots, p_n$を**順列**という．$p_1, p_2, \cdots, p_n$を順列とするとき，iにp_iを対応させる関数 $\sigma : X \longrightarrow X$ が

$$\sigma(i) = p_i$$

によって定められる．

σを表す方法として，iと$\sigma(i)$を縦に並べて書く書き方がよく用いられる．例えば，$p_1 = 3$，$p_2 = 5$，$p_3 = 2$，$p_4 = 1$，$p_5 = 4$ のとき，$\sigma(1) = p_1 = 3$，$\sigma(2) = p_2 = 5$，$\sigma(3) = p_3 = 2$，$\sigma(4) = p_4 = 1$，$\sigma(5) = p_5 = 4$ によって定められる置換σは

$$\sigma = \begin{pmatrix} 1 & 2 & 3 & 4 & 5 \\ 3 & 5 & 2 & 1 & 4 \end{pmatrix}$$

と表される．

順列p_1，p_2，$\cdots$，p_nから，$\sigma(i) = p_i$ として作られた関数σを，n文字の**置換**という．n文字の置換の全体をS_nで表す．

σ，τをn文字の置換とするとき，iに$\sigma(\tau(i))$を対応させる関数はまたn

文字の置換となる．これを σ と τ の**積**といい $\sigma \circ \tau$ で表す．

例 3.1　$\sigma = \begin{pmatrix} 1 & 2 & 3 & 4 \\ 2 & 1 & 4 & 3 \end{pmatrix}$，$\tau = \begin{pmatrix} 1 & 2 & 3 & 4 \\ 4 & 1 & 2 & 3 \end{pmatrix}$ のとき

$$\sigma \circ \tau = \begin{pmatrix} 1 & 2 & 3 & 4 \\ 3 & 2 & 1 & 4 \end{pmatrix}, \qquad \tau \circ \sigma = \begin{pmatrix} 1 & 2 & 3 & 4 \\ 1 & 4 & 3 & 2 \end{pmatrix}$$

である．◆

✓**注意**　上の例が示すように一般に $\sigma \circ \tau = \tau \circ \sigma$ は成り立たない．

p，q を $1 \leq p < q \leq n$ をみたす整数とする．

$$\sigma(i) = \begin{cases} i & (i \neq p,\ q \text{ のとき}) \\ q & (i = p \text{ のとき}) \\ p & (i = q \text{ のとき}) \end{cases}$$

によって定まる置換を p と q の**互換**といい $(p\ \ q)$ で表す．$n = 4$ のとき $(2\ \ 4) = \begin{pmatrix} 1 & 2 & 3 & 4 \\ 1 & 4 & 3 & 2 \end{pmatrix}$ である．

すべての置換は，いくつかの互換の積で表される．置換 σ が，l 個の互換の積で表されたとしよう．置換を，互換の積で表す表し方は一通りではなく，l は σ に対して一通りには定まらないが，$(-1)^l$ は σ に対して定まることが知られている．$(-1)^l$ を σ の**符号数**といって

$$\mathrm{sgn}(\sigma)$$

で表す．

例 3.2　$\sigma = \begin{pmatrix} 1 & 2 & 3 & 4 \\ 3 & 1 & 4 & 2 \end{pmatrix}$ のとき，例えば $\sigma = (1\ \ 4) \circ (2\ \ 4) \circ (1\ \ 3)$ だから

$$\mathrm{sgn}(\sigma) = -1$$

である．◆

符号数が 1 の置換は偶数個の互換の積で表され，符号数が -1 の置換は奇数個の互換の積で表されることから，符号数が 1 の置換を**偶置換**といい，符号数が -1 の置換を**奇置換**という．

S_n の元のうちの，偶置換の個数と奇置換の個数は同じである．

例 3.3 (1) S_2 の元は

$$\sigma_0 = \begin{pmatrix} 1 & 2 \\ 1 & 2 \end{pmatrix}, \quad \sigma_1 = \begin{pmatrix} 1 & 2 \\ 2 & 1 \end{pmatrix}$$

の 2 個である．σ_0 は 0 個の互換の積，$\sigma_1 = (1\ \ 2)$ だから

$$\mathrm{sgn}(\sigma_0) = 1, \quad \mathrm{sgn}(\sigma_1) = -1$$

である．

(2) S_3 の元は

$$\sigma_0 = \begin{pmatrix} 1 & 2 & 3 \\ 1 & 2 & 3 \end{pmatrix}, \quad \sigma_1 = \begin{pmatrix} 1 & 2 & 3 \\ 2 & 3 & 1 \end{pmatrix}, \quad \sigma_2 = \begin{pmatrix} 1 & 2 & 3 \\ 3 & 1 & 2 \end{pmatrix},$$

$$\sigma_3 = \begin{pmatrix} 1 & 2 & 3 \\ 1 & 3 & 2 \end{pmatrix}, \quad \sigma_4 = \begin{pmatrix} 1 & 2 & 3 \\ 2 & 1 & 3 \end{pmatrix}, \quad \sigma_5 = \begin{pmatrix} 1 & 2 & 3 \\ 3 & 2 & 1 \end{pmatrix}$$

の 6 個である．

σ_0 は 0 個の互換の積だから $\mathrm{sgn}(\sigma_0) = 1$ である．それ以外の置換は，$\sigma_3 = (2\ \ 3)$，$\sigma_1 = (1\ \ 2) \circ \sigma_3$，$\sigma_4 = (1\ \ 3) \circ \sigma_1$，$\sigma_2 = (2\ \ 3) \circ \sigma_4$，$\sigma_5 = (1\ \ 2) \circ \sigma_2$ となるから

$$\mathrm{sgn}(\sigma_0) = \mathrm{sgn}(\sigma_1) = \mathrm{sgn}(\sigma_2) = 1,$$
$$\mathrm{sgn}(\sigma_3) = \mathrm{sgn}(\sigma_4) = \mathrm{sgn}(\sigma_5) = -1$$

である．◆

3.1.2 行列式

$A = [a_{ij}]$ を n 次正方行列とする．

置換 $\sigma \in S_n$ をとるとき，各 i $(1 \leq i \leq n)$ に対して $\sigma(i)$ もまた 1 以上で n 以下の整数だから，A の $(i, \sigma(i))$ 成分 $a_{i\sigma(i)}$ を取り出すことができる．置換 σ の符号数 $\mathrm{sgn}(\sigma)$ と，すべての i に対する $a_{i\sigma(i)}$ の積

$$\mathrm{sgn}(\sigma)\, a_{1\sigma(1)} a_{2\sigma(2)} a_{3\sigma(3)} \cdots a_{n\sigma(n)} \tag{3.1}$$

の，置換全体にわたる和

$$\sum_{\sigma \in S_n} \mathrm{sgn}(\sigma)\, a_{1\sigma(1)} a_{2\sigma(2)} a_{3\sigma(3)} \cdots a_{n\sigma(n)} \tag{3.2}$$

を A の**行列式** (determinant) という．n 次正方行列 $A=[a_{ij}]$ の行列式を

$$\begin{vmatrix} a_{11} & a_{12} & \cdots & a_{1n} \\ a_{21} & a_{22} & \cdots & a_{2n} \\ \vdots & \vdots & \ddots & \vdots \\ a_{n1} & a_{n2} & \cdots & a_{nn} \end{vmatrix}, \qquad |a_{ij}|, \qquad |A|, \qquad \det(A)$$

などと書く．

$n=1, 2, 3$ のとき，n 次正方行列の行列式は次のようになる．

定理 3.1　(1)　1 次正方行列の行列式は

$$|a_{11}| = a_{11}$$

である．

(2)　2 次正方行列の行列式は

$$\begin{vmatrix} a_{11} & a_{12} \\ a_{21} & a_{22} \end{vmatrix} = a_{11}a_{22} - a_{12}a_{21}$$

である．

(3)　3 次正方行列の行列式は

$$\begin{vmatrix} a_{11} & a_{12} & a_{13} \\ a_{21} & a_{22} & a_{23} \\ a_{31} & a_{32} & a_{33} \end{vmatrix} = a_{11}a_{22}a_{33} + a_{12}a_{23}a_{31} + a_{13}a_{21}a_{32} - a_{11}a_{23}a_{32} - a_{12}a_{21}a_{33} - a_{13}a_{22}a_{31}$$

である．

証明　(1) は明らかである．

(2)　S_2 の元は，例 3.3 (1) で見たように，$\sigma_0 = \begin{pmatrix} 1 & 2 \\ 1 & 2 \end{pmatrix}$，$\sigma_1 = \begin{pmatrix} 1 & 2 \\ 2 & 1 \end{pmatrix}$ の 2 つである．

- $\sigma=\sigma_0$ のとき $\mathrm{sgn}(\sigma)=1$，$a_{1\sigma(1)}=a_{11}$，$a_{2\sigma(2)}=a_{22}$
- $\sigma=\sigma_1$ のとき $\mathrm{sgn}(\sigma)=-1$，$a_{1\sigma(1)}=a_{12}$，$a_{2\sigma(2)}=a_{21}$

と (3.2) からわかる．

(3)　$n=3$ のとき，例 3.3 (2) を用いて，$n=2$ の場合と同じように計算すればよい．■

✓**注意**　2 次正方行列，3 次正方行列の行列式は下の図で示すように計算することができる (サラスの公式)．ただし，$n \geq 4$ のときは，サラスの公式と同様の計算法はない．

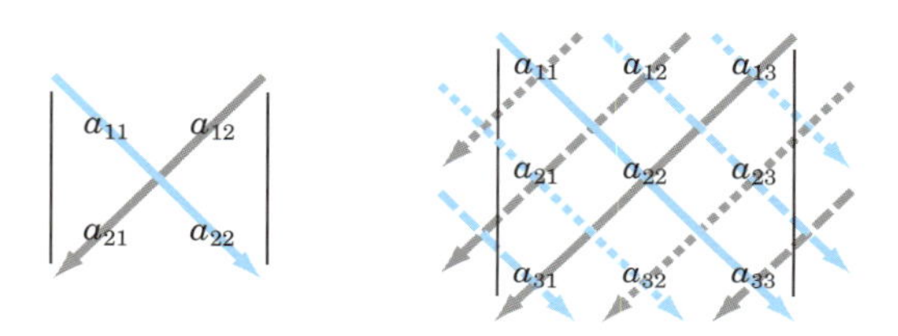

例 3.4　(1)　$\begin{vmatrix} 2 & 5 \\ 1 & 3 \end{vmatrix} = 2 \times 3 - 5 \times 1 = 1$

(2)　$$\begin{vmatrix} 1 & 2 & 3 \\ 2 & 3 & 1 \\ 3 & 1 & 2 \end{vmatrix} = 1 \times 3 \times 2 + 2 \times 1 \times 3 + 3 \times 2 \times 1 \\ \quad - 1 \times 1 \times 1 - 2 \times 2 \times 2 - 3 \times 3 \times 3 \\ = -18$$ ◆

演習問題 3.1

3.1.1　次の置換の積を求めよ．

(1)　$\begin{pmatrix} 1 & 2 & 3 & 4 & 5 \\ 2 & 3 & 4 & 5 & 1 \end{pmatrix} \circ \begin{pmatrix} 1 & 2 & 3 & 4 & 5 \\ 2 & 3 & 4 & 5 & 1 \end{pmatrix}$

(2)　$\begin{pmatrix} 1 & 2 & 3 & 4 & 5 & 6 \\ 4 & 1 & 5 & 3 & 6 & 2 \end{pmatrix} \circ \begin{pmatrix} 1 & 2 & 3 & 4 & 5 & 6 \\ 2 & 6 & 4 & 1 & 3 & 5 \end{pmatrix}$

3.1.2　次の置換を互換の積として表し，偶置換か奇置換か判定せよ．

(1)　$\begin{pmatrix} 1 & 2 & 3 & 4 & 5 & 6 \\ 2 & 3 & 4 & 5 & 6 & 1 \end{pmatrix}$　　(2)　$\begin{pmatrix} 1 & 2 & 3 & 4 & 5 & 6 \\ 4 & 1 & 6 & 2 & 3 & 5 \end{pmatrix}$

3.1.3　次の行列式の値を求めよ．

(1)　$\begin{vmatrix} 7 & 8 \\ 9 & 5 \end{vmatrix}$　　(2)　$\begin{vmatrix} 1 & 2 & 3 \\ 2 & 1 & 2 \\ 3 & 2 & 1 \end{vmatrix}$　　(3)　$\begin{vmatrix} a & b & c \\ b & c & a \\ c & a & b \end{vmatrix}$

3.1.4 次の式を示せ.

$$\begin{vmatrix} a_{11} & 0 & \cdots & \cdots & 0 \\ a_{21} & a_{22} & 0 & \cdots & 0 \\ \vdots & \vdots & \ddots & \ddots & \vdots \\ a_{n-1,1} & a_{n-1,2} & \cdots & a_{n-1,n-1} & 0 \\ a_{n1} & a_{n2} & \cdots & \cdots & a_{nn} \end{vmatrix} = a_{11}a_{22}\cdots a_{nn}$$

3.1.5 次の等式を示せ.

$$\left|\begin{array}{cccc:c} a_{11} & a_{12} & \cdots & a_{1,n-1} & 0 \\ a_{21} & a_{22} & \cdots & a_{2,n-1} & 0 \\ \vdots & \vdots & \ddots & \vdots & \vdots \\ a_{n-1,1} & a_{n-1,2} & \cdots & a_{n-1,n-1} & 0 \\ \hdashline a_{n1} & a_{n2} & \cdots & a_{n,n-1} & a_{nn} \end{array}\right| = \begin{vmatrix} a_{11} & a_{12} & \cdots & a_{1,n-1} \\ a_{21} & a_{22} & \cdots & a_{2,n-1} \\ \vdots & \vdots & \ddots & \vdots \\ a_{n-1,1} & a_{n-1,2} & \cdots & a_{n-1,n-1} \end{vmatrix} \times a_{nn}$$

3.2 行列式の性質

前節で定義した行列式 $|A|$ は行列 A の性質を反映する重要な数である. この節では行列式の性質を用いて行列式を計算する方法について学ぶ.

3.2.1 列に関する行列式の性質

行列 $A = \begin{bmatrix} 2 & 3 \\ 4 & 1 \end{bmatrix}$ を, 2つの列ベクトル $\boldsymbol{a}_1 = \begin{bmatrix} 2 \\ 4 \end{bmatrix}$, $\boldsymbol{a}_2 = \begin{bmatrix} 3 \\ 1 \end{bmatrix}$ を並べたものと考えて $A = [\boldsymbol{a}_1, \boldsymbol{a}_2]$ と書いたように, 行列式を

$$|A| = |\boldsymbol{a}_1, \boldsymbol{a}_2|$$

と書くことがある. 同様に n 次正方行列 $A = [a_{ij}]$ の第 j 列を $\boldsymbol{a}_j = {}^t[a_{1j}, a_{2j}, \cdots, a_{nj}]$ として, A の行列式を

$$|A| = |\boldsymbol{a}_1, \boldsymbol{a}_2, \cdots, \boldsymbol{a}_n|$$

と書くこともある.

以下では, n 次正方行列の行列式を n 個の列ベクトルの組に実数を対応させる関数と捉えて, その性質を調べることにする.

定理 3.2[*] n 次正方行列 A の，列ベクトルによる表示を $A = [\boldsymbol{a}_1, \boldsymbol{a}_2, \cdots, \boldsymbol{a}_n]$ とする．

(1) A の第 i 列 $\boldsymbol{a}_i$ が 2 つのベクトル $\boldsymbol{a}_i'$ と $\boldsymbol{a}_i''$ の和に等しい（すなわち $\boldsymbol{a}_i = \boldsymbol{a}_i' + \boldsymbol{a}_i''$ である）とき次が成り立つ．

$$\overset{\text{第}\,i\,\text{列}}{}\quad |\boldsymbol{a}_1, \cdots, \underset{\uparrow\,\text{第}\,i\,\text{列}}{\boldsymbol{a}_i' + \boldsymbol{a}_i''}, \cdots, \boldsymbol{a}_n| = |\boldsymbol{a}_1, \cdots, \underset{\uparrow\,\text{第}\,i\,\text{列}}{\boldsymbol{a}_i'}, \cdots, \boldsymbol{a}_n| + |\boldsymbol{a}_1, \cdots, \underset{\uparrow\,\text{第}\,i\,\text{列}}{\boldsymbol{a}_i''}, \cdots, \boldsymbol{a}_n|$$

(2) k を実数とするとき次が成り立つ．

$$|\boldsymbol{a}_1, \cdots, \underset{\uparrow\,\text{第}\,i\,\text{列}}{k\boldsymbol{a}_i}, \cdots, \boldsymbol{a}_n| = k|\boldsymbol{a}_1, \cdots, \underset{\uparrow\,\text{第}\,i\,\text{列}}{\boldsymbol{a}_i}, \cdots, \boldsymbol{a}_n|$$

とくに $k = 0$ とすると次がわかる．

$$|\boldsymbol{a}_1, \cdots, \underset{\uparrow\,\text{第}\,i\,\text{列}}{\boldsymbol{0}}, \cdots, \boldsymbol{a}_n| = 0$$

定理 3.3 n 次正方行列 A の，列ベクトルによる表示を $A = [\boldsymbol{a}_1, \boldsymbol{a}_2, \cdots, \boldsymbol{a}_n]$ とする．2 つの列を交換すると行列式の値は -1 倍になる．

$$|\boldsymbol{a}_1, \cdots, \underset{\uparrow\,\text{第}\,i\,\text{列}}{\boldsymbol{a}_i}, \cdots, \underset{\uparrow\,\text{第}\,j\,\text{列}}{\boldsymbol{a}_j}, \cdots, \boldsymbol{a}_n| = -|\boldsymbol{a}_1, \cdots, \underset{\uparrow\,\text{第}\,i\,\text{列}}{\boldsymbol{a}_j}, \cdots, \underset{\uparrow\,\text{第}\,j\,\text{列}}{\boldsymbol{a}_i}, \cdots, \boldsymbol{a}_n|$$

定理 3.2 と定理 3.3 から得られる次の定理は行列式の値を計算する上で重要な役割を果たす．

定理 3.4 n 次正方行列 A の，列ベクトルによる表示を $A = [\boldsymbol{a}_1, \boldsymbol{a}_2, \cdots, \boldsymbol{a}_n]$ とする．A の第 j 列に，第 i 列の定数倍を加えても行列式の値は変わらない．

$$|\boldsymbol{a}_1, \cdots, \underset{\uparrow\,\text{第}\,i\,\text{列}}{\boldsymbol{a}_i}, \cdots, \underset{\uparrow\,\text{第}\,j\,\text{列}}{\boldsymbol{a}_j + c\boldsymbol{a}_i}, \cdots, \boldsymbol{a}_n| = |\boldsymbol{a}_1, \cdots, \underset{\uparrow\,\text{第}\,i\,\text{列}}{\boldsymbol{a}_i}, \cdots, \underset{\uparrow\,\text{第}\,j\,\text{列}}{\boldsymbol{a}_j}, \cdots, \boldsymbol{a}_n|$$

---

* ここで述べた性質は，「線形写像」（120 ページ）という用語を用いると，「行列式を第 i 列ベクトルの関数と考えると線形写像である」となる．i は 1 から n まで動きうるから，n 個の変数（列ベクトル）について線形性がある．このことを**多重線形性**という．

定理 3.4 の意味を理解するために次の例をあげておく.

例題 3.1 $A = \begin{bmatrix} 1 & 3 & 2 \\ 2 & 5 & 6 \\ 4 & 9 & 9 \end{bmatrix}$ を，定理 3.4 で用いられた表し方で表すとき

$$\boldsymbol{a}_1 = \begin{bmatrix} 1 \\ 2 \\ 4 \end{bmatrix}, \quad \boldsymbol{a}_2 = \begin{bmatrix} 3 \\ 5 \\ 9 \end{bmatrix}, \quad \boldsymbol{a}_3 = \begin{bmatrix} 2 \\ 6 \\ 9 \end{bmatrix}, \quad \boldsymbol{a}_3 + (-2)\,\boldsymbol{a}_1 = \begin{bmatrix} 0 \\ 2 \\ 1 \end{bmatrix}$$

となり

$$|\boldsymbol{a}_1, \boldsymbol{a}_2, \boldsymbol{a}_3 + (-2)\boldsymbol{a}_1| = \begin{vmatrix} 1 & 3 & 0 \\ 2 & 5 & 2 \\ 4 & 9 & 1 \end{vmatrix}$$

である. 行列式 $|A|$ および $|\boldsymbol{a}_1, \boldsymbol{a}_2, \boldsymbol{a}_3 + (-2)\boldsymbol{a}_1|$ の値をサラスの公式を用いて計算し，2 つの値が等しいことを確認せよ.

解答 $|A| = |\boldsymbol{a}_1, \boldsymbol{a}_2, \boldsymbol{a}_3 + (-2)\boldsymbol{a}_1| = 5$ である. 詳細は省略する. ◆

3.2.2 基本変形と行列式

次の定理が成り立つ.

定理 3.5 n 次正方行列 A に対して

$$|{}^t\!A| = |A|$$

が成り立つ.

$n = 2$ または $n = 3$ のとき，上の定理は直接計算によって容易に確かめられる. 一般の場合は，少し難しいので証明を省略する.

行列に対する次の操作をまとめて行基本変形といった (33 ページ).

(R1) A の第 i 行を k $(k \neq 0)$ 倍する.

(R2) A の第 i 行に第 j 行の k 倍を加える.

(R3) A の第 i 行と第 j 行を交換する.

列ベクトルに対する同様の操作

(C1) A の第 i 列を k $(k \neq 0)$ 倍する．

(C2) A の第 i 列に第 j 列の k 倍を加える．

(C3) A の第 i 列と第 j 列を交換する．

をまとめて**列基本変形**という．行基本変形と列基本変形をまとめて**基本変形**という．

定理 3.2 (2)，定理 3.3，定理 3.4 は，列基本変形によって行列式の値がどのように変化するかを示している．定理 3.5 を用いると同様の定理が行ベクトルに対しても成り立つことがわかる．

基本変形によって行列式の値がどのように変化するかをまとめておこう．

定理 3.6 (1) $\alpha \in \boldsymbol{R}$ とし，ある行ベクトル（または列ベクトル）を α 倍すると行列式の値は α 倍になる．

(2) 2 つの行（または列）を入れ替えると行列式の値は -1 倍になる．

(3) ある行（または列）を何倍かしてできるベクトルを他の行（または列）に加えても行列式の値は変わらない．

基本変形を用いて行列式の値を計算する上で，次の定理が役に立つ．

定理 3.7

$$\begin{vmatrix} a_{11} & 0 & \cdots & 0 \\ a_{21} & a_{22} & \cdots & a_{2n} \\ \vdots & \vdots & \ddots & \vdots \\ a_{n1} & a_{n2} & \cdots & a_{nn} \end{vmatrix} = \begin{vmatrix} a_{11} & a_{12} & \cdots & a_{1n} \\ 0 & a_{22} & \cdots & a_{2n} \\ \vdots & \vdots & \ddots & \vdots \\ 0 & a_{n2} & \cdots & a_{nn} \end{vmatrix} = a_{11} \begin{vmatrix} a_{22} & \cdots & a_{2n} \\ \vdots & \ddots & \vdots \\ a_{n2} & \cdots & a_{nn} \end{vmatrix}$$

例 3.5 $$|A| = \begin{vmatrix} 2 & 4 & 2 \\ 2 & 5 & 6 \\ 4 & 9 & 9 \end{vmatrix} = \begin{vmatrix} 2 & 4 & 0 \\ 2 & 5 & 4 \\ 4 & 9 & 5 \end{vmatrix} = \begin{vmatrix} 2 & 0 & 0 \\ 2 & 1 & 4 \\ 4 & 1 & 5 \end{vmatrix} = 2\begin{vmatrix} 1 & 4 \\ 1 & 5 \end{vmatrix} = 2\begin{vmatrix} 1 & 0 \\ 1 & 1 \end{vmatrix} = 2$$ ◆

これまでに述べた行列式の性質を用いて実際に行列式の値を求めてみよう．

例題 3.2 4次正方行列

$$A = \begin{bmatrix} 1 & 2 & 3 & 4 \\ 2 & 3 & 4 & 1 \\ 3 & 4 & 1 & 2 \\ 4 & 1 & 2 & 3 \end{bmatrix}$$

の行列式の値を求めよ.

解答

$$|A| = \begin{vmatrix} 10 & 10 & 10 & 10 \\ 2 & 3 & 4 & 1 \\ 3 & 4 & 1 & 2 \\ 4 & 1 & 2 & 3 \end{vmatrix}$$ （第1行に，第2行，第3行，第4行を加える）

$$= 10 \begin{vmatrix} 1 & 1 & 1 & 1 \\ 2 & 3 & 4 & 1 \\ 3 & 4 & 1 & 2 \\ 4 & 1 & 2 & 3 \end{vmatrix}$$ （第1行から10をくくりだす）

$$= 10 \begin{vmatrix} 1 & 1 & 1 & 1 \\ 0 & 1 & 2 & -1 \\ 3 & 4 & 1 & 2 \\ 4 & 1 & 2 & 3 \end{vmatrix}$$ （第2行から第1行の2倍を引く）

$$= 10 \begin{vmatrix} 1 & 1 & 1 & 1 \\ 0 & 1 & 2 & -1 \\ 0 & 1 & -2 & -1 \\ 0 & -3 & -2 & -1 \end{vmatrix}$$

（第3行から第1行の3倍を引く，第4行から第1行の4倍を引く）

$$= 10 \times 1 \times \begin{vmatrix} 1 & 2 & -1 \\ 1 & -2 & -1 \\ -3 & -2 & -1 \end{vmatrix}$$ （定理3.7より）

$$= 10 \times \begin{vmatrix} 1 & 2 & -1 \\ 0 & -4 & 0 \\ 0 & 4 & -4 \end{vmatrix}$$

（第2行から第1行を引く，第3行に第1行の3倍を加える）

$$= 10 \times 1 \times \begin{vmatrix} -4 & 0 \\ 4 & -4 \end{vmatrix}$$

$$= 10 \times \{(-4) \times (-4) - 0 \times 4\} = 160$$ ◇

✓**注意** 上の例題の A は4次正方行列だから，サラスの公式（59ページ）のような公式はない．

3.2.3 積の行列式

定理 3.8（**積の公式**） n 次正方行列 A，B に対して

$$|AB| = |A||B|$$

が成り立つ．

上の定理を2次正方行列の場合に確かめよう．

例題 3.3 $A = \begin{bmatrix} a & b \\ c & d \end{bmatrix}$，$B = \begin{bmatrix} e & f \\ g & h \end{bmatrix}$ とする．

$$|A||B| = |AB|$$

を確かめよ．

解答 $AB = \begin{bmatrix} ae + bg & af + bh \\ ce + dg & cf + dh \end{bmatrix}$ で

$$\begin{aligned} |AB| &= (ae + bg)(cf + dh) - (af + bh)(ce + dg) \\ &= aedh + bgcf - afdg - bhce \\ &= ad(eh - fg) + bc(gf - he) \\ &= (ad - bc)(eh - fg) \\ &= |A||B| \end{aligned}$$

となる． ◇

演習問題 3.2

3.2.1 次の行列式を計算せよ．

(1) $\begin{vmatrix} 1033 & 1034 \\ 1035 & 1036 \end{vmatrix}$　　(2) $\begin{vmatrix} 100 & 101 & 102 \\ 99 & 100 & 101 \\ 98 & 97 & 99 \end{vmatrix}$

3.2.2 次の行列式を計算せよ．

(1) $\begin{vmatrix} 1 & 2 & 3 & 4 \\ 4 & 3 & 2 & 1 \\ 6 & 5 & 4 & 3 \\ 3 & 4 & 5 & 6 \end{vmatrix}$　　(2) $\begin{vmatrix} 1 & 0 & 2 & -3 \\ -2 & 7 & 4 & -1 \\ 3 & 3 & 1 & 0 \\ 2 & 5 & -1 & 2 \end{vmatrix}$　　(3) $\begin{vmatrix} 1 & 1 & 1 & 1 \\ 1 & a & 1 & 1 \\ 1 & 1 & b & 1 \\ 1 & 1 & 1 & c \end{vmatrix}$

3.2.3 次の行列式を因数分解せよ．

(1) $\begin{vmatrix} 1 & a^2 & (b+c)^2 \\ 1 & b^2 & (c+a)^2 \\ 1 & c^2 & (a+b)^2 \end{vmatrix}$　　(2) $\begin{vmatrix} 0 & a & b & c \\ a & 0 & c & b \\ b & c & 0 & a \\ c & b & a & 0 \end{vmatrix}$

3.3　余因子展開

A を n 次正方行列とする．A から第 i 行と第 j 列を除いた $n-1$ 次正方行列を A_{ij} と書く．また，行列式の値 $|A_{ij}|$ の $(-1)^{i+j}$ 倍を A の (i,j) **余因子**といって $\varDelta_{ij}$ と書く．$\varDelta_{ij}$ を (i,j) 成分とする行列を本書ではしばしば $\mathbf{A}$ と書く．$\mathbf{A}$ の転置行列 ${}^t\mathbf{A}$ を A の**余因子行列**という．この節では，行列 A と余因子行列 ${}^t\mathbf{A}$ の関係を調べる．

例 3.6　2次正方行列

$$A = \begin{bmatrix} a_{11} & a_{12} \\ a_{21} & a_{22} \end{bmatrix}$$

に対して，

$$\varDelta_{11} = (-1)^{1+1} a_{22} = a_{22}, \qquad \varDelta_{21} = (-1)^{2+1} a_{12} = -a_{12},$$
$$\varDelta_{12} = (-1)^{1+2} a_{21} = -a_{21}, \qquad \varDelta_{22} = (-1)^{2+2} a_{11} = a_{11}$$

で，余因子行列は

$$\tilde{A} = \begin{bmatrix} \Delta_{11} & \Delta_{21} \\ \Delta_{12} & \Delta_{22} \end{bmatrix} = \begin{bmatrix} a_{22} & -a_{12} \\ -a_{21} & a_{11} \end{bmatrix}$$

である．

$A\tilde{A} = \tilde{A}A = |A|E_2$ が成り立つから，$|A| \neq 0$ ならば，A は正則行列で，A の逆行列が

$$A^{-1} = \frac{1}{|A|}\tilde{A}$$

となることがわかる． ◆

例 3.7 3 次正方行列 $A = [a_{ij}]$ の行列式を，前節で示した行列式の性質を用いて計算する．

第 2 列 $\boldsymbol{a}_2$ を

$$\boldsymbol{a}_2 = \begin{bmatrix} a_{12} \\ 0 \\ 0 \end{bmatrix} + \begin{bmatrix} 0 \\ a_{22} \\ 0 \end{bmatrix} + \begin{bmatrix} 0 \\ 0 \\ a_{32} \end{bmatrix}$$

と 3 つのベクトルの和で表して，定理 3.2，定理 3.3，定理 3.7 を順に使えば

$$\begin{aligned}
\begin{vmatrix} a_{11} & a_{12} & a_{13} \\ a_{21} & a_{22} & a_{23} \\ a_{31} & a_{32} & a_{33} \end{vmatrix} &= \begin{vmatrix} a_{11} & a_{12} & a_{13} \\ a_{21} & 0 & a_{23} \\ a_{31} & 0 & a_{33} \end{vmatrix} + \begin{vmatrix} a_{11} & 0 & a_{13} \\ a_{21} & a_{22} & a_{23} \\ a_{31} & 0 & a_{33} \end{vmatrix} + \begin{vmatrix} a_{11} & 0 & a_{13} \\ a_{21} & 0 & a_{23} \\ a_{31} & a_{32} & a_{33} \end{vmatrix} \\
&= -\begin{vmatrix} a_{12} & a_{11} & a_{13} \\ 0 & a_{21} & a_{23} \\ 0 & a_{31} & a_{33} \end{vmatrix} - \begin{vmatrix} 0 & a_{11} & a_{13} \\ a_{22} & a_{21} & a_{23} \\ 0 & a_{31} & a_{33} \end{vmatrix} - \begin{vmatrix} 0 & a_{11} & a_{13} \\ 0 & a_{21} & a_{23} \\ a_{32} & a_{31} & a_{33} \end{vmatrix} \\
&= -\begin{vmatrix} a_{12} & a_{11} & a_{13} \\ 0 & a_{21} & a_{23} \\ 0 & a_{31} & a_{33} \end{vmatrix} + \begin{vmatrix} a_{22} & a_{21} & a_{23} \\ 0 & a_{11} & a_{13} \\ 0 & a_{31} & a_{33} \end{vmatrix} - \begin{vmatrix} a_{32} & a_{31} & a_{33} \\ 0 & a_{11} & a_{13} \\ 0 & a_{21} & a_{23} \end{vmatrix} \\
&= -a_{12}|A_{12}| + a_{22}|A_{22}| - a_{32}|A_{32}| \\
&= a_{12}\Delta_{12} + a_{22}\Delta_{22} + a_{32}\Delta_{32}
\end{aligned}$$

となる．これを，行列 A の第 2 列に関する余因子展開という． ◆

この例は次のように一般化される．

定理 3.9 n 次正方行列 $A=[a_{ij}]$ に対し次が成り立つ．

(1) $|A|=\sum_{k=1}^{n} a_{ik}\Delta_{ik} \qquad (1 \leq i \leq n)$

(2) $|A|=\sum_{k=1}^{n} a_{kj}\Delta_{kj} \qquad (1 \leq j \leq n)$

ただし，Δ_{ij} は A の (i,j) 余因子である．

(1) を行列式 $|A|$ の**第 i 行に関する余因子展開**，(2) を**第 j 列に関する余因子展開**という．

証明 (1) を $i=1$ の場合について示そう．

行列 A の第1行は

$$\boldsymbol{a}_1=(a_{11},0,0,\cdots,0)+(0,a_{12},0,\cdots,0)+\cdots+(0,0,0,\cdots,0,a_{1n})$$

とベクトルの和で書けるから，定理 3.2，定理 3.3，定理 3.7 を順に使えば

$$\begin{vmatrix} a_{11} & a_{12} & \cdots & a_{1,n-1} & a_{1n} \\ a_{21} & a_{22} & \cdots & a_{2,n-1} & a_{2n} \\ \vdots & \vdots & & \vdots & \vdots \\ a_{n1} & a_{n2} & \cdots & a_{n,n-1} & a_{nn} \end{vmatrix}$$

$$=\begin{vmatrix} a_{11} & 0 & \cdots & 0 \\ a_{21} & a_{22} & \cdots & a_{2n} \\ \vdots & \vdots & & \vdots \\ a_{n1} & a_{n2} & \cdots & a_{nn} \end{vmatrix}+\begin{vmatrix} 0 & a_{12} & 0 & \cdots & 0 \\ a_{21} & a_{22} & a_{23} & \cdots & a_{2n} \\ \vdots & \vdots & \vdots & & \vdots \\ a_{n1} & a_{n2} & a_{n3} & \cdots & a_{nn} \end{vmatrix}$$

$$+\cdots+\begin{vmatrix} 0 & 0 & \cdots & 0 & a_{1n} \\ a_{21} & a_{22} & \cdots & a_{2,n-1} & a_{2n} \\ \vdots & \vdots & & \vdots & \vdots \\ a_{n1} & a_{n2} & \cdots & a_{n,n-1} & a_{nn} \end{vmatrix}$$

$$=(-1)^{1+1}\begin{vmatrix} a_{11} & 0 & \cdots & 0 \\ a_{21} & a_{22} & \cdots & a_{2n} \\ \vdots & \vdots & & \vdots \\ a_{n1} & a_{n2} & \cdots & a_{nn} \end{vmatrix}+(-1)^{1+2}\begin{vmatrix} a_{12} & 0 & 0 & \cdots & 0 \\ a_{22} & a_{21} & a_{23} & \cdots & a_{2n} \\ \vdots & \vdots & \vdots & & \vdots \\ a_{n2} & a_{n1} & a_{n3} & \cdots & a_{nn} \end{vmatrix}$$

$$+\cdots+(-1)^{1+n}\begin{vmatrix} a_{1n} & 0 & 0 & \cdots & 0 \\ a_{2n} & a_{21} & a_{22} & \cdots & a_{2,n-1} \\ \vdots & \vdots & \vdots & & \vdots \\ a_{nn} & a_{n1} & a_{n2} & \cdots & a_{n,n-1} \end{vmatrix}$$

$$=(-1)^{1+1}a_{11}|A_{11}|+(-1)^{1+2}a_{12}|A_{12}|+\cdots+(-1)^{1+n}a_{1n}|A_{1n}|$$

$$=a_{11}\Delta_{11}+a_{12}\Delta_{12}+\cdots+a_{1n}\Delta_{1n}$$

となる. ■

例 3.8 行列 $A=\begin{bmatrix} 13 & 14 & 15 & 16 \\ 9 & 10 & 11 & 12 \\ 5 & 6 & 7 & 8 \\ 1 & 2 & 3 & 4 \end{bmatrix}$ の行列式の第1行に関する余因子展開は次のようになる.

$$|A|=13\times\begin{vmatrix} 10 & 11 & 12 \\ 6 & 7 & 8 \\ 2 & 3 & 4 \end{vmatrix}-14\times\begin{vmatrix} 9 & 11 & 12 \\ 5 & 7 & 8 \\ 1 & 3 & 4 \end{vmatrix}$$

$$+15\times\begin{vmatrix} 9 & 10 & 12 \\ 5 & 6 & 8 \\ 1 & 2 & 4 \end{vmatrix}-16\times\begin{vmatrix} 9 & 10 & 11 \\ 5 & 6 & 7 \\ 1 & 2 & 3 \end{vmatrix}$$

この例からわかるように, 余因子展開を用いると, n 次正方行列の計算を $n-1$ 次正方行列の行列式の計算に帰着することができる. ◆

例題 3.4 $A=\begin{bmatrix} a_{11} & a_{12} & a_{13} \\ a_{21} & a_{22} & a_{23} \\ a_{31} & a_{32} & a_{33} \end{bmatrix}$ の (i,j) 余因子を Δ_{ij} とするとき

$$|A|=a_{11}\Delta_{11}+a_{12}\Delta_{12}+a_{13}\Delta_{13} \tag{3.3}$$

$$0=a_{21}\Delta_{11}+a_{22}\Delta_{12}+a_{23}\Delta_{13} \tag{3.4}$$

$$0=a_{31}\Delta_{11}+a_{32}\Delta_{12}+a_{33}\Delta_{13} \tag{3.5}$$

が成り立つことを示せ.

解答 (3.3) は $|A|$ の第1行に関する余因子展開である.

A の第 1 行 $[a_{11}, a_{12}, a_{13}]$ を第 2 行 $[a_{21}, a_{22}, a_{23}]$ で置き換えた行列を B として，$|B|$ を第 1 行に関して余因子展開すると

$$
\begin{aligned}
|B| &= \begin{vmatrix} a_{21} & a_{22} & a_{23} \\ a_{21} & a_{22} & a_{23} \\ a_{31} & a_{32} & a_{33} \end{vmatrix} \\
&= a_{21}\begin{vmatrix} a_{22} & a_{23} \\ a_{32} & a_{33} \end{vmatrix} - a_{22}\begin{vmatrix} a_{21} & a_{23} \\ a_{31} & a_{33} \end{vmatrix} + a_{23}\begin{vmatrix} a_{21} & a_{22} \\ a_{31} & a_{32} \end{vmatrix} \\
&= a_{21}\Delta_{11} + a_{22}\Delta_{12} + a_{23}\Delta_{13}
\end{aligned}
$$

となる．B の第 1 行に第 2 行の -1 倍を加えると零ベクトルになるから $|B| = 0$ である．これで (3.4) が得られた．

(3.5) も同様である．◆

上の例題と同様にして，次を示すことができる．

定理 3.10　(1)　$0 = \sum_{k=1}^{n} a_{ik}\Delta_{jk} \qquad (1 \leq i \leq n,\ 1 \leq j \leq n,\ j \neq i)$

(2)　$0 = \sum_{k=1}^{n} a_{kj}\Delta_{ki} \qquad (1 \leq i \leq n,\ 1 \leq j \leq n,\ i \neq j)$

A を n 次正方行列，${}^t\mathbf{A}$ を A の余因子行列とすれば，定理 3.9 と定理 3.10 から次の定理を得る．

定理 3.11　$A\,{}^t\mathbf{A} = {}^t\mathbf{A}A = |A|E_n$

この定理から，A の逆行列は余因子行列を用いて表せる．

定理 3.12　A を n 次正方行列とする．$|A| \neq 0$ ならば A は正則行列で，逆行列は

$$A^{-1} = \frac{1}{|A|}\,{}^t\mathbf{A}$$

である．

証明 $A{}^t\boldsymbol{A} = {}^t\boldsymbol{A}A = |A|E_n$ より，$|A| \neq 0$ ならば，$A\left(\dfrac{1}{|A|}{}^t\boldsymbol{A}\right) = \left(\dfrac{1}{|A|}{}^t\boldsymbol{A}\right)A = E_n$ を得る．したがって，$A^{-1} = \dfrac{1}{|A|}{}^t\boldsymbol{A}$ である． ■

系 3.13 n 次正方行列 A が正則行列であるための必要十分条件は，$|A| \neq 0$ である．

証明 $|A| \neq 0$ ならば，定理 3.12 によって A は正則行列である．逆に，A が正則行列ならば，$AA^{-1} = A^{-1}A = E_n$ から，定理 3.8 によって，$|A||A^{-1}| = |A^{-1}||A| = |E_n| = 1$ となり，$|A| \neq 0$ となる． ■

例 3.9 $A = \begin{bmatrix} 3 & 0 & 2 \\ 0 & 1 & 0 \\ 5 & 0 & 4 \end{bmatrix}$ の行列式 $|A| = 3 \times 1 \times 4 - 2 \times 1 \times 5 = 2$ は 0 でないから，A は正則行列である．A の余因子は

$$\varDelta_{11} = (-1)^{1+1}\begin{vmatrix} 1 & 0 \\ 0 & 4 \end{vmatrix}, \quad \varDelta_{12} = (-1)^{1+2}\begin{vmatrix} 0 & 0 \\ 5 & 4 \end{vmatrix}, \quad \varDelta_{13} = (-1)^{1+3}\begin{vmatrix} 0 & 1 \\ 5 & 0 \end{vmatrix},$$

$$\varDelta_{21} = (-1)^{2+1}\begin{vmatrix} 0 & 2 \\ 0 & 4 \end{vmatrix}, \quad \varDelta_{22} = (-1)^{2+2}\begin{vmatrix} 3 & 2 \\ 5 & 4 \end{vmatrix}, \quad \varDelta_{23} = (-1)^{2+3}\begin{vmatrix} 3 & 0 \\ 5 & 0 \end{vmatrix},$$

$$\varDelta_{31} = (-1)^{3+1}\begin{vmatrix} 0 & 2 \\ 1 & 0 \end{vmatrix}, \quad \varDelta_{32} = (-1)^{3+2}\begin{vmatrix} 3 & 2 \\ 0 & 0 \end{vmatrix}, \quad \varDelta_{33} = (-1)^{3+3}\begin{vmatrix} 3 & 0 \\ 0 & 1 \end{vmatrix}$$

で

$$\begin{aligned} &\varDelta_{11} = 4, \quad &&\varDelta_{12} = 0, \quad &&\varDelta_{13} = -5, \\ &\varDelta_{21} = 0, &&\varDelta_{22} = 2, &&\varDelta_{23} = 0, \\ &\varDelta_{31} = -2, &&\varDelta_{32} = 0, &&\varDelta_{33} = 3 \end{aligned}$$

となるから，$\boldsymbol{A} = \begin{bmatrix} 4 & 0 & -5 \\ 0 & 2 & 0 \\ -2 & 0 & 3 \end{bmatrix}$ であり，$A^{-1} = \dfrac{1}{|A|}{}^t\boldsymbol{A} = \dfrac{1}{2}\begin{bmatrix} 4 & 0 & -2 \\ 0 & 2 & 0 \\ -5 & 0 & 3 \end{bmatrix}$ となる． ◆

演習問題 3.3

3.3.1 次の行列の余因子行列を求めよ．

(1) $\begin{bmatrix} 5 & 7 \\ 2 & 3 \end{bmatrix}$ (2) $\begin{bmatrix} 1 & 2 & 3 \\ 1 & 1 & 1 \\ 3 & 2 & 1 \end{bmatrix}$

3.3.2 次の行列式の値を，第1行に関する余因子展開を利用して求めよ．

(1) $\begin{vmatrix} 7 & 11 & 0 \\ 3 & 4 & 3 \\ 4 & 5 & 4 \end{vmatrix}$ (2) $\begin{vmatrix} 3 & -1 & 1 & 4 \\ 1 & -4 & 0 & 7 \\ 2 & 6 & -2 & -3 \\ 2 & 3 & 1 & 2 \end{vmatrix}$

3.3.3 次の行列が正則行列であるかどうかを判定せよ．正則行列ならば，余因子行列と逆行列を求めよ．

(1) $\begin{bmatrix} 2 & -3 \\ 1 & 4 \end{bmatrix}$ (2) $\begin{bmatrix} 5 & -2 & -1 \\ 2 & 3 & -4 \\ 1 & -6 & 4 \end{bmatrix}$

3.3.4 次の等式を示せ．

$$\begin{vmatrix} x & -1 & 0 & \cdots & 0 & 0 \\ 0 & x & -1 & & 0 & 0 \\ 0 & 0 & x & & \vdots & \vdots \\ \vdots & \vdots & \vdots & \ddots & -1 & 0 \\ 0 & 0 & 0 & \cdots & x & -1 \\ a_n & a_{n-1} & a_{n-2} & \cdots & a_1 & a_0 \end{vmatrix} = a_0x^n + a_1x^{n-1} + \cdots + a_{n-1}x + a_n$$

3.4 余因子展開の応用

3.4.1 正則行列の判定条件

n 次正方行列 A に対して $AX = XA = E_n$ をみたす行列 X が存在するとき，A は正則行列であるといい，X を A の逆行列といった．逆行列の計算法に関する例題2.5では $AX = E_n$ をみたす X を求めた後に，求められた X が $XA = E_n$ をみたすことを改めて確認した．次の定理は，例題2.5で行った後半の作業，すなわち $XA = E_n$ の確認が不要であることを示すものである．

> **定理 3.14**　A を n 次正方行列とする．$AX = E_n$（または $XA = E_n$）をみたす n 次正方行列 X が存在するならば，A は正則行列で X は A の逆行列である．

証明　$AX = E_n$ が成り立つならば，定理 3.8 によって $|A||X| = |E_n| = 1$ となる．したがって $|A| \neq 0$ で，定理 3.12 により，A は正則行列で A の逆行列は

$$A^{-1} = \frac{1}{|A|}{}^t\boldsymbol{A}$$

である．$AX = E_n$ の両辺に左から A^{-1} をかければ

$$(\text{左辺}) = A^{-1}(AX) = (A^{-1}A)X = E_nX = X$$
$$(\text{右辺}) = A^{-1}E_n = A^{-1}$$

となり $X = A^{-1}$ である．

$XA = E_n$ が成り立つとしても同様である．■

n 次正方行列が正則行列であるための条件を，系 3.13 で述べたものを含めてまとめておこう．

> **定理 3.15**　n 次正方行列 A に対して次は同値である．
> (1)　A は正則行列である．
> (2)　A の階数は $r(A) = n$ である．
> (3)　A の行列式は $|A| \neq 0$ である．
> (4)　連立 1 次方程式 $A\boldsymbol{x} = \boldsymbol{0}$ は自明な解しか持たない．

証明　(1) と (3) が同値であることは系 3.13 で，(2) と (4) が同値であることは系 2.13 で示した．以下，(1) と (2) が同値であることを示そう．

まず，A が正則行列であると仮定しよう．

このとき連立 1 次方程式 $A\boldsymbol{x} = \boldsymbol{0}$ は，両辺に左から A の逆行列をかければ $\boldsymbol{x} = A^{-1}\boldsymbol{0} = \boldsymbol{0}$ となって自明な解しか持たず，系 2.13 より $r(A) = n$ で

ある．

次に，A が正則行列でないと仮定しよう．

$\boldsymbol{e}_i$ を，第 i 成分が 1 でそれ以外の成分が 0 である縦ベクトル $\boldsymbol{e}_i = {}^t[0, \cdots, 0, \overset{i}{1}, 0, \cdots, 0]$ とする．各 i に対して連立 1 次方程式 $A\boldsymbol{x}_i = \boldsymbol{e}_i$ が解 $\boldsymbol{x}_i = \boldsymbol{b}_i$ を持つと仮定すると，$\boldsymbol{b}_i$ を並べた n 次正方行列 $B = [\boldsymbol{b}_1, \boldsymbol{b}_2, \cdots, \boldsymbol{b}_n]$ は $AB = E_n$ をみたし，定理 3.14 から A が正則行列であることになって仮定に反する．したがって，ある i に対しては連立 1 次方程式 $A\boldsymbol{x}_i = \boldsymbol{e}_i$ は解を持たない．

連立 1 次方程式

$$A\boldsymbol{x}_k = \boldsymbol{e}_k$$

が解を持たないとする．この連立 1 次方程式の拡大係数行列 $\boldsymbol{A} = [A \,\vdots\, \boldsymbol{e}_k]$ は $(n, n+1)$ 行列だから $r(\boldsymbol{A}) \leq n$ である．一方，連立 1 次方程式が解を持たないことから定理 2.11 より，$r(A) < r(\boldsymbol{A})$ となり $r(A) < n$ となる． ■

3.4.2 クラメルの公式

$A = [a_{ij}]$ を n 次正方行列，x_1, x_2, $\cdots$, x_n を未知数，b_1, b_2, $\cdots$, b_n を定数とする．A を係数行列とする連立 1 次方程式

$$\begin{cases} a_{11}x_1 + a_{12}x_2 + \cdots + a_{1n}x_n = b_1 \\ a_{21}x_1 + a_{22}x_2 + \cdots + a_{2n}x_n = b_2 \\ \qquad\qquad\vdots \\ a_{n1}x_1 + a_{n2}x_2 + \cdots + a_{nn}x_n = b_n \end{cases}$$

は $\boldsymbol{x} = {}^t[x_1, x_2, \cdots, x_n]$，$\boldsymbol{b} = {}^t[b_1, b_2, \cdots, b_n]$ として

$$A\boldsymbol{x} = \boldsymbol{b}$$

と表される．A が正則行列であるとき，上の連立 1 次方程式の解は

$$\boldsymbol{x} = A^{-1}\boldsymbol{b} = \frac{1}{|A|}\,{}^t\!\boldsymbol{A}\boldsymbol{b}$$

で与えられる．両辺の第 i 成分を比較すれば，x_i は

$$x_i = \frac{1}{|A|}\sum_{k=1}^{n} b_k \varDelta_{ik}$$

となる．A の第 i 列を $\boldsymbol{b}$ で置き換えた行列の行列式を，第 i 列に関して展開すると

$$\sum_{k=1}^{n} b_k \varDelta_{ik} = \begin{vmatrix} a_{11} & a_{12} & \cdots & b_1 & \cdots & a_{1n} \\ a_{21} & a_{22} & \cdots & b_2 & \cdots & a_{2n} \\ \vdots & \vdots & & \vdots & & \vdots \\ a_{n1} & a_{n2} & \cdots & b_n & \cdots & a_{nn} \end{vmatrix}$$

（第 i 列 ↓ は $b_1, b_2, \cdots, b_n$ の列を指す）

となるから，次が成り立つ．

定理 3.16（**クラメルの公式**） $A = [a_{ij}]$ を n 次正則行列，$\boldsymbol{b} = {}^t[b_1, b_2, \cdots, b_n]$ を n 次列ベクトルとするとき，連立 1 次方程式 $A\boldsymbol{x} = \boldsymbol{b}$ の解は

$$x_i = \frac{1}{|A|}\begin{vmatrix} a_{11} & a_{12} & \cdots & b_1 & \cdots & a_{1n} \\ a_{21} & a_{22} & \cdots & b_2 & \cdots & a_{2n} \\ \vdots & \vdots & & \vdots & & \vdots \\ a_{n1} & a_{n2} & \cdots & b_n & \cdots & a_{nn} \end{vmatrix} \qquad (i = 1, 2, \cdots, n)$$

（第 i 列 ↓ は $b_1, b_2, \cdots, b_n$ の列を指す）

で与えられる．

例題 3.5 連立 1 次方程式

$$\begin{cases} 2x_1 + 3x_2 = 5 \\ x_1 + 2x_2 = 7 \end{cases}$$

を解け．

解答 係数行列 $A = \begin{bmatrix} 2 & 3 \\ 1 & 2 \end{bmatrix}$ の行列式は $|A| = 2 \times 2 - 3 \times 1 = 1$ で

$$x_1 = \frac{1}{|A|}\begin{vmatrix} 5 & 3 \\ 7 & 2 \end{vmatrix} = -11, \qquad x_2 = \frac{1}{|A|}\begin{vmatrix} 2 & 5 \\ 1 & 7 \end{vmatrix} = 9$$

である. ◆

定理 3.17 **(ヴァンデルモンドの行列式)** $x_1, x_2, \cdots, x_n$ を変数とするとき,

$$\begin{vmatrix} 1 & 1 & 1 & \cdots & 1 \\ x_1 & x_2 & x_3 & \cdots & x_n \\ {x_1}^2 & {x_2}^2 & {x_3}^2 & \cdots & {x_n}^2 \\ \vdots & \vdots & \vdots & & \vdots \\ {x_1}^{n-1} & {x_2}^{n-1} & {x_3}^{n-1} & \cdots & {x_n}^{n-1} \end{vmatrix} = \prod_{1 \leq i < j \leq n} (x_j - x_i) \tag{3.6}$$

が成り立つ. ここに, 右辺は $x_j - x_i$ の, $1 \leq i < j \leq n$ をみたすすべての i, j にわたる積を表す.

証明 n に関する数学的帰納法で証明する.

$n = 2$ のとき,

$$\begin{vmatrix} 1 & 1 \\ x_1 & x_2 \end{vmatrix} = x_2 - x_1$$

だから (3.6) は成り立つ.

k を 3 以上の整数とする. (3.6) が $n = k - 1$ のときに成り立つことを仮定して, (3.6) が $n = k$ のときにも成り立つことを示せばよい.

(3.6) の左辺の行列式の n を k に変えた行列式に次の行基本変形を行う. 第 k 行から第 $k-1$ 行 $\times\, x_k$ を引く, 第 $k-1$ 行から第 $k-2$ 行 $\times\, x_k$ を引く, $\cdots$, 第 2 行から第 1 行 $\times\, x_k$ を引く.

$$(\text{左辺}) = \left|\begin{array}{cccc:c} 1 & 1 & \cdots & 1 & 1 \\ \hdashline x_1 - x_k & x_2 - x_k & \cdots & x_{k-1} - x_k & 0 \\ x_1(x_1 - x_k) & x_2(x_2 - x_k) & \cdots & x_{k-1}(x_{k-1} - x_k) & 0 \\ \vdots & \vdots & & \vdots & \vdots \\ {x_1}^{k-2}(x_1 - x_k) & {x_2}^{k-2}(x_2 - x_k) & \cdots & {x_{k-1}}^{k-2}(x_{k-1} - x_k) & 0 \end{array}\right|$$

$$= (-1)^{k-1}(x_1 - x_k)(x_2 - x_k)\cdots(x_{k-1} - x_k)\begin{vmatrix} 1 & 1 & \cdots & 1 \\ x_1 & x_2 & \cdots & x_{k-1} \\ {x_1}^2 & {x_2}^2 & \cdots & {x_{k-1}}^2 \\ \vdots & \vdots & & \vdots \\ {x_1}^{k-2} & {x_2}^{k-2} & \cdots & {x_{k-1}}^{k-2} \end{vmatrix}$$

ここで，仮定から

$$\begin{vmatrix} 1 & 1 & \cdots & 1 \\ x_1 & x_2 & \cdots & x_{k-1} \\ {x_1}^2 & {x_2}^2 & \cdots & {x_{k-1}}^2 \\ \vdots & \vdots & & \vdots \\ {x_1}^{k-2} & {x_2}^{k-2} & \cdots & {x_{k-1}}^{k-2} \end{vmatrix} = \prod_{1 \leq i < j \leq k-1} (x_j - x_i)$$

$$(\text{左辺}) = \Big(\prod_{1 \leq i < j \leq k-1} (x_j - x_i)\Big) \times (x_k - x_1)(x_k - x_2)\cdots(x_k - x_{k-1})$$

$$= \prod_{1 \leq i < j \leq k} (x_j - x_i) = (\text{右辺})$$

となる． ■

例 3.10 $n = 3$ のとき，ヴァンデルモンドの行列式は次の通りである．

$$\begin{vmatrix} 1 & 1 & 1 \\ x_1 & x_2 & x_3 \\ {x_1}^2 & {x_2}^2 & {x_3}^2 \end{vmatrix} = (x_2 - x_1)(x_3 - x_1)(x_3 - x_2) \quad \blacklozenge$$

例 3.11 変数 x_1, x_2, x_3 に関する連立 1 次方程式

$$\begin{cases} ax_1 + bx_2 + cx_3 = d \\ a^2x_1 + b^2x_2 + c^2x_3 = d^2 \\ a^3x_1 + b^3x_2 + c^3x_3 = d^3 \end{cases}$$

の解は，クラメルの公式を用いて

$$x_1 = \frac{\begin{vmatrix} d & b & c \\ d^2 & b^2 & c^2 \\ d^3 & b^3 & c^3 \end{vmatrix}}{\begin{vmatrix} a & b & c \\ a^2 & b^2 & c^2 \\ a^3 & b^3 & c^3 \end{vmatrix}} = \frac{bcd\begin{vmatrix} 1 & 1 & 1 \\ d & b & c \\ d^2 & b^2 & c^2 \end{vmatrix}}{abc\begin{vmatrix} 1 & 1 & 1 \\ a & b & c \\ a^2 & b^2 & c^2 \end{vmatrix}} = \frac{bcd(b-d)(c-d)(c-b)}{abc(b-a)(c-a)(c-b)}$$

$$= \frac{d(b-d)(c-d)}{a(b-a)(c-a)}$$

$$x_2 = \frac{\begin{vmatrix} a & d & c \\ a^2 & d^2 & c^2 \\ a^3 & d^3 & c^3 \end{vmatrix}}{\begin{vmatrix} a & b & c \\ a^2 & b^2 & c^2 \\ a^3 & b^3 & c^3 \end{vmatrix}} = \frac{acd\begin{vmatrix} 1 & 1 & 1 \\ a & d & c \\ a^2 & d^2 & c^2 \end{vmatrix}}{abc\begin{vmatrix} 1 & 1 & 1 \\ a & b & c \\ a^2 & b^2 & c^2 \end{vmatrix}} = \frac{acd(d-a)(c-a)(c-d)}{abc(b-a)(c-a)(c-b)}$$

$$= \frac{d(d-a)(c-d)}{b(b-a)(c-b)}$$

$$x_3 = \frac{\begin{vmatrix} a & b & d \\ a^2 & b^2 & d^2 \\ a^3 & b^3 & d^3 \end{vmatrix}}{\begin{vmatrix} a & b & c \\ a^2 & b^2 & c^2 \\ a^3 & b^3 & c^3 \end{vmatrix}} = \frac{abd\begin{vmatrix} 1 & 1 & 1 \\ a & b & d \\ a^2 & b^2 & d^2 \end{vmatrix}}{abc\begin{vmatrix} 1 & 1 & 1 \\ a & b & c \\ a^2 & b^2 & c^2 \end{vmatrix}} = \frac{abd(b-a)(d-a)(d-b)}{abc(b-a)(c-a)(c-b)}$$

$$= \frac{d(d-a)(d-b)}{c(c-a)(c-b)}$$

となる． ◆

例 3.12

$$\begin{vmatrix} 2 & 5^2 & 1 \\ 2^2 & -5^3 & 3 \\ 2^3 & 5^4 & 3^2 \end{vmatrix} = 2 \times (-5)^2 \begin{vmatrix} 1 & 1 & 1 \\ 2 & 5 & 3 \\ 2^2 & 5^2 & 3^2 \end{vmatrix}$$

$$= 2 \times (-5)^2 \times (5-2)(3-2)(3-5)$$

$$= -300$$ ◆

演習問題 3.4

3.4.1 クラメルの公式を用いて，次の連立1次方程式の解を求めよ．

(1) $\begin{cases} 2x_1 - 5x_2 = 11 \\ 3x_1 + 4x_2 = 5 \end{cases}$　　(2) $\begin{cases} x_1 + x_2 + x_3 = 4 \\ 2x_1 + 2x_2 - 3x_3 = 8 \\ 3x_1 - 2x_2 + 5x_3 = 27 \end{cases}$

3.4.2 次の行列式の値を求めよ．

(1) $\begin{vmatrix} 1 & 1 & 1 \\ 3 & 5 & 7 \\ 9 & 25 & 49 \end{vmatrix}$　　(2) $\begin{vmatrix} 2^2 & 1 & -2 & -2^3 \\ 3^2 & 1 & 3 & 3^3 \\ 4^2 & 1 & 4 & 4^3 \\ 5^2 & 1 & -5 & -5^3 \end{vmatrix}$　　(3) $\begin{vmatrix} 3 & 3^2 & 3^3 & 3^4 \\ 2^2 & 2^3 & 2^4 & 2^5 \\ 1 & 1 & 1 & 1 \\ 2^4 & 2^6 & 2^8 & 2^{10} \end{vmatrix}$

3.4.3 次の行列が正則行列かどうかを，(1)，(2)，(3) の方法で調べよ．

$$A = \begin{bmatrix} 1 & 0 & 2 & -3 \\ -2 & 7 & 4 & -1 \\ 3 & 3 & 1 & 0 \\ 2 & 5 & -1 & 2 \end{bmatrix}$$

(1)　階数を求める．

(2)　行列式を求める．

(3)　連立1次方程式 $A\boldsymbol{x} = \boldsymbol{0}$ の解を調べる．

3平面の関係と行列の階数　column

平面上の相異なる2直線

$$\ell_1 : a_1x + b_1y = c_1, \qquad \ell_2 : a_2x + b_2y = c_2$$

（ただし，$(a_1, b_1) \neq (0, 0)$，$(a_2, b_2) \neq (0, 0)$ とする）の位置関係を，ℓ_1 と ℓ_2 が交わるかどうかに着目して考えると次の二通りの場合がある；

（イ）　ℓ_1，ℓ_2 は交わらない（平行である）．

（ロ）　ℓ_1，ℓ_2 はただ1点で交わる．

ここで2つの行列

$$A = \begin{bmatrix} a_1 & b_1 \\ a_2 & b_2 \end{bmatrix}, \qquad \widetilde{A} = \begin{bmatrix} a_1 & b_1 & c_1 \\ a_2 & b_2 & c_2 \end{bmatrix}$$

を考える．ℓ_1 と ℓ_2 の法ベクトル (a_1, b_1) と (a_2, b_2)（どちらも零ベクトルではない）は，(イ) のとき平行だから A の階数は 1 であり，(ロ) のとき平行でないから A の階数は 2 である．また，連立 1 次方程式

$$\begin{cases} a_1x + b_1y = c_1 \\ a_2x + b_2y = c_2 \end{cases} \tag{3.7}$$

は (イ) のとき解を持たないから $\mathrm{rank}(\widetilde{A}) \neq \mathrm{rank}(A)$，(ロ) のとき解を持つから $\mathrm{rank}(\widetilde{A}) = \mathrm{rank}(A)$ である．(イ)，(ロ) どちらの場合も $\mathrm{rank}(\widetilde{A}) = 2$ である．

どの 2 つも異なる 3 平面

$$\pi_1 : a_1x + b_1y + c_1z = d_1,$$
$$\pi_2 : a_2x + b_2y + c_2z = d_2,$$
$$\pi_3 : a_3x + b_3y + c_3z = d_3$$

の関係を行列

$$A = \begin{bmatrix} a_1 & b_1 & c_1 \\ a_2 & b_2 & c_2 \\ a_3 & b_3 & c_3 \end{bmatrix}, \quad \widetilde{A} = \left[\begin{array}{ccc:c} a_1 & b_1 & c_1 & d_1 \\ a_2 & b_2 & c_2 & d_2 \\ a_3 & b_3 & c_3 & d_3 \end{array}\right]$$

を用いて記述することを考えよう．

$\mathrm{rank}(A) = s$，$\mathrm{rank}(\widetilde{A}) = t$ とおく．$1 \leq s = \mathrm{rank}(A) \leq t = \mathrm{rank}(\widetilde{A})$ だから以下の 5 つの場合が考えられる．

Case 1 $s = 3$，$t = 3$． **Case 2** $s = 2$，$t = 3$．

Case 3 $s = 2$，$t = 2$． **Case 4** $s = 1$，$t = 2$．

Case 5 $s = 1$，$t = 1$．

直線のときと同様に，$\widetilde{A}$ が拡大係数行列である連立 1 次方程式

$$\begin{cases} a_1x + b_1y + c_1z = d_1 \\ a_2x + b_2y + c_2z = d_2 \\ a_3x + b_3y + c_3z = d_3 \end{cases} \tag{3.8}$$

を考える．定理 2.11 により，連立 1 次方程式 (3.8) は Case 1，Case 3 および Case 5 では解を持ち，Case 2 および Case 4 では解を持たない．定理 2.10 に従って (3.8) の解を考えると，3 平面 π_1，π_2，π_3 は，Case 1 ではた

だ1点を共有し，Case 3では1本の直線を共有することがわかる．また，Case 5では3平面がすべて同じであることとなり仮定に反する．残る2つの場合についての説明には，第4章で学ぶ知識がある方が良いので，説明は188ページに記載する．

説明は後回しにして，Case 1からCase 4の図を以下に示しておく．

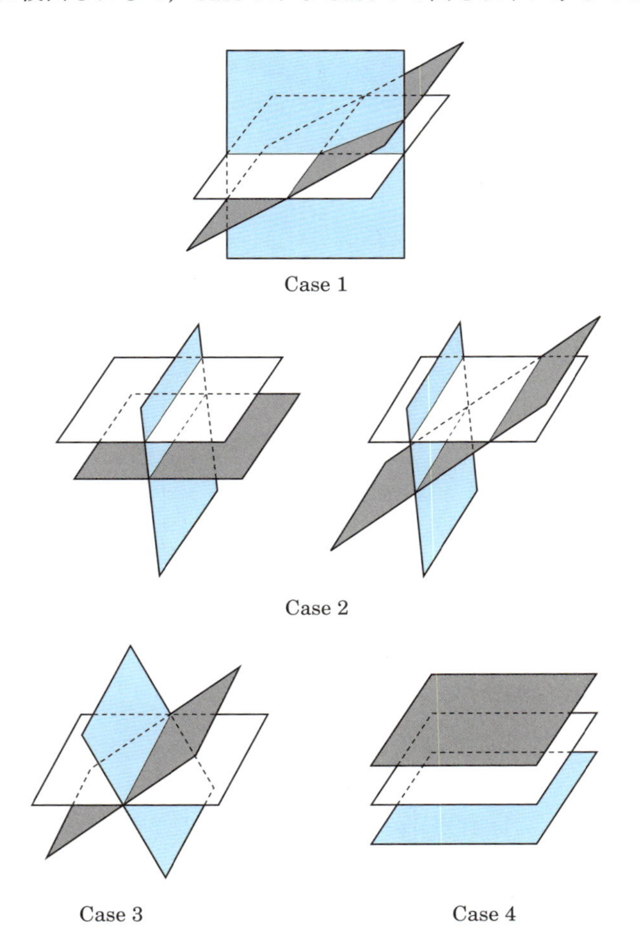

ベクトル空間

4.1 ベクトルの1次結合

4.1.1 平面ベクトルの1次結合

$\vec{u}$ を平面ベクトルとするとき，$\vec{u} = \overrightarrow{\mathrm{OP}}$ となる点Pがただ1つ定まる．ここで，P の座標を $\mathrm{P}(x, y)$ とすると $\vec{u}$ の成分表示は $\vec{u} = (x, y)$ である（図 4.1）．以下では，平面の点 $\mathrm{P}(x, y)$，ベクトル $\vec{u} = \overrightarrow{\mathrm{OP}} = (x, y)$ および $(2, 1)$ 行列 $\begin{bmatrix} x \\ y \end{bmatrix}$ の3つを同じものと考えることにする．

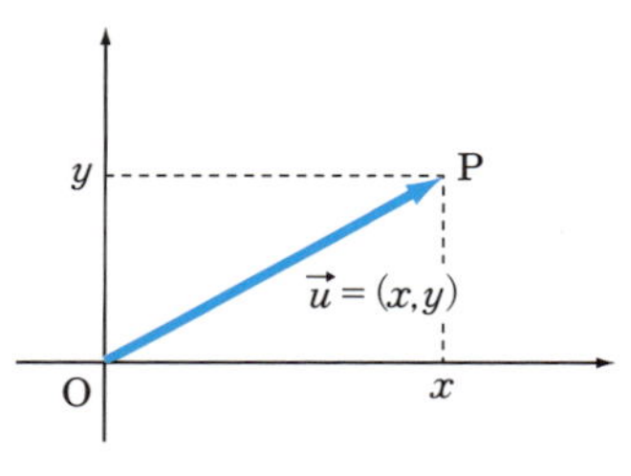

図 4.1　平面ベクトルの成分

Pが空間の点であるときも同様に点 $\mathrm{P}(x, y, z)$，ベクトル $\vec{u} = \overrightarrow{\mathrm{OP}} = (x, y, z)$ および $(3, 1)$ 行列 $\begin{bmatrix} x \\ y \\ z \end{bmatrix}$ の3つを同じものと考えることにする．

$(2, 1)$ 行列の全体を $\boldsymbol{R}^2$ で，$(3, 1)$ 行列の全体を $\boldsymbol{R}^3$ で表す．上に述べた同一視によって $\boldsymbol{R}^2$ は xy 平面の点全体の集合と，$\boldsymbol{R}^3$ は xyz 空間の点全体の集合とみなされる．また，平面または空間の点は，その点を終点とする幾何ベクトルとも同一視されるから，$(2,1)$ 行列や $(3,1)$ 行列を，単に**ベクトル**ともいう．

$\boldsymbol{e}_1 = {}^t[1,0]$，$\boldsymbol{e}_2 = {}^t[0,1]$ を平面の**基本ベクトル**という．

次のことがわかる (図 4.2)．

> すべての平面ベクトル $\boldsymbol{x}$ は，実数 x，y と基本ベクトルを用いて
> $$\boldsymbol{x} = x\boldsymbol{e}_1 + y\boldsymbol{e}_2 \qquad (4.1)$$
> と表せる．さらに，このような表し方はただ一通りである．

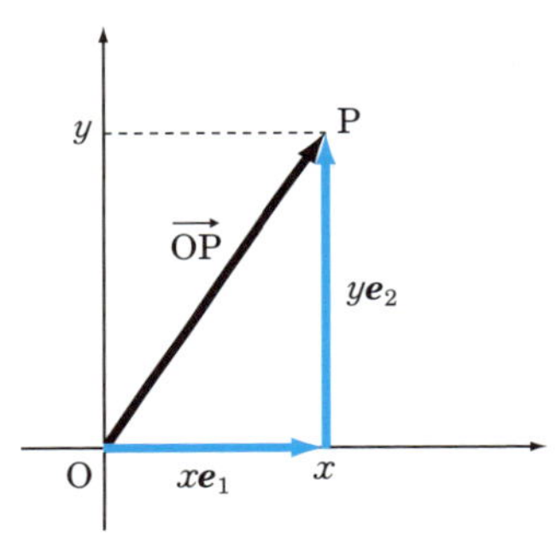

図 4.2　1次結合

$\boldsymbol{a}$，$\boldsymbol{b}$，…，$\boldsymbol{c}$ を平面ベクトルとするとき，それらのスカラー倍の和

$$s\boldsymbol{a} + t\boldsymbol{b} + \cdots + u\boldsymbol{c}$$

を，$\boldsymbol{a}$，$\boldsymbol{b}$，…，$\boldsymbol{c}$ の **1次結合**，または**線形結合**という．(4.1) の右辺の $x\boldsymbol{e}_1 + y\boldsymbol{e}_2$ は，$\boldsymbol{e}_1$ と $\boldsymbol{e}_2$ の1次結合である．

いくつかの平面ベクトル $\boldsymbol{a}$，$\boldsymbol{b}$，…，$\boldsymbol{c}$ の1次結合として表されるベクトルの全体の集合について考えよう．

$\boldsymbol{a}$，$\boldsymbol{b}$，…，$\boldsymbol{c}$ の1次結合の全体の集合を $\langle \boldsymbol{a}, \boldsymbol{b}, \cdots, \boldsymbol{c} \rangle$ で表す．

$$\langle \boldsymbol{a}, \boldsymbol{b}, \cdots, \boldsymbol{c} \rangle = \{s\boldsymbol{a} + t\boldsymbol{b} + \cdots + u\boldsymbol{c} \mid s, t, \cdots, u \in \boldsymbol{R}\}$$

である．

2つのベクトル $\boldsymbol{a}$，$\boldsymbol{b}$ の1次結合 $s\boldsymbol{a} + t\boldsymbol{b}$ の全体の集合 $\langle \boldsymbol{a}, \boldsymbol{b} \rangle$ を考えよう．

$\boldsymbol{a}$ も $\boldsymbol{b}$ も零ベクトルであるとき $\langle \boldsymbol{a}, \boldsymbol{b} \rangle = \{\boldsymbol{0}\}$ (零ベクトルだけからなる集合) であり，$\boldsymbol{a}$ または $\boldsymbol{b}$ のどちらかが零ベクトルである，例えば $\boldsymbol{b} = \boldsymbol{0}$ とするとき $\langle \boldsymbol{a}, \boldsymbol{b} \rangle = \langle \boldsymbol{a} \rangle$ であることは容易にわかる．

次に，$\boldsymbol{a}$ も $\boldsymbol{b}$ も零ベクトルではないとしよう．

$\boldsymbol{a}$ と $\boldsymbol{b}$ が平行であるとき $\boldsymbol{b} = k\boldsymbol{a}$ となる実数 $k\ (\neq 0)$ が存在するから，$\boldsymbol{a}$ と $\boldsymbol{b}$ の1次結合は $s\boldsymbol{a} + t\boldsymbol{b} = (s + kt)\boldsymbol{a} = (s/k + t)\boldsymbol{b}$ となり $\langle \boldsymbol{a}, \boldsymbol{b} \rangle = \langle \boldsymbol{a} \rangle$

$=\langle \boldsymbol{b} \rangle$ である．一方，$\boldsymbol{a}$ と $\boldsymbol{b}$ が平行でなければ，すべての平面ベクトルは $\boldsymbol{a}$ と $\boldsymbol{b}$ の1次結合で表すことができて $\langle \boldsymbol{a}, \boldsymbol{b} \rangle = \boldsymbol{R}^2$ である．

定理 4.1　平面ベクトル $\boldsymbol{a} = {}^t[a_1, a_2]$，$\boldsymbol{b} = {}^t[b_1, b_2]$ に対して，次は同値である．

(1)　2次正方行列 $A = \begin{bmatrix} a_1 & b_1 \\ a_2 & b_2 \end{bmatrix}$ の行列式 $\det(A)$ は0でない．

(2)　$\boldsymbol{a}$ も $\boldsymbol{b}$ も零ベクトルでなく，$\boldsymbol{a}$ と $\boldsymbol{b}$ は平行ではない．

(3)　すべての平面ベクトル $\boldsymbol{x}$ は，$\boldsymbol{a}$，$\boldsymbol{b}$ の1次結合として表せる．さらに，その表し方はただ一通りである．

証明　2次正方行列 A の行列式の絶対値 $|\det(A)|$ は，ベクトル $\boldsymbol{a}$ と $\boldsymbol{b}$ が張る平行四辺形の面積に等しい（演習問題 4.1.2）から (1) と (2) は同値である．

次に，(1) が成り立てば (3) が成り立つことを示そう．

$\boldsymbol{x} = {}^t[x_1, x_2]$ とおく．

$\boldsymbol{a}$，$\boldsymbol{b}$ の1次結合 $s\boldsymbol{a} + t\boldsymbol{b}$ を成分で表せば

$$s\boldsymbol{a} + t\boldsymbol{b} = \begin{bmatrix} sa_1 + tb_1 \\ sa_2 + tb_2 \end{bmatrix}$$

となるから，$\boldsymbol{x} = s\boldsymbol{a} + t\boldsymbol{b}$ となることと，s，t が連立1次方程式

$$\begin{cases} sa_1 + tb_1 = x_1 \\ sa_2 + tb_2 = x_2 \end{cases} \tag{4.2}$$

の解であることとは同値である．仮定から $|A| = \det(A) \neq 0$ だから連立1次方程式 (4.2) の係数行列 A は正則行列で，(4.2) はただ一組の解

$$s = \frac{1}{|A|}\begin{vmatrix} x_1 & b_1 \\ x_2 & b_2 \end{vmatrix}, \qquad t = \frac{1}{|A|}\begin{vmatrix} a_1 & x_1 \\ a_2 & x_2 \end{vmatrix}$$

を持つ．すなわち，

$$\boldsymbol{x} = \frac{1}{|A|}\begin{vmatrix} x_1 & b_1 \\ x_2 & b_2 \end{vmatrix}\boldsymbol{a} + \frac{1}{|A|}\begin{vmatrix} a_1 & x_1 \\ a_2 & x_2 \end{vmatrix}\boldsymbol{b}$$

が成り立つ．

最後に，(3) が成り立てば (2) が成り立つことの対偶「$\boldsymbol{a}$ または $\boldsymbol{b}$ が零ベクトルであるか $\boldsymbol{a}$ と $\boldsymbol{b}$ が平行であるとき，$\boldsymbol{a}$，$\boldsymbol{b}$ の1次結合で表すことのできない平面ベクトルが存在する」は明らかだから (3) が成り立てば (2) が成り立つ． ■

4.1.2 空間ベクトルの1次結合

平面ベクトルのときと同様に，いくつかの空間ベクトル $\boldsymbol{a}, \boldsymbol{b}, \cdots, \boldsymbol{c}$ のスカラー倍の和

$$s\boldsymbol{a} + t\boldsymbol{b} + \cdots + u\boldsymbol{c}$$

を，$\boldsymbol{a}, \boldsymbol{b}, \cdots, \boldsymbol{c}$ の**1次結合**という．

$\boldsymbol{a}, \boldsymbol{b}, \cdots, \boldsymbol{c}$ を零ベクトルでない空間ベクトルとする．

1つの空間ベクトル $\boldsymbol{a}$ の1次結合 $s\boldsymbol{a}$ の全体の集合 $\langle \boldsymbol{a} \rangle$ は，平面ベクトルのときと同様に，原点を通り，方向ベクトルが $\boldsymbol{a}$ である直線上の点を表す．

2つの空間ベクトル $\boldsymbol{a}, \boldsymbol{b}$ の1次結合 $s\boldsymbol{a} + t\boldsymbol{b}$ の全体を考える．$\boldsymbol{a}$ と $\boldsymbol{b}$ が平行であるとき，$\boldsymbol{a} = k\boldsymbol{b}$ となる実数 k が存在するから，$\boldsymbol{a}$，$\boldsymbol{b}$ の1次結合は $s\boldsymbol{a} + t\boldsymbol{b} = (ks + t)\boldsymbol{b}$ となり $\boldsymbol{b}$ の1次結合である．すなわち $\langle \boldsymbol{a}, \boldsymbol{b} \rangle = \langle \boldsymbol{a} \rangle = \langle \boldsymbol{b} \rangle$ である．

$\boldsymbol{a}$ と $\boldsymbol{b}$ が平行でないときには次のようになる．

例題 4.1 空間ベクトル $\boldsymbol{a} = {}^t[a_1, a_2, a_3]$，$\boldsymbol{b} = {}^t[b_1, b_2, b_3]$ は，どちらも零ベクトルではなく，平行でもないとする．原点，$\boldsymbol{a}$ および $\boldsymbol{b}$ を含む平面を π とする．このとき次が同値であることを示せ．

(1) $\boldsymbol{x} = {}^t[x_1, x_2, x_3]$ は π の上にある．

(2) $\boldsymbol{x}$ は $\boldsymbol{a}$ と $\boldsymbol{b}$ の1次結合で表せる．

(3) 等式

$$\begin{vmatrix} a_1 & b_1 & x_1 \\ a_2 & b_2 & x_2 \\ a_3 & b_3 & x_3 \end{vmatrix} = 0 \tag{4.3}$$

が成り立つ.

解答　(1) ⇒ (2) を示す. 点 A, B を $\mathrm{A}(a_1, a_2, a_3)$, $\mathrm{B}(b_1, b_2, b_3)$ とする. 点 $\mathrm{P}(x_1, x_2, x_3)$ が π の上にあるとき $\overrightarrow{\mathrm{OP}} = s\overrightarrow{\mathrm{OA}} + t\overrightarrow{\mathrm{OB}}$ となる実数 s, t が存在する (第1章 (1.9)). これを書き直せば $\boldsymbol{x} = s\boldsymbol{a} + t\boldsymbol{b}$ であり $\boldsymbol{x}$ は $\boldsymbol{a}$ と $\boldsymbol{b}$ の1次結合で表される.

(2) ⇒ (3) を示す. $\boldsymbol{x}$ が $\boldsymbol{a}$ と $\boldsymbol{b}$ の1次結合で表される, すなわち, $\boldsymbol{x} = s\boldsymbol{a} + t\boldsymbol{b}$ となる実数 s, t が存在するとき (4.3) が成り立つことを示す.

$\boldsymbol{a}$, $\boldsymbol{b}$ および $\boldsymbol{x}$ を列ベクトルとする行列 $[\boldsymbol{a}, \boldsymbol{b}, \boldsymbol{x}]$ の行列式の値は, 第3列に第1列の $-s$ 倍および第2列の $-t$ 倍を加えれば,

$$\begin{vmatrix} a_1 & b_1 & x_1 \\ a_2 & b_2 & x_2 \\ a_3 & b_3 & x_3 \end{vmatrix} = |\boldsymbol{a}, \boldsymbol{b}, \boldsymbol{x}| = |\boldsymbol{a}, \boldsymbol{b}, \boldsymbol{x} - s\boldsymbol{a} - t\boldsymbol{b}| = |\boldsymbol{a}, \boldsymbol{b}, \boldsymbol{0}| = 0$$

となる.

(3) ⇒ (1) を示す. (4.3) の左辺を第3列に関して余因子展開すると

$$\begin{vmatrix} a_1 & b_1 & x_1 \\ a_2 & b_2 & x_2 \\ a_3 & b_3 & x_3 \end{vmatrix} = (a_2b_3 - a_3b_2)x_1 + (a_3b_1 - a_1b_3)x_2 + (a_1b_2 - a_2b_1)x_3 = 0 \tag{4.4}$$

となる. (4.4) は, $\boldsymbol{a}$ と $\boldsymbol{b}$ の外積 $\boldsymbol{a} \times \boldsymbol{b} = (a_2b_3 - a_3b_2,\ a_3b_1 - a_1b_3,\ a_1b_2 - a_2b_1)$ に直交し原点を含む平面の方程式である (定理1.9).

$(x_1, x_2, x_3) = (a_1, a_2, a_3)$ および $(x_1, x_2, x_3) = (b_1, b_2, b_3)$ が (4.4) をみたすことは容易にわかるから, (4.4) は平面 π の方程式である. すなわち $\boldsymbol{x}$ は π の上にある. ◈

演習問題 4.1

4.1.1 空間ベクトル $\boldsymbol{a} = {}^t[1, 2, -2]$, $\boldsymbol{b} = {}^t[2, 2, -3]$, $\boldsymbol{c} = {}^t[1, 2, -1]$ について，以下の問に答えよ．

(1) $\boldsymbol{x} = {}^t[2, 3, x]$ が $\boldsymbol{a}$, $\boldsymbol{b}$ の1次結合で表せるならば x の値を求め，さらに $\boldsymbol{x}$ を $\boldsymbol{a}$, $\boldsymbol{b}$ の1次結合で表せ．

(2) $\boldsymbol{x} = {}^t[2, 3, x]$ が $\boldsymbol{a}$, $\boldsymbol{c}$ の1次結合で表せるならば x の値を求め，さらに $\boldsymbol{x}$ を $\boldsymbol{a}$, $\boldsymbol{c}$ の1次結合で表せ．

4.1.2 平面ベクトル $\boldsymbol{a} = {}^t[a_1, a_2]$ と $\boldsymbol{b} = {}^t[b_1, b_2]$ が張る平行四辺形の面積を S とする．$D = \begin{vmatrix} a_1 & b_1 \\ a_2 & b_2 \end{vmatrix}$ とするとき

$$S = |D|$$

が成り立つことを示せ．

4.1.3 零ベクトルでない2つの空間ベクトル $\boldsymbol{a}_1$, $\boldsymbol{a}_2$ は平行でないとする．

(1) $\boldsymbol{a}_1$ を

$$\boldsymbol{b}_1 = \boldsymbol{a}_1 + 2\boldsymbol{a}_2, \qquad \boldsymbol{b}_2 = 2\boldsymbol{a}_1 + 3\boldsymbol{a}_2$$

の1次結合で表せ．

(2) $\boldsymbol{a}_1$ を

$$\boldsymbol{b}_1 = \boldsymbol{a}_1 + 2\boldsymbol{a}_2, \qquad \boldsymbol{b}_2 = 2\boldsymbol{a}_1 + 3\boldsymbol{a}_2, \qquad \boldsymbol{b}_3 = 3\boldsymbol{a}_1 + 3\boldsymbol{a}_2$$

の1次結合で表せ．

4.2　1次独立と1次従属

4.2.1　1次独立

$\boldsymbol{a}$, $\boldsymbol{b}$, $\cdots$, $\boldsymbol{c}$ を平面または空間のベクトルとする．$\boldsymbol{a}$, $\boldsymbol{b}$, $\cdots$, $\boldsymbol{c}$ の1次結合が零ベクトルに等しいことを表す

$$s\boldsymbol{a} + t\boldsymbol{b} + \cdots + u\boldsymbol{c} = \boldsymbol{0} \tag{4.5}$$

を**1次関係式**という．

(4.5) が成り立つような s, t, $\cdots$, u について考える．

s, t, $\cdots$, u がすべて0であるとき，1次関係式 (4.5) が成り立つことは明

らかである．このような1次関係式を**自明な**1次関係式という．$s, t, \cdots, u$ の中に0でないものが1つでもある1次関係式を**自明でない**（または**非自明な**）1次関係式という．

自明でない1次関係式が成り立つことの幾何学的な意味を見ておこう．

$\boldsymbol{a}$, $\boldsymbol{b}$ を平面ベクトルとする．

（i） $\boldsymbol{a}$, $\boldsymbol{b}$ の（少なくとも）どちらか一方が零ベクトルであるとき非自明な1次関係式

$$1\boldsymbol{a} + 0\boldsymbol{b} = \boldsymbol{0} \qquad (\boldsymbol{a} = \boldsymbol{0}\text{のとき})$$

$$0\boldsymbol{a} + 1\boldsymbol{b} = \boldsymbol{0} \qquad (\boldsymbol{b} = \boldsymbol{0}\text{のとき})$$

が成り立つ．

（ii） 零ベクトルでない2つのベクトル $\boldsymbol{a}$, $\boldsymbol{b}$ が平行であるとき，$\boldsymbol{a}$ は適当な実数 k を用いて $\boldsymbol{a} = k\boldsymbol{b}$ と表せるから，非自明な1次関係式

$$1\boldsymbol{a} + (-k)\boldsymbol{b} = \boldsymbol{0}$$

が成り立つ．

（iii） 零ベクトルでない2つのベクトル $\boldsymbol{a}$, $\boldsymbol{b}$ が平行でないとき，$\boldsymbol{a}$, $\boldsymbol{b}$ の1次関係式は自明なものに限る．

実際，1次関係式

$$x\boldsymbol{a} + y\boldsymbol{b} = \boldsymbol{0}$$

が成り立つとき，$x \neq 0$ とすると $\boldsymbol{a} = (-y/x)\boldsymbol{b}$ となり $\boldsymbol{a}$, $\boldsymbol{b}$ が平行でないことに反する．$y \neq 0$ としても同様だから $x = y = 0$ である．

以上のことから，零ベクトルでない2つの平面ベクトル $\boldsymbol{a}$, $\boldsymbol{b}$ に対して自明でない1次関係式が成り立つかどうかは，ベクトル $\boldsymbol{a}$ と $\boldsymbol{b}$ が平行であるかどうかに対応している．

自明でない1次関係式が成り立つとき，ベクトル $\boldsymbol{a}, \boldsymbol{b}, \cdots, \boldsymbol{c}$ は**1次従属**であるといい，$\boldsymbol{a}, \boldsymbol{b}, \cdots, \boldsymbol{c}$ に対して成り立つ1次関係式が自明な1次関係式しかないときベクトル $\boldsymbol{a}, \boldsymbol{b}, \cdots, \boldsymbol{c}$ は**1次独立**であるという．

例 4.1　列ベクトルが $\boldsymbol{a} = \begin{bmatrix} a_1 \\ a_2 \end{bmatrix}$，$\boldsymbol{b} = \begin{bmatrix} b_1 \\ b_2 \end{bmatrix}$ である行列を $A = \begin{bmatrix} a_1 & b_1 \\ a_2 & b_2 \end{bmatrix}$ とする．定理 4.1 より，ベクトル $\boldsymbol{a}$，$\boldsymbol{b}$ が 1 次独立であることと A が正則行列であることは同値である． ◆

4.2.2　1次独立な空間ベクトル

例題 4.2　$\boldsymbol{a} = \begin{bmatrix} 2 \\ 5 \\ 3 \end{bmatrix}$，$\boldsymbol{b} = \begin{bmatrix} 3 \\ 2 \\ 2 \end{bmatrix}$，$\boldsymbol{c} = \begin{bmatrix} 2 \\ 3 \\ 2 \end{bmatrix}$，$\boldsymbol{d} = \begin{bmatrix} 1 \\ 3 \\ 2 \end{bmatrix}$ とする．

(1)　ベクトル $\boldsymbol{a}$，$\boldsymbol{b}$，$\boldsymbol{c}$ が 1 次独立であることを示せ．

(2)　ベクトル $\boldsymbol{d}$ を，ベクトル $\boldsymbol{a}$，$\boldsymbol{b}$，$\boldsymbol{c}$ の 1 次結合で表せ．

解答　列ベクトルが $\boldsymbol{a}$，$\boldsymbol{b}$，$\boldsymbol{c}$ である行列を $A = [\boldsymbol{a}, \boldsymbol{b}, \boldsymbol{c}] = \begin{bmatrix} 2 & 3 & 2 \\ 5 & 2 & 3 \\ 3 & 2 & 2 \end{bmatrix}$ とする．

(1)　x, y, z に対して 1 次関係式 $x\boldsymbol{a} + y\boldsymbol{b} + z\boldsymbol{c} = \boldsymbol{0}$ が成り立つことと，x，y，z が連立 1 次方程式

$$\begin{cases} 2x + 3y + 2z = 0 \\ 5x + 2y + 3z = 0 \\ 3x + 2y + 2z = 0 \end{cases}$$

の解であることは同値である．$\boldsymbol{x} = {}^t[x, y, z]$ とおけば上の連立 1 次方程式は $A\boldsymbol{x} = \boldsymbol{0}$ と表される．

A の行列式は $|A| = 1 \neq 0$ である．

定理 3.12 から A は正則行列であり，連立 1 次方程式 $A\boldsymbol{x} = \boldsymbol{0}$ の解は $\boldsymbol{x} = \boldsymbol{0}$（すなわち，$x = y = z = 0$）だけである．したがって，ベクトル $\boldsymbol{a}$，$\boldsymbol{b}$，$\boldsymbol{c}$ に対して成り立つ 1 次関係式は自明な 1 次関係式だけであり，ベクトル $\boldsymbol{a}$，$\boldsymbol{b}$，$\boldsymbol{c}$ は 1 次独立である．

(2)　$\boldsymbol{d}$ が，$\boldsymbol{a}$，$\boldsymbol{b}$，$\boldsymbol{c}$ の 1 次結合 $x\boldsymbol{a} + y\boldsymbol{b} + z\boldsymbol{c}$ に等しいとする．

x，y，z に対して $\boldsymbol{d} = x\boldsymbol{a} + y\boldsymbol{b} + z\boldsymbol{c}$ が成り立つことと，x，y，z が連

立 1 次方程式

$$\begin{cases} 2x + 3y + 2z = 1 \\ 5x + 2y + 3z = 3 \\ 3x + 2y + 2z = 2 \end{cases}$$

の解であることとは同値である．上の連立方程式は，行列 A を用いて表すと

$$A\begin{bmatrix} x \\ y \\ z \end{bmatrix} = \begin{bmatrix} 1 \\ 3 \\ 2 \end{bmatrix}$$

となる．正則行列 A の逆行列は $A^{-1} = \begin{bmatrix} -2 & -2 & 5 \\ -1 & -2 & 4 \\ 4 & 5 & -11 \end{bmatrix}$ で

$$\begin{bmatrix} x \\ y \\ z \end{bmatrix} = A^{-1}\begin{bmatrix} 1 \\ 3 \\ 2 \end{bmatrix} = \begin{bmatrix} -2 & -2 & 5 \\ -1 & -2 & 4 \\ 4 & 5 & -11 \end{bmatrix}\begin{bmatrix} 1 \\ 3 \\ 2 \end{bmatrix} = \begin{bmatrix} 2 \\ 1 \\ -3 \end{bmatrix}$$

となるから

$$\boldsymbol{d} = 2\boldsymbol{a} + \boldsymbol{b} + (-3)\boldsymbol{c}$$

が成り立つ． ◆

上の例では，$\boldsymbol{d}$ を $\boldsymbol{a}$，$\boldsymbol{b}$，$\boldsymbol{c}$ の 1 次結合で表すことができて，さらにその表し方はただ一通りであった．一般に，ベクトル $\boldsymbol{a}$，$\boldsymbol{b}$，$\boldsymbol{c}$ が 1 次独立であるとき，同様のことが成り立つことを次に示そう．

定理 4.2　3 つの空間ベクトル $\boldsymbol{a} = \begin{bmatrix} a_1 \\ a_2 \\ a_3 \end{bmatrix}, \boldsymbol{b} = \begin{bmatrix} b_1 \\ b_2 \\ b_3 \end{bmatrix}, \boldsymbol{c} = \begin{bmatrix} c_1 \\ c_2 \\ c_3 \end{bmatrix}$ に対して，次は同値である．

(1)　3 次正方行列 $A = \begin{bmatrix} a_1 & b_1 & c_1 \\ a_2 & b_2 & c_2 \\ a_3 & b_3 & c_3 \end{bmatrix}$ の行列式 $\det(A)$ は 0 でない．

(2)　$\boldsymbol{a}$，$\boldsymbol{b}$，$\boldsymbol{c}$ は1次独立である．

(3)　すべての空間ベクトル $\boldsymbol{d}$ は，$\boldsymbol{a}$，$\boldsymbol{b}$，$\boldsymbol{c}$ の1次結合として表せる．さらに，その表し方はただ一通りである．

✓**注意**　定理4.1の(2)の条件「$\boldsymbol{a}$ も $\boldsymbol{b}$ も零ベクトルでなく，$\boldsymbol{a}$ と $\boldsymbol{b}$ は平行ではない」は「$\boldsymbol{a}$，$\boldsymbol{b}$ は1次独立である」と同値であり，上の定理は平面ベクトルに対する定理4.1に対応するものである．

証明　$\boldsymbol{a}$，$\boldsymbol{b}$，$\boldsymbol{c}$ の1次結合 $x\boldsymbol{a}+y\boldsymbol{b}+z\boldsymbol{c}$ は，行列 A を用いて

$$x\boldsymbol{a}+y\boldsymbol{b}+z\boldsymbol{c}=\begin{bmatrix} xa_1+yb_1+zc_1 \\ xa_2+yb_2+zc_2 \\ xa_3+yb_3+zc_3 \end{bmatrix}=A\begin{bmatrix} x \\ y \\ z \end{bmatrix}$$

と表せることに注意する．

(1) ⇒ (3) が成り立つことを示す．x，y，z を未知数として $\boldsymbol{x}={}^t[x,y,z]$ とする．

$\det(A)\neq 0$ より A は正則行列である．連立1次方程式 $A\boldsymbol{x}=\boldsymbol{d}$ の両辺に A の逆行列 A^{-1} をかけると

$$\boldsymbol{x}=\begin{bmatrix} x \\ y \\ z \end{bmatrix}=A^{-1}\boldsymbol{d}$$

となるから (3) が成り立つ．

(3) ⇒ (2) が成り立つことを示す．1次関係式 $x\boldsymbol{a}+y\boldsymbol{b}+z\boldsymbol{c}=\boldsymbol{0}$ を考える．零ベクトル $\boldsymbol{0}$ は $\boldsymbol{0}=0\boldsymbol{a}+0\boldsymbol{b}+0\boldsymbol{c}$ と表される．仮定から零ベクトル $\boldsymbol{0}$ を $\boldsymbol{a}$，$\boldsymbol{b}$，$\boldsymbol{c}$ の1次結合で表す表し方はただ一通りだから $x=y=z=0$ でなければならない．すなわち，$\boldsymbol{a}$，$\boldsymbol{b}$，$\boldsymbol{c}$ は1次独立である．

(2) ⇒ (1) が成り立つことを示す．$\boldsymbol{a}$，$\boldsymbol{b}$，$\boldsymbol{c}$ が1次独立であることは，定義から連立1次方程式 $A\boldsymbol{x}=\boldsymbol{0}$ が自明な解しか持たないことと同値である．定理3.15により，このことと $|A|\neq 0$ は同値だから (1) が成り立つ．　■

演習問題 4.2

4.2.1 $\boldsymbol{a}_1 = \begin{bmatrix} 1 \\ 2 \\ 3 \end{bmatrix}$, $\boldsymbol{a}_2 = \begin{bmatrix} 2 \\ 5 \\ 1 \end{bmatrix}$, $\boldsymbol{a}_3 = \begin{bmatrix} 3 \\ 7 \\ 4 \end{bmatrix}$ を列ベクトルに持つ3次正方行列を A とする．このとき次の問に答えよ．

(1)　1次結合 $x\boldsymbol{a}_1 + y\boldsymbol{a}_2 + z\boldsymbol{a}_3$ を，行列 A および $\boldsymbol{x} = {}^t[x, y, z]$ を用いて表せ．

(2)　連立1次方程式 $A\boldsymbol{x} = \boldsymbol{0}$ を解け．

(3)　$\boldsymbol{a}_1$，$\boldsymbol{a}_2$，$\boldsymbol{a}_3$ が1次独立かどうか判定せよ．

4.2.2 次のベクトルが1次独立かどうか判定せよ．

(1)　$\boldsymbol{a}_1 = \begin{bmatrix} 1 \\ 2 \\ 2 \end{bmatrix}$,　$\boldsymbol{a}_2 = \begin{bmatrix} 2 \\ 1 \\ 1 \end{bmatrix}$

(2)　$\boldsymbol{a}_1 = \begin{bmatrix} 1 \\ 2 \\ -3 \end{bmatrix}$,　$\boldsymbol{a}_2 = \begin{bmatrix} 2 \\ 3 \\ -5 \end{bmatrix}$,　$\boldsymbol{a}_3 = \begin{bmatrix} -1 \\ -1 \\ 2 \end{bmatrix}$

(3)　$\boldsymbol{a}_1 = \begin{bmatrix} 1 \\ 2 \\ 3 \end{bmatrix}$,　$\boldsymbol{a}_2 = \begin{bmatrix} 2 \\ 3 \\ 5 \end{bmatrix}$,　$\boldsymbol{a}_3 = \begin{bmatrix} 1 \\ 1 \\ 4 \end{bmatrix}$

(4)　$\boldsymbol{a}_1 = \begin{bmatrix} 1 \\ 2 \\ -3 \end{bmatrix}$,　$\boldsymbol{a}_2 = \begin{bmatrix} 2 \\ 3 \\ -5 \end{bmatrix}$,　$\boldsymbol{a}_3 = \begin{bmatrix} -1 \\ -1 \\ 3 \end{bmatrix}$,　$\boldsymbol{a}_4 = \begin{bmatrix} 1 \\ 1 \\ 2 \end{bmatrix}$

4.2.3 3次正方行列 A の第 i 列を $\boldsymbol{a}_i$ とする．このとき次が同値であることを示せ．

(1)　A の行列式 $|A|$ の値は0である．

(2)　$\boldsymbol{a}_1$，$\boldsymbol{a}_2$，$\boldsymbol{a}_3$ は1次従属である．

4.2.4 ベクトル $\boldsymbol{a}_1 = \begin{bmatrix} 1 \\ t \\ 1 \end{bmatrix}$, $\boldsymbol{a}_2 = \begin{bmatrix} t \\ 1 \\ 2 \end{bmatrix}$, $\boldsymbol{a}_3 = \begin{bmatrix} 2 \\ 2 \\ t \end{bmatrix}$ が1次従属となる t の値をすべて求めよ．

4.3 数ベクトル空間

$(2, 1)$ 行列を平面ベクトルと，$(3, 1)$ 行列を空間ベクトルと同一視した．この節では，一般の**数ベクトル**に対して，平面および空間ベクトルに対して定義した「1 次独立」および「1 次従属」の概念を拡張する．さらに，1 次独立であることや 1 次従属であることと行列の階数との関係についても学ぶ．

4.3.1 数ベクトル空間

$(n, 1)$ 行列を **n 次元数ベクトル**という．n 次元数ベクトル全体の集合を **n 次元数ベクトル空間**といい $\boldsymbol{R}^n$ で表す．n 次元数ベクトル

$$\boldsymbol{a} = \begin{bmatrix} a_1 \\ a_2 \\ \vdots \\ a_n \end{bmatrix} = {}^t[a_1, a_2, \cdots, a_n]$$

の $(i, 1)$ 成分 a_i を，$\boldsymbol{a}$ の**第 i 成分**という．また，n 次元数ベクトルを単に**ベクトル**ともいう．

$\boldsymbol{a}$，$\boldsymbol{b}$ をベクトル，k を実数とする．$\boldsymbol{a} = {}^t[a_1, a_2, \cdots, a_n]$，$\boldsymbol{b} = {}^t[b_1, b_2, \cdots, b_n]$ のとき，ベクトルの和 $\boldsymbol{a} + \boldsymbol{b}$ およびスカラー倍 $k\boldsymbol{a}$ は

$$\boldsymbol{a} + \boldsymbol{b} = \begin{bmatrix} a_1 + b_1 \\ a_2 + b_2 \\ \vdots \\ a_n + b_n \end{bmatrix}, \quad k\boldsymbol{a} = \begin{bmatrix} ka_1 \\ ka_2 \\ \vdots \\ ka_n \end{bmatrix}$$

である．

すべての成分が 0 であるベクトルを**零ベクトル**と呼び $\boldsymbol{0}$ で表す．また，$\boldsymbol{a}$ の -1 倍を $-\boldsymbol{a}$ と書いて $\boldsymbol{a}$ の**逆ベクトル**と呼ぶ．ベクトルの和とスカラー倍は次の性質をもっている；

和の性質：

(1) $\boldsymbol{a} + \boldsymbol{b} = \boldsymbol{b} + \boldsymbol{a}$

(2)　$(\boldsymbol{a}+\boldsymbol{b})+\boldsymbol{c}=\boldsymbol{a}+(\boldsymbol{b}+\boldsymbol{c})$

(3)　$\boldsymbol{a}+\boldsymbol{0}=\boldsymbol{0}+\boldsymbol{a}=\boldsymbol{a}$

(4)　$\boldsymbol{a}+(-\boldsymbol{a})=(-\boldsymbol{a})+\boldsymbol{a}=\boldsymbol{0}$

スカラー倍の性質：

(1)　$(k+l)\boldsymbol{a}=k\boldsymbol{a}+l\boldsymbol{a}$

(2)　$k(\boldsymbol{a}+\boldsymbol{b})=k\boldsymbol{a}+k\boldsymbol{b}$

(3)　$(kl)\boldsymbol{a}=k(l\boldsymbol{a})$

(4)　$1\boldsymbol{a}=\boldsymbol{a}$

一般に，与えられた集合Vの任意の元$\boldsymbol{a}$と$\boldsymbol{b}$に対して和$\boldsymbol{a}+\boldsymbol{b}$が，任意の実数$k$と$\boldsymbol{a}$に対してスカラー倍$k\boldsymbol{a}$が定義されて上の性質がみたされるとき，$V$を**ベクトル空間**（または**線形空間**）という．

$\boldsymbol{m}$および$\boldsymbol{n}$を固定された自然数とするとき，$(\boldsymbol{m}, \boldsymbol{n})$行列全体の集合は，行列の和およびスカラー倍に関してベクトル空間である．

本書では数ベクトル空間のみを扱う．

4.3.2　1次独立と1次従属

$\boldsymbol{a}_1, \cdots, \boldsymbol{a}_k$を$\boldsymbol{R}^n$の元，$c_1, \cdots, c_k$を実数とするとき，

$$c_1\boldsymbol{a}_1+\cdots+c_k\boldsymbol{a}_k$$

を$\boldsymbol{a}_1, \cdots, \boldsymbol{a}_k$の**1次結合**（または**線形結合**）といい

$$c_1\boldsymbol{a}_1+\cdots+c_k\boldsymbol{a}_k=\boldsymbol{0} \tag{4.6}$$

を$\boldsymbol{a}_1, \cdots, \boldsymbol{a}_k$の**1次関係式**という．

1次関係式(4.6)をみたす$c_1, \cdots, c_k$が

$$c_1=\cdots=c_k=0$$

に限るとき，$\boldsymbol{a}_1, \cdots, \boldsymbol{a}_k$は**1次独立**であるという．$\boldsymbol{a}_1, \cdots, \boldsymbol{a}_k$が1次独立でないとき，$\boldsymbol{a}_1, \cdots, \boldsymbol{a}_k$は**1次従属**であるという．

$\boldsymbol{a}_1, \cdots, \boldsymbol{a}_k$が1次従属であるとき，(4.6)をみたす$c_1=\cdots=c_k=0$では

ない $c_1, \cdots, c_k$ が存在する．$c_1 = \cdots = c_k = 0$ ではない1次関係式を**自明でない**（または**非自明な**）1次関係式という．

定理 4.3 $\boldsymbol{R}^n$ の元 $\boldsymbol{a}_1, \cdots, \boldsymbol{a}_k$ が1次従属であるならば，$\boldsymbol{a}_1, \cdots, \boldsymbol{a}_k$ のうちのどれか1つは，他のベクトルの1次結合で表せる．

証明

$$c_1\boldsymbol{a}_1 + \cdots + c_{k-1}\boldsymbol{a}_{k-1} + c_k\boldsymbol{a}_k = \boldsymbol{0}$$

を $\boldsymbol{a}_1, \cdots, \boldsymbol{a}_k$ の非自明な1次関係式とする．少なくとも，$c_1, \cdots, c_{k-1}, c_k$ のうちのどれか1つは0でない．例えば $c_k \neq 0$ とする．

$c_1\boldsymbol{a}_1 + \cdots + c_{k-1}\boldsymbol{a}_{k-1} = -c_k\boldsymbol{a}_k$ の両辺に $-1/c_k$ をかければ

$$\boldsymbol{a}_k = -\frac{1}{c_k}(c_1\boldsymbol{a}_1 + \cdots + c_{k-1}\boldsymbol{a}_{k-1})$$

となり，$\boldsymbol{a}_k$ は，$\boldsymbol{a}_k$ を除いた $\boldsymbol{a}_1, \cdots, \boldsymbol{a}_{k-1}$ の1次結合で表される．■

例題 4.3 次のベクトルが1次独立であるか1次従属であるかを調べよ．

(1) $\boldsymbol{a}_1 = {}^t[1, 1, 1]$，$\boldsymbol{a}_2 = {}^t[1, 1, 2]$，$\boldsymbol{a}_3 = {}^t[1, 2, 1]$，$\boldsymbol{a}_4 = {}^t[1, 2, 2]$

(2) $\boldsymbol{b}_1 = {}^t[1, 1, 1, 1]$，$\boldsymbol{b}_2 = {}^t[1, 2, 2, 2]$，$\boldsymbol{b}_3 = {}^t[1, 2, 3, 3]$，$\boldsymbol{b}_4 = {}^t[1, 2, 3, 4]$

解答 (1) $\boldsymbol{a}_1, \cdots, \boldsymbol{a}_4$ の1次結合 $x_1\boldsymbol{a}_1 + \cdots + x_4\boldsymbol{a}_4$ は，

$$A = [\boldsymbol{a}_1, \boldsymbol{a}_2, \boldsymbol{a}_3, \boldsymbol{a}_4] = \begin{bmatrix} 1 & 1 & 1 & 1 \\ 1 & 1 & 2 & 2 \\ 1 & 2 & 1 & 2 \end{bmatrix}, \quad \boldsymbol{x} = \begin{bmatrix} x_1 \\ x_2 \\ x_3 \\ x_4 \end{bmatrix}$$

を用いて

$$x_1\boldsymbol{a}_1 + \cdots + x_4\boldsymbol{a}_4 = A\boldsymbol{x}$$

と表せるから，$x_1, \cdots, x_4$ に対して1次関係式 $x_1\boldsymbol{a}_1 + \cdots + x_4\boldsymbol{a}_4 = \boldsymbol{0}$ が成り立つことと，$\boldsymbol{x} = {}^t[x_1, x_2, x_3, x_4]$ が同次連立1次方程式 $A\boldsymbol{x} = \boldsymbol{0}$ の解であることは同値である．

行列 A を行基本変形すると

$$A \longrightarrow \begin{bmatrix} 1 & 1 & 1 & 1 \\ 0 & 0 & 1 & 1 \\ 0 & 1 & 0 & 1 \end{bmatrix} \longrightarrow \begin{bmatrix} 1 & 0 & 0 & -1 \\ 0 & 1 & 0 & 1 \\ 0 & 0 & 1 & 1 \end{bmatrix}$$

となるから $A\boldsymbol{x} = \boldsymbol{0}$ が成り立つのは $x_1 = -x_2 = -x_3 = x_4$（x_4 は任意の実数）のときである．$x_4 = 1$ としたときの $\boldsymbol{x} = {}^t[1, -1, -1, 1]$ に対して $A\boldsymbol{x} = \boldsymbol{0}$ が成り立つ．これは自明でない1次関係式

$$\boldsymbol{a}_1 + (-1)\boldsymbol{a}_2 + (-1)\boldsymbol{a}_3 + \boldsymbol{a}_4 = \boldsymbol{0}$$

が成り立つことと同じである．よって $\boldsymbol{a}_1, \cdots, \boldsymbol{a}_4$ は1次従属である．

(2)　$\boldsymbol{b}_1, \cdots, \boldsymbol{b}_4$ の1次結合 $x_1\boldsymbol{b}_1 + \cdots + x_4\boldsymbol{b}_4$ は，

$$B = [\boldsymbol{b}_1, \boldsymbol{b}_2, \boldsymbol{b}_3, \boldsymbol{b}_4] = \begin{bmatrix} 1 & 1 & 1 & 1 \\ 1 & 2 & 2 & 2 \\ 1 & 2 & 3 & 3 \\ 1 & 2 & 3 & 4 \end{bmatrix}, \quad \boldsymbol{x} = \begin{bmatrix} x_1 \\ x_2 \\ x_3 \\ x_4 \end{bmatrix}$$

を用いて

$$x_1\boldsymbol{b}_1 + \cdots + x_4\boldsymbol{b}_4 = B\boldsymbol{x}$$

と表せる．

(1) と同様に B を行基本変形すると

$$B = \begin{bmatrix} 1 & 1 & 1 & 1 \\ 1 & 2 & 2 & 2 \\ 1 & 2 & 3 & 3 \\ 1 & 2 & 3 & 4 \end{bmatrix} \longrightarrow \begin{bmatrix} 1 & 1 & 1 & 1 \\ 0 & 1 & 1 & 1 \\ 0 & 1 & 2 & 2 \\ 0 & 1 & 2 & 3 \end{bmatrix} \longrightarrow \cdots \longrightarrow \begin{bmatrix} 1 & 0 & 0 & 0 \\ 0 & 1 & 0 & 0 \\ 0 & 0 & 1 & 0 \\ 0 & 0 & 0 & 1 \end{bmatrix}$$

となるから $B\boldsymbol{x} = \boldsymbol{0}$ が成り立つのは $x_1 = x_2 = x_3 = x_4 = 0$ のときに限る．したがって，$\boldsymbol{b}_1, \cdots, \boldsymbol{b}_4$ は1次独立である．◈

上の例題の解答では，1次関係式が，ある同次連立1次方程式に対応することを示し，さらにその同次連立1次方程式の解を求めて1次独立かどうかの判定を行った．ベクトルが1次独立であるか1次従属であるかは，対応する同次連立1次方程式が非自明な解を持つかどうかでわかるから，同次連立1次方程式の解を求めることは不要である．

定理 4.4 $\boldsymbol{a}_1, \cdots, \boldsymbol{a}_n$ を $\boldsymbol{R}^m$ の元とし，$A = [\boldsymbol{a}_1, \cdots, \boldsymbol{a}_n]$ とおく．このとき

(1) $\mathrm{rank}(A) < n$ であることと $\boldsymbol{a}_1, \cdots, \boldsymbol{a}_n$ が 1 次従属であることは同値である．

(2) $\mathrm{rank}(A) = n$ であることと $\boldsymbol{a}_1, \cdots, \boldsymbol{a}_n$ が 1 次独立であることは同値である．

(3) $n = m$ のとき，$\det(A) = 0$ であることと $\boldsymbol{a}_1, \cdots, \boldsymbol{a}_n$ が 1 次従属であることは同値である．

証明 $x_1, \cdots, x_n$ に対して 1 次関係式 $x_1\boldsymbol{a}_1 + \cdots + x_n\boldsymbol{a}_n = \boldsymbol{0}$ が成り立つことと，$\boldsymbol{x} = {}^t[x_1, \cdots, x_n]$ が A を係数行列とする同次連立 1 次方程式 $A\boldsymbol{x} = \boldsymbol{0}$ の解であることは同値である．

(1) は系 2.12 から，(2) は系 2.13 から，(3) は定理 3.15 から容易に導かれる． ■

演習問題 4.3

4.3.1 次のベクトルが 1 次独立か 1 次従属か判定せよ．

(1) $\boldsymbol{a}_1 = \begin{bmatrix} 1 \\ 2 \\ 3 \\ 4 \end{bmatrix}, \quad \boldsymbol{a}_2 = \begin{bmatrix} 2 \\ 3 \\ 1 \\ 7 \end{bmatrix}, \quad \boldsymbol{a}_3 = \begin{bmatrix} 3 \\ 1 \\ 2 \\ 6 \end{bmatrix}$

(2) $\boldsymbol{a}_1 = \begin{bmatrix} 1 \\ 1 \\ -2 \\ 1 \end{bmatrix}, \quad \boldsymbol{a}_2 = \begin{bmatrix} 1 \\ -2 \\ 1 \\ 1 \end{bmatrix}, \quad \boldsymbol{a}_3 = \begin{bmatrix} -2 \\ 1 \\ 1 \\ 2 \end{bmatrix}$

(3) $\boldsymbol{a}_1 = \begin{bmatrix} 1 \\ 1 \\ -3 \\ 1 \end{bmatrix}, \quad \boldsymbol{a}_2 = \begin{bmatrix} 1 \\ -3 \\ 1 \\ 1 \end{bmatrix}, \quad \boldsymbol{a}_3 = \begin{bmatrix} -3 \\ 1 \\ 1 \\ 2 \end{bmatrix}, \quad \boldsymbol{a}_4 = \begin{bmatrix} -1 \\ 1 \\ 1 \\ 3 \end{bmatrix}$

4.3.2 次のベクトルが1次従属になるときの x, y, z の関係式を求めよ．

(1) $\boldsymbol{a}_1 = \begin{bmatrix} 1 \\ 2 \\ 4 \end{bmatrix}$, $\boldsymbol{a}_2 = \begin{bmatrix} 2 \\ 3 \\ 5 \end{bmatrix}$, $\boldsymbol{a}_3 = \begin{bmatrix} x \\ y \\ z \end{bmatrix}$

(2) $\boldsymbol{a}_1 = \begin{bmatrix} 1 \\ 1 \\ 1 \\ 2 \end{bmatrix}$, $\boldsymbol{a}_2 = \begin{bmatrix} 1 \\ 1 \\ 2 \\ 1 \end{bmatrix}$, $\boldsymbol{a}_3 = \begin{bmatrix} 1 \\ 2 \\ 1 \\ 1 \end{bmatrix}$, $\boldsymbol{a}_4 = \begin{bmatrix} 1 \\ x \\ y \\ z \end{bmatrix}$

4.4 部分ベクトル空間

4.4.1 定義と例

U を数ベクトル空間 $\boldsymbol{R}^n$ の空でない部分集合とする．

U の任意の元 $\boldsymbol{a}, \boldsymbol{b}$，任意の実数 s, t に対して

$$s\boldsymbol{a} + t\boldsymbol{b} \in U$$

が成り立つとき，U は $\boldsymbol{R}^n$ の**部分ベクトル空間**であるという．

例題 4.4 次を示せ．

(1) $U = \{\boldsymbol{0}\}$ は，$\boldsymbol{R}^n$ の部分ベクトル空間である．

(2) $\boldsymbol{v}_1$, $\boldsymbol{v}_2$ を $\boldsymbol{R}^n$ の元とするとき，$\boldsymbol{v}_1$, $\boldsymbol{v}_2$ の1次結合全体のなす $\boldsymbol{R}^n$ の部分集合 U は $\boldsymbol{R}^n$ の部分ベクトル空間である．

(3) $\boldsymbol{a}$ を $\boldsymbol{R}^3$ の定ベクトルとする．$\boldsymbol{a}$ に直交する，すなわち $\boldsymbol{a}\cdot\boldsymbol{x} = 0$ をみたす，ベクトル $\boldsymbol{x} \in \boldsymbol{R}^3$ の全体のなす $\boldsymbol{R}^3$ の部分集合 U は $\boldsymbol{R}^3$ の部分ベクトル空間である．

解答 (1) $\boldsymbol{a}, \boldsymbol{b}$ を U の任意の元，s, t を任意の実数とする．

$U = \{\boldsymbol{0}\}$ だから $\boldsymbol{a} = \boldsymbol{b} = \boldsymbol{0}$ である．

$$s\boldsymbol{a} + t\boldsymbol{b} = s\boldsymbol{0} + t\boldsymbol{0} = \boldsymbol{0} \in U$$

が成り立つから U は $\boldsymbol{R}^n$ の部分ベクトル空間である．

(2) $\boldsymbol{a}, \boldsymbol{b}$ を U の任意の元，s, t を任意の実数とする．

$\boldsymbol{a}, \boldsymbol{b}$ は，ともに，$\boldsymbol{v}_1, \boldsymbol{v}_2$ の 1 次結合だから

$$\boldsymbol{a} = a_1\boldsymbol{v}_1 + a_2\boldsymbol{v}_2, \qquad \boldsymbol{b} = b_1\boldsymbol{v}_1 + b_2\boldsymbol{v}_2$$

となる実数 a_1，a_2，b_1，b_2 が存在する．

$$\begin{aligned} s\boldsymbol{a} + t\boldsymbol{b} &= s(a_1\boldsymbol{v}_1 + a_2\boldsymbol{v}_2) + t(b_1\boldsymbol{v}_1 + b_2\boldsymbol{v}_2) \\ &= (sa_1 + tb_1)\boldsymbol{v}_1 + (sa_2 + tb_2)\boldsymbol{v}_2 \in U \end{aligned}$$

が成り立つから U は $\boldsymbol{R}^n$ の部分ベクトル空間である．

(3)　$\boldsymbol{x}, \boldsymbol{y}$ を U の任意の元，s, t を任意の実数とするとき，内積の性質から

$$\boldsymbol{a} \cdot (s\boldsymbol{x} + t\boldsymbol{y}) = s\boldsymbol{a} \cdot \boldsymbol{x} + t\boldsymbol{a} \cdot \boldsymbol{y} = 0$$

が成り立つ．よって $s\boldsymbol{x} + t\boldsymbol{y} \in U$ となり U は $\boldsymbol{R}^3$ の部分ベクトル空間である．◇

例題 4.5　U および V を $\boldsymbol{R}^n$ の部分ベクトル空間とするとき，$U \cap V$ は $\boldsymbol{R}^n$ の部分ベクトル空間であることを示せ．

解答　$\boldsymbol{a}, \boldsymbol{b}$ を $U \cap V$ の任意の元，s, t を任意の実数とする．

$\boldsymbol{a}$，$\boldsymbol{b}$ は U の元だから $\boldsymbol{x} = s\boldsymbol{a} + t\boldsymbol{b} \in U$ が成り立ち，$\boldsymbol{a}$，$\boldsymbol{b}$ は V の元でもあるから $\boldsymbol{x} = s\boldsymbol{a} + t\boldsymbol{b} \in V$ も成り立つ．よって，

$$\boldsymbol{x} = s\boldsymbol{a} + t\boldsymbol{b} \in U \cap V$$

が成り立ち，$U \cap V$ は $\boldsymbol{R}^n$ の部分ベクトル空間である．◇

4.4.2 部分ベクトル空間の生成

定理 4.5　$\boldsymbol{a}_1, \cdots, \boldsymbol{a}_r$ を $\boldsymbol{R}^n$ の元とし，$\boldsymbol{a}_1, \cdots, \boldsymbol{a}_r$ の 1 次結合の全体を $\langle \boldsymbol{a}_1, \cdots, \boldsymbol{a}_r \rangle$ で表す．

$$\langle \boldsymbol{a}_1, \cdots, \boldsymbol{a}_r \rangle = \{c_1\boldsymbol{a}_1 + \cdots + c_r\boldsymbol{a}_r \mid c_1, \cdots, c_r \in \boldsymbol{R}\}$$

は $\boldsymbol{R}^n$ の部分ベクトル空間である．

$\langle \boldsymbol{a}_1, \cdots, \boldsymbol{a}_r \rangle$ を，$\boldsymbol{a}_1, \cdots, \boldsymbol{a}_r$ が**張る部分ベクトル空間**という．

証明　例題 4.4 (2) と同様に証明できる．■

例題 4.6 ベクトル

$$\boldsymbol{a}_1 = \begin{bmatrix} 1 \\ 2 \\ 3 \end{bmatrix}, \quad \boldsymbol{a}_2 = \begin{bmatrix} 2 \\ 1 \\ 3 \end{bmatrix}, \quad \boldsymbol{a}_3 = \begin{bmatrix} 2 \\ 3 \\ 5 \end{bmatrix}$$

が張る部分ベクトル空間 $\langle \boldsymbol{a}_1, \boldsymbol{a}_2, \boldsymbol{a}_3 \rangle$ に，次のベクトルが含まれるかどうかを調べよ．

(1) $\boldsymbol{x} = \begin{bmatrix} 1 \\ 7 \\ 8 \end{bmatrix}$ (2) $\boldsymbol{y} = \begin{bmatrix} 3 \\ 2 \\ 1 \end{bmatrix}$

解答 (1) $\boldsymbol{x}$ が $\langle \boldsymbol{a}_1, \boldsymbol{a}_2, \boldsymbol{a}_3 \rangle$ に含まれることは

$$\boldsymbol{x} = x_1\boldsymbol{a}_1 + x_2\boldsymbol{a}_2 + x_3\boldsymbol{a}_3$$

をみたす実数 x_1，x_2，x_3 が存在することと同値で，連立1次方程式

$$\begin{cases} x_1 + 2x_2 + 2x_3 = 1 \\ 2x_1 + x_2 + 3x_3 = 7 \\ 3x_1 + 3x_2 + 5x_3 = 8 \end{cases}$$

が解を持つこととも同値である．

$x_1 = 3$，$x_2 = -2$，$x_3 = 1$ は，上の連立方程式の解であり，$\boldsymbol{x}$ は，$\boldsymbol{x} = 3\boldsymbol{a}_1 + (-2)\boldsymbol{a}_2 + \boldsymbol{a}_3$ と表せる．したがって $\boldsymbol{x}$ は $\langle \boldsymbol{a}_1, \boldsymbol{a}_2, \boldsymbol{a}_3 \rangle$ に含まれる．

(2) $\boldsymbol{a}_1$，$\boldsymbol{a}_2$，$\boldsymbol{a}_3$ を行ベクトルとする3次正方行列を $A = [\boldsymbol{a}_1, \boldsymbol{a}_2, \boldsymbol{a}_3]$ とする．$\boldsymbol{y} \in \langle \boldsymbol{a}_1, \boldsymbol{a}_2, \boldsymbol{a}_3 \rangle$ となることは，y_1，y_2，y_3 に関する連立1次方程式

$$y_1\boldsymbol{a}_1 + y_2\boldsymbol{a}_2 + y_3\boldsymbol{a}_3 = A\begin{bmatrix} y_1 \\ y_2 \\ y_3 \end{bmatrix} = \begin{bmatrix} 3 \\ 2 \\ 1 \end{bmatrix}$$

が解を持つことと同値である．上の連立1次方程式の拡大係数行列を $\widetilde{A}$ とおくとき，

$$A = \begin{bmatrix} 1 & 2 & 2 \\ 2 & 1 & 3 \\ 3 & 3 & 5 \end{bmatrix}, \quad \widetilde{A} = \left[\begin{array}{ccc:c} 1 & 2 & 2 & 3 \\ 2 & 1 & 3 & 2 \\ 3 & 3 & 5 & 1 \end{array}\right]$$

で，それぞれの階数は $\mathrm{rank}(A) = 2$, $\mathrm{rank}(\widetilde{A}) = 3$ となるから，定理 2.11

によって，連立1次方程式は解を持たない．したがって $\boldsymbol{y}$ は $\langle \boldsymbol{a}_1, \boldsymbol{a}_2, \boldsymbol{a}_3 \rangle$ の元ではない． ◆

一般に，次を示すことができる．

定理 4.6 $\boldsymbol{a}_1, \cdots, \boldsymbol{a}_r, \boldsymbol{b}$ を $\boldsymbol{R}^n$ の元とする．

(n, r) 行列 A および $(n, r+1)$ 行列 $\widetilde{A}$ を

$$A = [\boldsymbol{a}_1, \cdots, \boldsymbol{a}_r], \qquad \widetilde{A} = [\boldsymbol{a}_1, \cdots, \boldsymbol{a}_r, \boldsymbol{b}]$$

とするとき，次の2つの条件は同値である．

(1) $\boldsymbol{b}$ は，$\boldsymbol{a}_1, \cdots, \boldsymbol{a}_r$ が張る部分ベクトル空間 $\langle \boldsymbol{a}_1, \cdots, \boldsymbol{a}_r \rangle$ に含まれる．

(2) $\mathrm{rank}(A) = \mathrm{rank}(\widetilde{A})$ が成り立つ．

証明 $\boldsymbol{b}$ が $\langle \boldsymbol{a}_1, \cdots, \boldsymbol{a}_r \rangle$ に含まれることと，未知数 $x_1, x_2, \cdots, x_r$ に関する連立1次方程式

$$x_1\boldsymbol{a}_1 + x_2\boldsymbol{a}_2 + \cdots + x_r\boldsymbol{a}_r = \boldsymbol{b} \tag{4.7}$$

が解を持つこととは同値である．

A は (4.7) の係数行列，$\widetilde{A}$ は (4.7) の拡大係数行列である．定理 2.11 により，(4.7) が解を持つことと $\mathrm{rank}(A) = \mathrm{rank}(\widetilde{A})$ とは同値である． ■

4.4.3 $\boldsymbol{R}^3$ の部分ベクトル空間

例題 4.7 U を $\boldsymbol{R}^3$ の部分ベクトル空間で，$U = \{\boldsymbol{0}\}$ でも $U = \boldsymbol{R}^3$ でもないものとする．このとき U は次のいずれかであることを示せ．

(1) $\boldsymbol{0}$ でない定ベクトル $\boldsymbol{a}$ があって $U = \{s\boldsymbol{a} \mid s \in \boldsymbol{R}\}$ である．

(2) 1次独立な定ベクトル $\boldsymbol{a}$，$\boldsymbol{b}$ があって，$U = \{s\boldsymbol{a} + t\boldsymbol{b} \mid s, t \in \boldsymbol{R}\}$ である．

解答 U は，$U = \{\boldsymbol{0}\}$ ではないから，$\boldsymbol{0}$ でない元 $\boldsymbol{a}$ を含む．

U の $\boldsymbol{0}$ でない元 $\boldsymbol{a}$ を1つ選んで固定し，$V = \{s\boldsymbol{a} \mid s \in \boldsymbol{R}\}$ とすると，V は $\boldsymbol{R}^3$ の部分ベクトル空間で，$V \subset U$ である．$V = U$ であれば (1) が成り立つ．

$V \neq U$ とする．このとき (2) が成り立つことを示す．

U の任意の元 $\boldsymbol{b}$ に対して，$\boldsymbol{a}, \boldsymbol{b}$ が1次従属になると仮定すると

$$s\boldsymbol{a} + t\boldsymbol{b} = \boldsymbol{0}, \qquad (s, t) \neq (0, 0)$$

をみたす実数 s，$t\,(\neq 0)$ が存在し，$\boldsymbol{b} = -\dfrac{s}{t}\boldsymbol{a} \in V$ となる．これは $V \neq U$ であることに矛盾するから，U の元 $\boldsymbol{b}$ を，$\boldsymbol{a}, \boldsymbol{b}$ が1次独立であるように選ぶことができる．

U の元 $\boldsymbol{b}$ で，$\boldsymbol{a}, \boldsymbol{b}$ が1次独立であるものを1つ選んで固定し $W = \{s\boldsymbol{a} + t\boldsymbol{b} \mid s, t \in \boldsymbol{R}\}$ とすると W は $\boldsymbol{R}^3$ の部分ベクトル空間で $W \subset U$ である．$W \neq U$ であるとすると，上と同様の議論により，$\boldsymbol{c} \in U$ で，$\boldsymbol{a}$，$\boldsymbol{b}$，$\boldsymbol{c}$ が1次独立であるものが存在することがわかる．このとき，定理 4.2 によって $\langle \boldsymbol{a}, \boldsymbol{b}, \boldsymbol{c} \rangle = \boldsymbol{R}^3$ となるが，これは $U \neq \boldsymbol{R}^3$ に矛盾する．したがって $U = \langle \boldsymbol{a}, \boldsymbol{b} \rangle$ である．◈

演習問題 4.4

4.4.1 $\boldsymbol{a}_1 = \begin{bmatrix} 1 \\ 2 \\ -3 \end{bmatrix}$, $\boldsymbol{a}_2 = \begin{bmatrix} 2 \\ -3 \\ 1 \end{bmatrix}$, $\boldsymbol{a}_3 = \begin{bmatrix} -3 \\ 1 \\ 2 \end{bmatrix}$ として $A = [\boldsymbol{a}_1, \boldsymbol{a}_2, \boldsymbol{a}_3]$ とおく．

(1) 列基本変形を何回か施して，A を $X = \begin{bmatrix} 1 & 0 & 0 \\ 0 & 1 & 0 \\ -1 & -1 & 0 \end{bmatrix}$ に変形せよ．

(2) (1) の変形の途中に現れるすべての行列のすべての列ベクトルが $\boldsymbol{R}^3$ の部分ベクトル空間 $\langle \boldsymbol{a}_1, \boldsymbol{a}_2, \boldsymbol{a}_3 \rangle$ の元であることを示せ．

4.4.2 $\boldsymbol{a}_1$, $\cdots$, $\boldsymbol{a}_n$, $\boldsymbol{y}$ を $\boldsymbol{R}^m$ の元とする．連立1次方程式

$$x_1\boldsymbol{a}_1 + \cdots + x_n\boldsymbol{a}_n = \boldsymbol{y}$$

が解を持つことと $\boldsymbol{y} \in \langle \boldsymbol{a}_1, \cdots, \boldsymbol{a}_n \rangle$ は同値であることを示せ．

4.4.3 (m, n) 行列 $A = [a_{ij}]$ を係数行列とする同次連立1次方程式

$$\begin{cases} a_{11}x_1 + \cdots + a_{1n}x_n = 0 \\ \qquad\vdots \\ a_{m1}x_1 + \cdots + a_{mn}x_n = 0 \end{cases}$$

の解全体の集合 U は，$\boldsymbol{R}^n$ の部分ベクトル空間になることを示せ．

4.5 基　底

$\mathbf{0}$ でない 2 つの平面ベクトル $\boldsymbol{a}$，$\boldsymbol{b}$ が平行ではないとき，任意の平面ベクトル $\boldsymbol{x}$ は，$\boldsymbol{a}$，$\boldsymbol{b}$ の 1 次結合でただ一通りに表せる．また，空間 $\boldsymbol{R}^3$ の点 P の座標が $\mathrm{P}(x_1, x_2, x_3)$ であるとき，ベクトル $\overrightarrow{\mathrm{OP}} = {}^t[x_1, x_2, x_3]$ は，基本ベクトル $\boldsymbol{e}_1 = {}^t[1, 0, 0]$，$\boldsymbol{e}_2 = {}^t[0, 1, 0]$，$\boldsymbol{e}_3 = {}^t[0, 0, 1]$ の 1 次結合として，$\boldsymbol{x} = x_1\boldsymbol{e}_1 + x_2\boldsymbol{e}_2 + x_3\boldsymbol{e}_3$ とただ一通りに表せる．

この節では，上の 2 つの例と同様の性質を持つベクトルについて学ぶ．

4.5.1 基　底

U を $\boldsymbol{R}^n$ の部分ベクトル空間とする．

U の元 $\boldsymbol{a}_1, \cdots, \boldsymbol{a}_m$ に対して以下の性質が成り立つとき，ベクトルの組 $\{\boldsymbol{a}_1, \boldsymbol{a}_2, \cdots, \boldsymbol{a}_m\}$ は U の**基底**であるという；

> U の任意の元 $\boldsymbol{x}$ を，$\boldsymbol{a}_1, \cdots, \boldsymbol{a}_m$ の 1 次結合で表すことができる．さらに，その表し方はただ一通りである．

例題 4.8　次の (1)～(3) を示せ．

(1)　$\boldsymbol{e}_1 = {}^t[1, 0]$，$\boldsymbol{e}_2 = {}^t[0, 1]$ とおくとき，ベクトルの組 $\{\boldsymbol{e}_1, \boldsymbol{e}_2\}$ は $\boldsymbol{R}^2$ の基底である．

(2)　$\boldsymbol{e}_1 = {}^t[1, 0, \cdots, 0]$，$\boldsymbol{e}_2 = {}^t[0, 1, \cdots, 0]$，$\cdots$，$\boldsymbol{e}_n = {}^t[0, 0, \cdots, 1]$ とおく．ベクトルの組 $\{\boldsymbol{e}_1, \boldsymbol{e}_2, \cdots, \boldsymbol{e}_n\}$ は $\boldsymbol{R}^n$ の基底である（$\boldsymbol{R}^n$ の**標準基底**という）．

(3)　$\boldsymbol{R}^3$ の元

$$\boldsymbol{a} = \begin{bmatrix} a_1 \\ a_2 \\ a_3 \end{bmatrix}, \quad \boldsymbol{b} = \begin{bmatrix} b_1 \\ b_2 \\ b_3 \end{bmatrix}, \quad \boldsymbol{c} = \begin{bmatrix} c_1 \\ c_2 \\ c_3 \end{bmatrix}$$

が1次独立であるとき，ベクトルの組 $\{\boldsymbol{a}, \boldsymbol{b}, \boldsymbol{c}\}$ は $\boldsymbol{R}^3$ の基底である．

解答　(1)　$\boldsymbol{R}^2$ の任意の元 $\boldsymbol{x} = {}^t[x, y]$ は，$\boldsymbol{e}_1, \boldsymbol{e}_2$ の1次結合で $\boldsymbol{x} = x\boldsymbol{e}_1 + y\boldsymbol{e}_2$ と表せる．

$\boldsymbol{x}$ が $\boldsymbol{x} = x'\boldsymbol{e}_1 + y'\boldsymbol{e}_2 = {}^t[x', y']$ とも表せたとすると，${}^t[x, y] = {}^t[x', y']$ である．このとき $x = x'$, $y = y'$ となるから，$\boldsymbol{x}$ を $\boldsymbol{e}_1$, $\boldsymbol{e}_2$ の1次結合で表す表し方はただ一通りである．

(2)　(1) と同様に示せるから省略する．

(3)　定理4.2から明らかである．◆

$\boldsymbol{R}^n$ の部分ベクトル空間の基底の性質を見ておこう．

定理 4.7　$\{\boldsymbol{a}_1, \boldsymbol{a}_2, \cdots, \boldsymbol{a}_m\}$ を，$\boldsymbol{R}^n$ の部分ベクトル空間 U の基底とする．このとき，$\boldsymbol{a}_1, \boldsymbol{a}_2, \cdots, \boldsymbol{a}_m$ は1次独立である．

証明　自明な1次関係式

$$\boldsymbol{0} = 0\boldsymbol{a}_1 + 0\boldsymbol{a}_2 + \cdots + 0\boldsymbol{a}_m \tag{4.8}$$

が成り立つことに注意する．

c_1, c_2, $\cdots$, c_m を実数とする．$\boldsymbol{a}_1$, $\boldsymbol{a}_2$, $\cdots$, $\boldsymbol{a}_m$ の1次関係式

$$\boldsymbol{0} = c_1\boldsymbol{a}_1 + c_2\boldsymbol{a}_2 + \cdots + c_m\boldsymbol{a}_m \tag{4.9}$$

が成り立つとすると，$\boldsymbol{0}$ を $\boldsymbol{a}_1$, $\boldsymbol{a}_2$, $\cdots$, $\boldsymbol{a}_m$ の1次結合として表す表し方が一通りに限ることから，(4.8) と (4.9) を比較して

$$c_1 = 0, \quad c_2 = 0, \quad \cdots, \quad c_m = 0$$

となる．したがって $\boldsymbol{a}_1$, $\boldsymbol{a}_2$, $\cdots$, $\boldsymbol{a}_m$ は1次独立である．■

定理 4.8　$\boldsymbol{R}^n$ の部分ベクトル空間 U の元 $\boldsymbol{a}_1$, $\boldsymbol{a}_2$, $\cdots$, $\boldsymbol{a}_m$ に対して次の条件 (B1) および (B2) が成り立つならば，$\{\boldsymbol{a}_1, \boldsymbol{a}_2, \cdots, \boldsymbol{a}_m\}$ は U の基底である．

(B1)　$\boldsymbol{a}_1$, $\boldsymbol{a}_2$, $\cdots$, $\boldsymbol{a}_m$ は1次独立である．

(B2)　U の任意の元 $\boldsymbol{x}$ を $\boldsymbol{a}_1$, $\boldsymbol{a}_2$, $\cdots$, $\boldsymbol{a}_m$ の1次結合で表すことができ

る.

証明 $\boldsymbol{a}_1, \boldsymbol{a}_2, \cdots, \boldsymbol{a}_m$ が (B1), (B2) をみたすとき, U の任意の元 $\boldsymbol{x}$ を $\boldsymbol{a}_1, \boldsymbol{a}_2, \cdots, \boldsymbol{a}_m$ の 1 次結合で表す表し方がただ一通りであることを示せばよい.

(B2) によって $\boldsymbol{x}$ を $\boldsymbol{a}_1, \boldsymbol{a}_2, \cdots, \boldsymbol{a}_m$ の 1 次結合で表すことができる. $\boldsymbol{x}$ が

$$\boldsymbol{x} = x_1\boldsymbol{a}_1 + x_2\boldsymbol{a}_2 + \cdots + x_m\boldsymbol{a}_m \tag{4.10}$$

$$\boldsymbol{x} = y_1\boldsymbol{a}_1 + y_2\boldsymbol{a}_2 + \cdots + y_m\boldsymbol{a}_m \tag{4.11}$$

と, 二通りに表されたとしよう. ここで, (4.10), (4.11) の両辺同士の差をとると

$$\boldsymbol{0} = (x_1 - y_1)\boldsymbol{a}_1 + (x_2 - y_2)\boldsymbol{a}_2 + \cdots + (x_m - y_m)\boldsymbol{a}_m$$

となる. (B1) より $\boldsymbol{a}_1, \boldsymbol{a}_2, \cdots, \boldsymbol{a}_m$ は 1 次独立だから

$$x_1 = y_1, \quad x_2 = y_2, \quad \cdots, \quad x_m = y_m$$

となる. ■

一般に次が成り立つ.

定理 4.9 $\boldsymbol{a}_1, \boldsymbol{a}_2, \cdots, \boldsymbol{a}_n$ を $\boldsymbol{R}^n$ の元とするとき次は同値である.

(1) $A = [\boldsymbol{a}_1, \boldsymbol{a}_2, \cdots, \boldsymbol{a}_n]$ は正則行列である.

(2) $A = [\boldsymbol{a}_1, \boldsymbol{a}_2, \cdots, \boldsymbol{a}_n]$ の行列式 $|A|$ は 0 でない.

(3) $\boldsymbol{a}_1, \boldsymbol{a}_2, \cdots, \boldsymbol{a}_n$ は 1 次独立である.

(4) $\{\boldsymbol{a}_1, \boldsymbol{a}_2, \cdots, \boldsymbol{a}_n\}$ は $\boldsymbol{R}^n$ の基底である.

証明 (1) と (2) が同値であることは定理 3.15 で, (2) と (3) が同値であることは定理 4.4 で示されている. また, (4) から (3) が導かれることは定理 4.7 を $U = \boldsymbol{R}^n$ として用いればわかる.

以上のことから, (3) から (4) が導かれることを示せばよいが, 定理 4.8 を $U = \boldsymbol{R}^n$ として用いれば, 次を示せばよいことがわかる.

(B2) $\boldsymbol{R}^n$ の任意の元 $\boldsymbol{x}$ を $\boldsymbol{a}_1, \boldsymbol{a}_2, \cdots, \boldsymbol{a}_n$ の 1 次結合で表すことができる.

$\boldsymbol{x} \in \boldsymbol{R}^n$ が $\boldsymbol{a}_1, \boldsymbol{a}_2, \cdots, \boldsymbol{a}_n$ の 1 次結合で表せることは未知数 $c_1, \cdots, c_n$ の連立 1 次方程式

$$\boldsymbol{x} = c_1\boldsymbol{a}_1 + \cdots + c_n\boldsymbol{a}_n = A\,{}^t[c_1, \cdots, c_n]$$

が解を持つことと同値である．条件 (3) と (1) は同値だから ${}^t[c_1, \cdots, c_n] = A^{-1}\boldsymbol{x}$ となる．すなわち $\boldsymbol{x}$ は $\boldsymbol{a}_1, \boldsymbol{a}_2, \cdots, \boldsymbol{a}_n$ の1次結合で表せる． ■

4.5.2 次　元

$\boldsymbol{R}^n$ の部分ベクトル空間の基底は一組だけではないが，U の m 個のベクトルの組 $\{\boldsymbol{a}_1, \boldsymbol{a}_2, \cdots, \boldsymbol{a}_m\}$ が U の基底であるとき，U の別の基底 $\{\boldsymbol{b}_1, \boldsymbol{b}_2, \cdots, \boldsymbol{b}_l\}$ を構成するベクトルの個数 l は m に等しいことが示せる．

そこで，次の定義をする．

U を $\boldsymbol{R}^n$ の部分ベクトル空間とする．U のある一組の基底が m 個のベクトルで構成されているとき，U の**次元**は m である，あるいは U は m 次元であるという．U の次元を

$$\dim U$$

と表す．

例 4.2　$\boldsymbol{R}^n$ は，n 個のベクトルで構成された基底 $\{\boldsymbol{e}_1, \cdots, \boldsymbol{e}_n\}$（標準基底）を持つから

$$\dim \boldsymbol{R}^n = n$$

である． ◆

例題 4.9　$\boldsymbol{R}^3$ の元

$$\boldsymbol{a}_1 = \begin{bmatrix} 1 \\ 2 \\ 2 \end{bmatrix}, \quad \boldsymbol{a}_2 = \begin{bmatrix} 2 \\ 3 \\ 2 \end{bmatrix}, \quad \boldsymbol{a}_3 = \begin{bmatrix} 3 \\ 4 \\ 2 \end{bmatrix}$$

が張る部分ベクトル空間 $U = \langle \boldsymbol{a}_1, \boldsymbol{a}_2, \boldsymbol{a}_3 \rangle$ の基底を求めよ．

解答　ベクトル $\boldsymbol{a}_1$, $\boldsymbol{a}_2$, $\boldsymbol{a}_3$ に対して，自明でない1次関係式 $\boldsymbol{a}_1 + (-2)\boldsymbol{a}_2 + \boldsymbol{a}_3 = \boldsymbol{0}$ が成り立つ．$\boldsymbol{a}_3 = -\boldsymbol{a}_1 + 2\boldsymbol{a}_2$ となるから，$\boldsymbol{a}_1$, $\boldsymbol{a}_2$, $\boldsymbol{a}_3$ の1次結合 $x\boldsymbol{a}_1 + y\boldsymbol{a}_2 + z\boldsymbol{a}_3$ は

$$x\boldsymbol{a}_1 + y\boldsymbol{a}_2 + z\boldsymbol{a}_3 = (x - z)\boldsymbol{a}_1 + (y + 2z)\boldsymbol{a}_2$$

となり $\boldsymbol{a}_1$，$\boldsymbol{a}_2$ の1次結合で表される．

$\boldsymbol{a}_1$，$\boldsymbol{a}_2$ は1次独立だから，定理4.7により $\{\boldsymbol{a}_1, \boldsymbol{a}_2\}$ は U の基底である．◇

例題4.9についてもう少し考察してみよう．

列ベクトルが順に $\boldsymbol{a}_1$，$\boldsymbol{a}_2$，$\boldsymbol{a}_3$ である行列を $A = \begin{bmatrix} 1 & 2 & 3 \\ 2 & 3 & 4 \\ 2 & 2 & 2 \end{bmatrix}$ とする．

A の第1列の -2 倍を第2列に，-3 倍を第3列に加えてできる行列を B とする．B の列ベクトルを左から順に $\boldsymbol{b}_1$，$\boldsymbol{b}_2$，$\boldsymbol{b}_3$ とすると

$$\boldsymbol{b}_1 = \boldsymbol{a}_1, \qquad \boldsymbol{b}_2 = \boldsymbol{a}_2 - 2\boldsymbol{a}_1, \qquad \boldsymbol{b}_3 = \boldsymbol{a}_3 - 3\boldsymbol{a}_1$$

であり，$\boldsymbol{b}_1$，$\boldsymbol{b}_2$，$\boldsymbol{b}_3$ の1次結合は，$\boldsymbol{a}_1$，$\boldsymbol{a}_2$，$\boldsymbol{a}_3$ の1次結合で表せる．すなわち

$$\langle \boldsymbol{b}_1, \boldsymbol{b}_2, \boldsymbol{b}_3 \rangle \subset \langle \boldsymbol{a}_1, \boldsymbol{a}_2, \boldsymbol{a}_3 \rangle$$

が成り立つ．同様にして $\langle \boldsymbol{b}_1, \boldsymbol{b}_2, \boldsymbol{b}_3 \rangle \supset \langle \boldsymbol{a}_1, \boldsymbol{a}_2, \boldsymbol{a}_3 \rangle$ が成り立つことも容易にわかるから

$$\langle \boldsymbol{b}_1, \boldsymbol{b}_2, \boldsymbol{b}_3 \rangle = \langle \boldsymbol{a}_1, \boldsymbol{a}_2, \boldsymbol{a}_3 \rangle$$

である．

一般に次のことがわかる．

定理 4.10　(n, m) 行列 $A = [\boldsymbol{a}_1, \cdots, \boldsymbol{a}_m]$ に列基本変形を行って行列 $B = [\boldsymbol{b}_1, \cdots, \boldsymbol{b}_m]$ が得られたとする．このとき A の列ベクトルの全体が張る $\boldsymbol{R}^n$ の部分ベクトル空間 $\langle \boldsymbol{a}_1, \cdots, \boldsymbol{a}_m \rangle$ と B の列ベクトルの全体が張る $\boldsymbol{R}^n$ の部分ベクトル空間 $\langle \boldsymbol{b}_1, \cdots, \boldsymbol{b}_m \rangle$ は一致する．

例題 4.9 の別解　列ベクトルが順に $\boldsymbol{a}_1$，$\boldsymbol{a}_2$，$\boldsymbol{a}_3$ である行列を $A = \begin{bmatrix} 1 & 2 & 3 \\ 2 & 3 & 4 \\ 2 & 2 & 2 \end{bmatrix}$

とし，A に列基本変形を施すと

$$A = \begin{bmatrix} 1 & 2 & 3 \\ 2 & 3 & 4 \\ 2 & 2 & 2 \end{bmatrix} \longrightarrow \begin{bmatrix} 1 & 0 & 0 \\ 2 & -1 & -2 \\ 2 & -2 & -4 \end{bmatrix} \longrightarrow \begin{bmatrix} 1 & 0 & 0 \\ 2 & 1 & 0 \\ 2 & 2 & 0 \end{bmatrix}$$

となる．$\boldsymbol{b}_1 = {}^t[1, 2, 2]$，$\boldsymbol{b}_2 = {}^t[0, 1, 2]$ とおくと，定理 4.10 によって U の任意の元は $\boldsymbol{b}_1$，$\boldsymbol{b}_2$ の 1 次結合で表せる．$\boldsymbol{b}_1$，$\boldsymbol{b}_2$ は明らかに 1 次独立だから定理 4.7 によって $\{\boldsymbol{b}_1, \boldsymbol{b}_2\}$ は U の基底である．◆

例題 4.9 において $\dim U = 2$ であり $\mathrm{rank}(A) = 2$ である．一般に次が成り立つ．

系 4.11　$\boldsymbol{a}_1$，$\cdots$，$\boldsymbol{a}_m$ を $\boldsymbol{R}^n$ の元とし，$A = [\boldsymbol{a}_1, \cdots, \boldsymbol{a}_m]$ とする．このとき

$$\mathrm{rank}(A) = \dim \langle \boldsymbol{a}_1, \cdots, \boldsymbol{a}_m \rangle$$

が成り立つ．

演習問題 4.5

4.5.1　ベクトル $\boldsymbol{x} = \begin{bmatrix} x \\ y \\ z \end{bmatrix}$ を，$\boldsymbol{a}_1 = \begin{bmatrix} 1 \\ 1 \\ 1 \end{bmatrix}$，$\boldsymbol{a}_2 = \begin{bmatrix} 1 \\ 2 \\ 2 \end{bmatrix}$，$\boldsymbol{a}_3 = \begin{bmatrix} 1 \\ 2 \\ 3 \end{bmatrix}$ の 1 次結合で表せ．

4.5.2　$\boldsymbol{a}_1 = \begin{bmatrix} 1 \\ -2 \\ 1 \end{bmatrix}$，$\boldsymbol{a}_2 = \begin{bmatrix} -1 \\ 1 \\ 2 \end{bmatrix}$，$\boldsymbol{a}_3 = \begin{bmatrix} 1 \\ 1 \\ -7 \end{bmatrix}$ とするとき，$\boldsymbol{R}^3$ の任意の元 $\boldsymbol{x}$ を $\boldsymbol{a}_1$，$\boldsymbol{a}_2$，$\boldsymbol{a}_3$ の 1 次結合で表す表し方はただ一通りであることを示せ．

4.5.3　$\boldsymbol{a}_1 = \begin{bmatrix} 1 \\ -2 \\ 1 \\ 0 \end{bmatrix}$，$\boldsymbol{a}_2 = \begin{bmatrix} 1 \\ 1 \\ -3 \\ 1 \end{bmatrix}$，$\boldsymbol{a}_3 = \begin{bmatrix} 3 \\ 2 \\ 1 \\ -6 \end{bmatrix}$，$\boldsymbol{a}_4 = \begin{bmatrix} 2 \\ 1 \\ 1 \\ -4 \end{bmatrix}$ が張る $\boldsymbol{R}^4$ の部分ベクトル空間を U とする．U の一組の基底と次元を求めよ．

4.6　基底の取り替え

U を数ベクトル空間 $\boldsymbol{R}^n$ の m 次元部分ベクトル空間とする．U の基底

$\{\boldsymbol{u}_1, \cdots, \boldsymbol{u}_m\}$ を定めると，U の元 $\boldsymbol{x}$ は 1 次結合 $\boldsymbol{x} = x_1\boldsymbol{u}_1 + \cdots + x_m\boldsymbol{u}_m$ で，ただ一通りに表される．実数の組 $[x_1, \cdots, x_m]$ は基底を取り替えると変化する．ここでは，基底の取り替えと実数の組 $[x_1, \cdots, x_m]$ の変化の関係について考察する．

4.6.1 座標軸の回転

平面座標における座標軸の回転について見ておこう．

平面の点 $\mathrm{P}(x, y)$ を終点とする位置ベクトル $\overrightarrow{\mathrm{OP}}$ は，基本ベクトル $\boldsymbol{e}_1 = {}^t[1, 0]$，$\boldsymbol{e}_2 = {}^t[0, 1]$ の 1 次結合 $x\boldsymbol{e}_1 + y\boldsymbol{e}_2$ で表される．

原点を中心として θ ラジアンだけ $\boldsymbol{e}_1$，$\boldsymbol{e}_2$ を回転したベクトルを，それぞれ $\boldsymbol{u}_1$，$\boldsymbol{u}_2$ とすると

$$\boldsymbol{u}_1 = {}^t[\cos\theta,\ \sin\theta], \qquad \boldsymbol{u}_2 = {}^t[-\sin\theta,\ \cos\theta]$$

である．$\{\boldsymbol{u}_1, \boldsymbol{u}_2\}$ も $\boldsymbol{R}^2$ の基底だから，$\overrightarrow{\mathrm{OP}}$ は $\boldsymbol{u}_1$，$\boldsymbol{u}_2$ の 1 次結合で $\overrightarrow{\mathrm{OP}} = X\boldsymbol{u}_1 + Y\boldsymbol{u}_2$ とただ一通りに表される．よって

$$\overrightarrow{\mathrm{OP}} = x\boldsymbol{e}_1 + y\boldsymbol{e}_2 = X\boldsymbol{u}_1 + Y\boldsymbol{u}_2 \tag{4.12}$$

となり，これを成分を用いて表すと

$$\begin{bmatrix} x \\ y \end{bmatrix} = \begin{bmatrix} \cos\theta & -\sin\theta \\ \sin\theta & \cos\theta \end{bmatrix} \begin{bmatrix} X \\ Y \end{bmatrix}$$

となる．

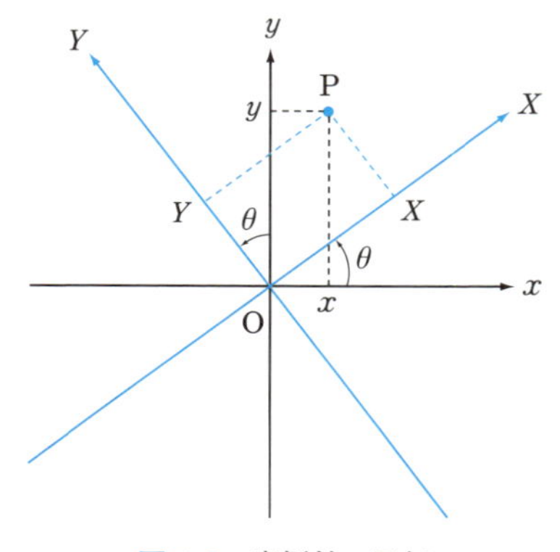

図 4.3 座標軸の回転

(X, Y) は図 4.3 でわかるように，x 軸および y 軸を θ ラジアンだけ回転した軸を，それぞれ X 軸および Y 軸としたときの XY 座標系における P の座標である．

4.6.2　基底の取り替え

座標平面の点 $\mathrm{P}(x, y)$ を終点とするベクトル $\overrightarrow{\mathrm{OP}}$ を，標準基底 $\{\boldsymbol{e}_1, \boldsymbol{e}_2\}$ の 1 次結合で表すと

$$\overrightarrow{\mathrm{OP}} = x\boldsymbol{e}_1 + y\boldsymbol{e}_2 \tag{4.13}$$

となる．

$\{\boldsymbol{u}_1, \boldsymbol{u}_2\}$ を $\boldsymbol{R}^2$ の基底とすると，ベクトル $\overrightarrow{\mathrm{OP}}$ は $\boldsymbol{u}_1$，$\boldsymbol{u}_2$ の 1 次結合でただ一通りに表される；

$$\overrightarrow{\mathrm{OP}} = X\boldsymbol{u}_1 + Y\boldsymbol{u}_2 \tag{4.14}$$

$\boldsymbol{R}^2$ の一組の基底を定めておくと，(4.14) によって点 P に対して実数の組 $[X, Y]$ がただ一通りに定まる．$[X, Y]$ を，基底 $\{\boldsymbol{u}_1, \boldsymbol{u}_2\}$ に関する P の**座標**という．

前ページの例は，ベクトル $\overrightarrow{\mathrm{OP}}$ を基底 $\{\boldsymbol{e}_1, \boldsymbol{e}_2\}$ および $\{\boldsymbol{u}_1, \boldsymbol{u}_2\}$ の 1 次結合で表したときの座標の変化を調べたものである．

一般に，二組の基底の間の関係から座標がどのように変化するかを調べることにする．

X を $\boldsymbol{R}^n$ の m 次元部分ベクトル空間とし，

$$\{\boldsymbol{u}\} = \{\boldsymbol{u}_1, \cdots, \boldsymbol{u}_m\}, \qquad \{\boldsymbol{v}\} = \{\boldsymbol{v}_1, \cdots, \boldsymbol{v}_m\}$$

を X の基底とする．

$\boldsymbol{v}_j$ は，ベクトル $\boldsymbol{u}_1$，$\cdots$，$\boldsymbol{u}_m$ の 1 次結合

$$\boldsymbol{v}_j = \sum_{i=1}^{m} t_{ij}\boldsymbol{u}_i \tag{4.15}$$

でただ一通りに表される．(4.15) で定まる t_{ij} を成分に持つ m 次正方行列 $T = [t_{ij}]$ を，基底 $\{\boldsymbol{u}\}$ を $\{\boldsymbol{v}\}$ に取り替えるときの**取り替え行列**という．

例題 4.10 $\boldsymbol{a}_1 = \begin{bmatrix} 2 \\ 3 \end{bmatrix}$, $\boldsymbol{a}_2 = \begin{bmatrix} 1 \\ 2 \end{bmatrix}$, $\boldsymbol{b}_1 = \begin{bmatrix} 3 \\ 2 \end{bmatrix}$, $\boldsymbol{b}_2 = \begin{bmatrix} 2 \\ 1 \end{bmatrix}$ とすると，$\{\boldsymbol{a}_1, \boldsymbol{a}_2\}$ および $\{\boldsymbol{b}_1, \boldsymbol{b}_2\}$ は $\boldsymbol{R}^2$ の基底であることを示し，基底 $\{\boldsymbol{a}\}$ を $\{\boldsymbol{b}\}$ に取り替えるときの取り替え行列 T を求めよ．

解答 $A = [\boldsymbol{a}_1, \boldsymbol{a}_2] = \begin{bmatrix} 2 & 1 \\ 3 & 2 \end{bmatrix}$, $B = [\boldsymbol{b}_1, \boldsymbol{b}_2] = \begin{bmatrix} 3 & 2 \\ 2 & 1 \end{bmatrix}$ とおく．

$|A| = 1$, $|B| = -1$ だから，定理 4.9 により $\{\boldsymbol{a}\}$ も $\{\boldsymbol{b}\}$ も $\boldsymbol{R}^2$ の基底である．

$\boldsymbol{b}_1$, $\boldsymbol{b}_2$ は，それぞれ $\boldsymbol{a}_1$, $\boldsymbol{a}_2$ の 1 次結合として

$$\boldsymbol{b}_1 = 4\boldsymbol{a}_1 + (-5)\boldsymbol{a}_2, \qquad \boldsymbol{b}_2 = 3\boldsymbol{a}_1 + (-4)\boldsymbol{a}_2 \tag{4.16}$$

と表されるから，$T = \begin{bmatrix} 4 & 3 \\ -5 & -4 \end{bmatrix}$ である． ◆

(4.16) をまとめて

$$B = [\boldsymbol{b}_1, \boldsymbol{b}_2] = [\boldsymbol{a}_1, \boldsymbol{a}_2]T = [\boldsymbol{a}_1, \boldsymbol{a}_2]\begin{bmatrix} 4 & 3 \\ -5 & -4 \end{bmatrix}$$

と書くことができる．

一般に，$\{\boldsymbol{u}_1, \cdots, \boldsymbol{u}_m\}$ および $\{\boldsymbol{v}_1, \cdots, \boldsymbol{v}_m\}$ が，$\boldsymbol{R}^n$ の m 次元部分ベクトル空間の基底であるとき，(n, m) 行列 U, V を，それぞれ $U = [\boldsymbol{u}_1, \cdots, \boldsymbol{u}_m]$, $V = [\boldsymbol{v}_1, \cdots, \boldsymbol{v}_m]$ とすれば，(4.15) を行列の積を用いて

$$V = UT \tag{4.17}$$

と書くことができる．

とくに，$m = n$ のとき，U は正則行列だから，(4.17) を用いて次が示せる．

定理 4.12 $\{\boldsymbol{u}\} = \{\boldsymbol{u}_1, \cdots, \boldsymbol{u}_n\}$ および $\{\boldsymbol{v}\} = \{\boldsymbol{v}_1, \cdots, \boldsymbol{v}_n\}$ を $\boldsymbol{R}^n$ の基底とし，$U = [\boldsymbol{u}_1, \cdots, \boldsymbol{u}_n]$, $V = [\boldsymbol{v}_1, \cdots, \boldsymbol{v}_n]$ とおく．

基底 $\{\boldsymbol{u}\}$ を $\{\boldsymbol{v}\}$ に取り替えるときの取り替え行列 T は

$$T = U^{-1}V$$

である．

定理 4.13　$\{\boldsymbol{a}\}, \{\boldsymbol{b}\}, \{\boldsymbol{c}\}$ を $\boldsymbol{R}^n$ の m 次元ベクトル空間の基底とする．基底 $\{\boldsymbol{a}\}$ を $\{\boldsymbol{b}\}$ に取り替えるときの取り替え行列を S，$\{\boldsymbol{b}\}$ を $\{\boldsymbol{c}\}$ に取り替えるときの取り替え行列を T とするとき，
(1)　基底 $\{\boldsymbol{a}\}$ を $\{\boldsymbol{c}\}$ に取り替えるときの取り替え行列は ST である．
(2)　基底の取り替え行列は正則行列である．

証明　(1)　(n, m) 行列 A，B，C を，それぞれ $A = [\boldsymbol{a}_1, \cdots, \boldsymbol{a}_m]$，$B = [\boldsymbol{b}_1, \cdots, \boldsymbol{b}_m]$，$C = [\boldsymbol{c}_1, \cdots, \boldsymbol{c}_m]$ とおくとき

$$B = AS, \qquad C = BT$$

が成り立つから

$$C = BT = (AS)T = A(ST)$$

となる．よって基底 $\{\boldsymbol{a}\}$ を $\{\boldsymbol{c}\}$ に取り替えるときの取り替え行列は ST である．

(2)　基底 $\{\boldsymbol{a}\}$ を $\{\boldsymbol{b}\}$ に取り替えるときの取り替え行列を S とし，基底 $\{\boldsymbol{b}\}$ を $\{\boldsymbol{c}\}$ に取り替えるときの取り替え行列を T とする．$\{\boldsymbol{c}\} = \{\boldsymbol{a}\}$ として (1) を用いると基底 $\{\boldsymbol{a}\}$ を $\{\boldsymbol{a}\}$ に取り替えるときの取り替え行列は ST である．一方，取り替え行列の定義から $ST = E_m$（単位行列）である．

同様に $TS = E_m$ も示せるから T および S は正則行列である．■

4.6.3 座標変換

$\{\boldsymbol{u}_1, \cdots, \boldsymbol{u}_n\}$ を $\boldsymbol{R}^n$ の基底とする．$\boldsymbol{R}^n$ の任意の元 $\boldsymbol{x}$ に対して $\boldsymbol{x} = \sum_{i=1}^{n} x_i \boldsymbol{u}_i$ によって定まる実数の組 $[x_1, \cdots, x_n]$ を，$\boldsymbol{x}$ の基底 $\{\boldsymbol{u}_1, \cdots, \boldsymbol{u}_n\}$ に関する**座標**という．

定理 4.14 $\{\boldsymbol{u}_1, \cdots, \boldsymbol{u}_n\}$ および $\{\boldsymbol{v}_1, \cdots, \boldsymbol{v}_n\}$ を $\boldsymbol{R}^n$ の基底とし，基底 $\{\boldsymbol{u}_1, \cdots, \boldsymbol{u}_n\}$ を $\{\boldsymbol{v}_1, \cdots, \boldsymbol{v}_n\}$ に取り替えるときの取り替え行列を T とする．

$\boldsymbol{R}^n$ の元 $\boldsymbol{x}$ を，$\boldsymbol{u}_1$, $\cdots$, $\boldsymbol{u}_n$ の 1 次結合として表したときの座標を $[x_1, \cdots, x_n]$ とし，$\boldsymbol{v}_1$, $\cdots$, $\boldsymbol{v}_n$ の 1 次結合として表したときの座標を $[y_1, \cdots, y_n]$ とする．このとき

$$\begin{bmatrix} x_1 \\ \vdots \\ x_n \end{bmatrix} = T \begin{bmatrix} y_1 \\ \vdots \\ y_n \end{bmatrix}$$

が成り立つ．

証明 $T = [t_{ij}]$ とすると，基底の取り替え行列の定義から

$$\boldsymbol{v}_j = \sum_{i=1}^{n} t_{ij} \boldsymbol{u}_i$$

である．座標の定義から

$$\boldsymbol{x} = \sum_{i=1}^{n} x_i \boldsymbol{u}_i = \sum_{j=1}^{n} y_j \boldsymbol{v}_j$$

である．一方

$$\boldsymbol{x} = \sum_{j=1}^{n} y_j \boldsymbol{v}_j = \sum_{j=1}^{n} y_j \left(\sum_{i=1}^{n} t_{ij} \boldsymbol{u}_i \right) = \sum_{i=1}^{n} \left(\sum_{j=1}^{n} t_{ij} y_j \right) \boldsymbol{u}_i$$

となるから $x_i = \sum_{j=1}^{n} t_{ij} y_j$ $(1 \leq i \leq n)$ が成り立つ． ■

演習問題 4.6

4.6.1

$$\boldsymbol{u}_1 = \begin{bmatrix} 1 \\ 2 \\ 1 \end{bmatrix}, \quad \boldsymbol{u}_2 = \begin{bmatrix} 2 \\ 3 \\ 1 \end{bmatrix}, \quad \boldsymbol{u}_3 = \begin{bmatrix} 1 \\ 3 \\ 1 \end{bmatrix},$$

$$\boldsymbol{v}_1 = \begin{bmatrix} 1 \\ 1 \\ 1 \end{bmatrix}, \quad \boldsymbol{v}_2 = \begin{bmatrix} 1 \\ 2 \\ 2 \end{bmatrix}, \quad \boldsymbol{v}_3 = \begin{bmatrix} 2 \\ 1 \\ 0 \end{bmatrix}$$

とし $U=[\boldsymbol{u}_1,\boldsymbol{u}_2,\boldsymbol{u}_3]$，$V=[\boldsymbol{v}_1,\boldsymbol{v}_2,\boldsymbol{v}_3]$ とする．

(1)　ベクトル $\boldsymbol{v}_1$，$\boldsymbol{v}_2$，$\boldsymbol{v}_3$ を $\boldsymbol{u}_1$，$\boldsymbol{u}_2$，$\boldsymbol{u}_3$ の1次結合として表せ．

(2)　基底の取り替え $\{\boldsymbol{u}_1,\boldsymbol{u}_2,\boldsymbol{u}_3\}\longrightarrow\{\boldsymbol{v}_1,\boldsymbol{v}_2,\boldsymbol{v}_3\}$ の取り替え行列 T を求めよ．

(3)　$\boldsymbol{x}=x_1\boldsymbol{u}_1+x_2\boldsymbol{u}_2+x_3\boldsymbol{u}_3=U\,{}^t[x,y,z]$ を，$\boldsymbol{v}_1,\boldsymbol{v}_2,\boldsymbol{v}_3$ の1次結合として表せ．

4.6.2 $\boldsymbol{R}^3$ の基底

$$\boldsymbol{u}_1=\begin{bmatrix}1\\1\\2\end{bmatrix},\quad \boldsymbol{u}_2=\begin{bmatrix}1\\2\\1\end{bmatrix},\quad \boldsymbol{u}_3=\begin{bmatrix}1\\2\\2\end{bmatrix}$$

から基底

$$\boldsymbol{v}_1=\begin{bmatrix}1\\3\\2\end{bmatrix},\quad \boldsymbol{v}_2=\begin{bmatrix}1\\2\\1\end{bmatrix},\quad \boldsymbol{v}_3=\begin{bmatrix}1\\3\\1\end{bmatrix}$$

への取り替え行列を求めよ．

4.6.3 点 $\mathrm{P}(x,y)$ をベクトル $\vec{d}=(a,b)$ に沿って平行移動した点を $\mathrm{P}'(\xi,\eta)$ とする．$\begin{bmatrix}\xi\\\eta\\1\end{bmatrix}=A\begin{bmatrix}x\\y\\1\end{bmatrix}$ となる行列 A を求めよ．

複素数と線形写像

column

53ページで解説した複素数の積と行列の積の関係をもう少し考えてみよう．

複素数 z を極形式で表して $z=r(\cos\theta\cdot 1+\sin\theta\cdot i)$ と $\xi=x\cdot 1+y\cdot i$ の積を考える．$(\cos\theta\cdot 1+\sin\theta\cdot i)\xi$ は，ξ を原点を中心として θ だけ回転した点を表し，$z\xi$ は，さらにそれを r 倍した点を表す．

極形式に対応させて行列 $Z=aE+bJ$ を表すと

$$\begin{aligned}Z=aE+bJ&=a\begin{bmatrix}1&0\\0&1\end{bmatrix}+b\begin{bmatrix}0&-1\\1&0\end{bmatrix}\\&=r\begin{bmatrix}\cos\theta&-\sin\theta\\\sin\theta&\cos\theta\end{bmatrix}=\begin{bmatrix}r&0\\0&r\end{bmatrix}\begin{bmatrix}\cos\theta&-\sin\theta\\\sin\theta&\cos\theta\end{bmatrix}\end{aligned}$$

となり，$Z\begin{bmatrix} x \\ y \end{bmatrix}$ は，平面ベクトル $\begin{bmatrix} x \\ y \end{bmatrix}$ を原点のまわりに θ だけ回転した後に r 倍した点を表すことがわかる．

複素数には平面の点としての意味と，掛け算が複素平面の点の移動を表すという 2 つの意味があるが，複素数を点の移動（変換）として捉えると 53 ページで見た複素数と行列の対応はよく理解できる．このような一見無関係に見える事柄の対応を調べて，その対応を用いることも数学の面白さである．

正則な 2 次正方行列の全体を $GL(2, \boldsymbol{R})$ で，0 でない複素数の全体を $\boldsymbol{C}^{\times}$ で表す．53 ページで解説した対応関係は，写像 $\phi : \boldsymbol{C}^{\times} \longrightarrow GL(2, \boldsymbol{R})$ を

$\phi(a \cdot 1 + b \cdot i) = aE + bJ = \begin{bmatrix} a & -b \\ b & a \end{bmatrix}$ によって定めれば

$$\phi(z_1 z_2) = \phi(z_1)\phi(z_2) \qquad (z_1, z_2 \in \boldsymbol{C}^{\times}) \tag{4.18}$$

と表せる．$GL(2, \boldsymbol{R})$ も $\boldsymbol{C}^{\times}$ も**群**という構造を持っているが，(4.18) はそれらを同じとみなすことができることを示すものである．この例のように，数学的な構造の関連は集合の間の**写像**によって記述される．上の例からも写像の概念の重要性が理解されるであろう．

線形写像と固有値

5.1 線形写像

5.1.1 写 像

X, Yを集合とする ($X = Y$ でもよい)．Xの任意の元 x に対し，Yの元 y をただ1つ対応させる規則Fを，XからYへの**写像**という．FがXの元にYの元を対応させる写像であることを

$$F : X \longrightarrow Y$$

と表す．また，元 x に y が対応することを

$$y = F(x), \qquad F : x \longmapsto y$$

などで表す．写像Fによって x が y に対応することを，Fは x を y に写す，y はFによる x の**像**である，などということもある．

実数全体の集合を$\boldsymbol{R}$で，自然数全体の集合 $\{1, 2, 3, \cdots\}$ を$\boldsymbol{N}$で表す．

例 5.1 実数 x に対して x^2 を対応させる規則をFとする．

$$\begin{array}{rccc} F: & \boldsymbol{R} & \longrightarrow & \boldsymbol{R} \\ & \Psi & & \Psi \\ & x & \longmapsto & x^2 \end{array}$$

は，$\boldsymbol{R}$から$\boldsymbol{R}$への写像である． ◆

例 5.2 $X=Y=\boldsymbol{N}$ とする．

X の元 x に対して，x を割り切る自然数 y を対応させる．

という規則は，x に対応する y がただ1つとは限らないから写像ではない．◆

$F: X \longrightarrow Y$ を写像とする．F による，X の元 x の像全体のなす Y の部分集合を，F による X の**像**と呼んで $F(X)$ で表す．

$$F(X) = \{F(x) \in Y \mid x \in X\}$$

である．

$F(X) = Y$ が成り立つとき，すなわち Y の任意の元 y に対して $y = F(x)$ となる X の元 x が存在するとき，F は Y の**上への写像**（または**全射**）である

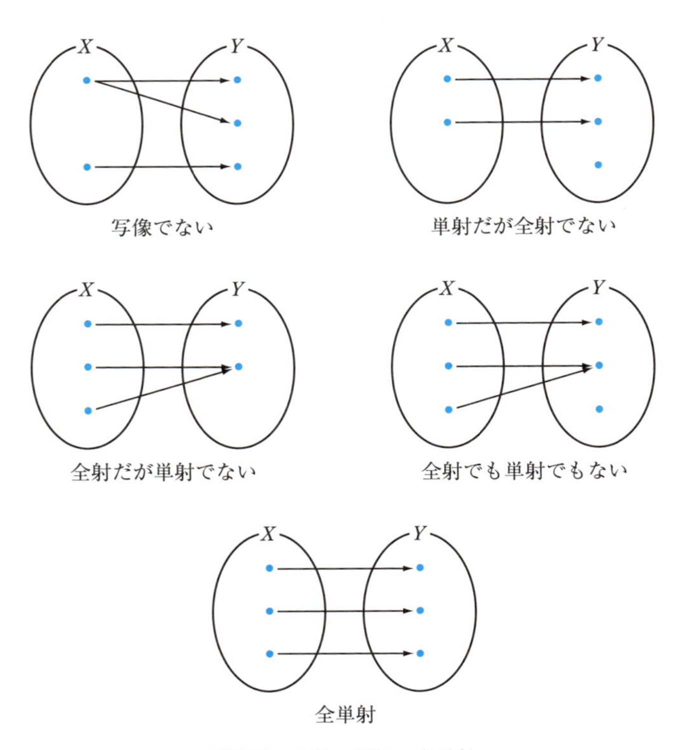

図 5.1 全射，単射，全単射

という．また，X の任意の元 x_1, x_2 に対して，$x_1 \neq x_2$ ならば $F(x_1) \neq F(x_2)$ が成り立つとき，F は **1:1の写像**（または**単射**）であるという．F が全射かつ単射であるとき，F は**全単射**であるという．

図5.1には全射，単射，全単射の様子が示されている．

例題 5.1　写像

$$F_1 : \boldsymbol{R} \longrightarrow \boldsymbol{R}\ ;\ x \longmapsto 2x$$

が全単射であることを示せ．

解答　任意の $y \in \boldsymbol{R}$ に対して，$x = y/2 \in \boldsymbol{R}$ とおくと

$$F_1(x) = F_1(y/2) = y$$

となるから，F_1 は全射である．

次に，F_1 が単射でもあることを示すために，定義の対偶

$$F(x_1) = F(x_2) \text{ ならば } x_1 = x_2 \text{ が成り立つ．}$$

を示そう．

$F_1(x_1) = F_1(x_2)$ とすると $2x_1 = 2x_2$ だから $x_1 = x_2$ である．

以上により，F_1 は全単射である．◇

例題 5.2　写像

$$F_2 : \boldsymbol{R} \longrightarrow \boldsymbol{R}^2\ ;\ x \longmapsto \begin{bmatrix} x \\ 2x \end{bmatrix}$$

は単射であるが全射ではないことを示せ．また，F_2 による $\boldsymbol{R}$ の像を求めよ．

解答　$\begin{bmatrix} x \\ 2x \end{bmatrix}$ を転置行列の記号を用いて ${}^t[x, 2x]$ と表す．

まず，F_2 が単射であることを示そう．$F_2(x) = F_2(y)$ とすると

$$F_2(x) = {}^t[x, 2x] = F_2(y) = {}^t[y, 2y]$$

で，$x = y$ となるから F_2 は単射である．

次に，F_2 が全射でないことを示そう．

$$F_2(x) = {}^t[x, 2x] = {}^t[1, 3]$$

となる x が存在するとしたら，$x = 1$ かつ $2x = 3$ となって矛盾だから F_2 は全射ではない．

F_2 による $\boldsymbol{R}$ の像は

$$F_2(\boldsymbol{R}) = \{{}^t[x, 2x] \mid x \in \boldsymbol{R}\}$$

である．すなわち $F_2(\boldsymbol{R})$ は $\boldsymbol{R}^2$ 内の直線 $y = 2x$ である． ◇

例題 5.3 写像

$$F_3 : \boldsymbol{R}^2 \longrightarrow \boldsymbol{R} ; \ {}^t[x, y] \longmapsto y$$

は全射であるが単射ではないことを示せ．

解答 任意の実数 y に対して $\boldsymbol{x} = {}^t[1, y] \in \boldsymbol{R}^2$ とおくと

$$F_3(\boldsymbol{x}) = F_3({}^t[1, y]) = y$$

となるから，F_3 は全射である．

一方，$\boldsymbol{R}^2$ の相異なる 2 つの元 $\boldsymbol{x}_1 = {}^t[0, 1]$，$\boldsymbol{x}_2 = {}^t[2, 1]$ に対して

$$F_3(\boldsymbol{x}_1) = F_3(\boldsymbol{x}_2) = 1$$

となるから，F_3 は単射ではない． ◇

5.1.2 線形写像の定義

例題 5.2 の写像 F_2 の像は $\boldsymbol{R}^2$ の原点を通る直線であった．

この「F_2 の像が原点を通る直線である」という性質は，F_2 が持つ次の性質から導かれるものである；

任意の $x_1, x_2 \in \boldsymbol{R}$ および任意の実数 a，b に対して

$$F_2(ax_1 + bx_2) = \begin{bmatrix} ax_1 + bx_2 \\ 2ax_1 + 2bx_2 \end{bmatrix} = aF_2(x_1) + bF_2(x_2)$$

が成り立つ．

このような性質を持つ写像を系統的に扱う理論を整えることが線形代数学の目的の 1 つである．写像 F_2 が持つ性質を次のように一般化する．

F を写像 $F: \boldsymbol{R}^n \longrightarrow \boldsymbol{R}^m$ とする．任意の実数 a, b および $\boldsymbol{R}^n$ の元 $\boldsymbol{x}$, $\boldsymbol{y}$ に対して

$$F(a\boldsymbol{x} + b\boldsymbol{y}) = aF(\boldsymbol{x}) + bF(\boldsymbol{y}) \tag{5.1}$$

が成り立つとき，F は**線形写像**であるという．F が (5.1) をみたすことを，F は**線形性**を持つともいう．

例 5.3　例題 5.1, 5.2, 5.3 で扱った写像 F_1, F_2, F_3 は線形写像である．◆

例 5.4　写像 $G_1: \boldsymbol{R} \longrightarrow \boldsymbol{R}$, $G_1(x) = 2x + 1$ および写像 $G_2: \boldsymbol{R} \longrightarrow \boldsymbol{R}$, $G_2(x) = x^2$ は線形写像ではない．◆

例 5.5　$F: \boldsymbol{R}^2 \longrightarrow \boldsymbol{R}$ が線形写像で

$$F\left(\begin{bmatrix}1\\0\end{bmatrix}\right) = 3, \qquad F\left(\begin{bmatrix}0\\1\end{bmatrix}\right) = 2$$

をみたすとする．このとき

$$F\left(\begin{bmatrix}x\\y\end{bmatrix}\right) = xF\left(\begin{bmatrix}1\\0\end{bmatrix}\right) + yF\left(\begin{bmatrix}0\\1\end{bmatrix}\right) = 3x + 2y = [3, 2]\begin{bmatrix}x\\y\end{bmatrix}$$

である．◆

例 5.5 の線形写像 F は，行列と列ベクトルの積で表せた．一般に，ベクトルに行列とベクトルの積を対応させる写像は線形写像である．これを次に示そう．

定理 5.1（**行列が定める線形写像**）　A を (m, n) 行列とする．写像

$$F_A: \boldsymbol{R}^n \longrightarrow \boldsymbol{R}^m$$

を

$$F_A(\boldsymbol{x}) = A\boldsymbol{x} \qquad (\boldsymbol{x} \in \boldsymbol{R}^n)$$

で定めるとき F_A は線形写像である（F_A を**行列 A が定める線形写像**という）．

証明　任意の $\boldsymbol{x}$, $\boldsymbol{y} \in \boldsymbol{R}^n$ および実数 a, b について，定理 2.3 (1)，(3) によって

$$A(a\boldsymbol{x}+b\boldsymbol{y}) = A(a\boldsymbol{x}) + A(b\boldsymbol{y}) = aA\boldsymbol{x} + bA\boldsymbol{y}$$

が成り立つ．これは $F_A(a\boldsymbol{x}+b\boldsymbol{y}) = aF_A(\boldsymbol{x}) + bF_A(\boldsymbol{y})$ が成り立つことを意味するから，F_A は線形写像である．■

例題 5.4　行列 $A = \begin{bmatrix} 1 & 2 \\ 3 & 4 \end{bmatrix}$ が定める線形写像 F_A による $\begin{bmatrix} -1 \\ 2 \end{bmatrix}$ の像を求めよ．

解答

$$F_A\left(\begin{bmatrix} -1 \\ 2 \end{bmatrix}\right) = A\begin{bmatrix} -1 \\ 2 \end{bmatrix} = \begin{bmatrix} 1 & 2 \\ 3 & 4 \end{bmatrix}\begin{bmatrix} -1 \\ 2 \end{bmatrix} = \begin{bmatrix} 3 \\ 5 \end{bmatrix}$$

である．◆

演習問題 5.1

5.1.1　次の写像 G_1, G_2 が単射であるか調べよ．また，全射であるか調べよ．

(1)　$G_1 : \boldsymbol{R} \longrightarrow \boldsymbol{R}$, $G_1(x) = 2x+1$

(2)　$G_2 : \boldsymbol{R} \longrightarrow \boldsymbol{R}$, $G_2(x) = x^2$

5.1.2　例題 5.3 の写像 F_3 が線形写像であることを示せ．

5.1.3　F を線形写像とするとき，$F(\boldsymbol{0}) = \boldsymbol{0}$ が成り立つことを示せ．

5.2　線形写像の像と核

前節では，与えられた行列をベクトルにかけることで定められる写像は線形写像であることを示した．逆に，どんな線形写像も，ある行列をベクトルにかけることで得られる．

定理 5.2（線形写像を表現する行列）　$F : \boldsymbol{R}^n \longrightarrow \boldsymbol{R}^m$ を線形写像，$\{\boldsymbol{e}_1, \cdots, \boldsymbol{e}_n\}$ を $\boldsymbol{R}^n$ の標準基底とする．

$$F(\boldsymbol{e}_1) = \boldsymbol{a}_1 = \begin{bmatrix} a_{11} \\ \vdots \\ a_{m1} \end{bmatrix}, \quad \cdots, \quad F(\boldsymbol{e}_n) = \boldsymbol{a}_n = \begin{bmatrix} a_{1n} \\ \vdots \\ a_{mn} \end{bmatrix}$$

として

$$A = [\boldsymbol{a}_1, \cdots, \boldsymbol{a}_n] = \begin{bmatrix} a_{11} & \cdots & a_{1n} \\ \vdots & & \vdots \\ a_{m1} & \cdots & a_{mn} \end{bmatrix}$$

とおくと，F は A が定める線形写像 F_A と一致する．

証明　$\boldsymbol{R}^n$ の任意の元 $\boldsymbol{x} \in \boldsymbol{R}^n$ は，標準基底 $\boldsymbol{e}_1, \cdots, \boldsymbol{e}_n$ の1次結合で $\boldsymbol{x} = x_1\boldsymbol{e}_1 + \cdots + x_n\boldsymbol{e}_n$ と表せる．$F(\boldsymbol{e}_i) = \boldsymbol{a}_i$ とおいて F の線形性を用いると

$$\begin{aligned} F(\boldsymbol{x}) &= F(x_1\boldsymbol{e}_1 + \cdots + x_n\boldsymbol{e}_n) = x_1F(\boldsymbol{e}_1) + \cdots + x_nF(\boldsymbol{e}_n) \\ &= x_1\boldsymbol{a}_1 + \cdots + x_n\boldsymbol{a}_n \end{aligned}$$

となる．ここで，$x_1\boldsymbol{a}_1 + \cdots + x_n\boldsymbol{a}_n$ は，行列 A と $\boldsymbol{x}$ の積 $A\boldsymbol{x}$ に等しいから

$$F(\boldsymbol{x}) = A\boldsymbol{x} = F_A(\boldsymbol{x})$$

となる．$\boldsymbol{x}$ は $\boldsymbol{R}^n$ の任意の元だから $F = F_A$ である．■

例題 5.5　$\{\boldsymbol{e}_1, \boldsymbol{e}_2, \boldsymbol{e}_3\}$ を $\boldsymbol{R}^3$ の標準基底とする．線形写像 $F : \boldsymbol{R}^3 \longrightarrow \boldsymbol{R}^2$ が

$$F(\boldsymbol{e}_1) = \begin{bmatrix} 2 \\ 1 \end{bmatrix}, \quad F(\boldsymbol{e}_2) = \begin{bmatrix} -1 \\ 1 \end{bmatrix}, \quad F(\boldsymbol{e}_3) = \begin{bmatrix} 1 \\ 0 \end{bmatrix}$$

をみたすとき，F によるベクトル $\boldsymbol{e}_1 - \boldsymbol{e}_2 + 2\boldsymbol{e}_3$ の像 $F(\boldsymbol{e}_1 - \boldsymbol{e}_2 + 2\boldsymbol{e}_3)$ を求めよ．

解答　定理5.2から，$F(\boldsymbol{e}_1)$，$F(\boldsymbol{e}_2)$，$F(\boldsymbol{e}_3)$ を並べてできる行列

$$A = \begin{bmatrix} 2 & -1 & 1 \\ 1 & 1 & 0 \end{bmatrix}$$

が定める線形写像 F_A は F と一致する．よって

$$F\left(\begin{bmatrix} 1 \\ -1 \\ 2 \end{bmatrix}\right) = \begin{bmatrix} 2 & -1 & 1 \\ 1 & 1 & 0 \end{bmatrix}\begin{bmatrix} 1 \\ -1 \\ 2 \end{bmatrix} = \begin{bmatrix} 5 \\ 0 \end{bmatrix}$$

である．

別解　F の線形性から

$$F(\boldsymbol{e}_1 - \boldsymbol{e}_2 + 2\boldsymbol{e}_3) = F(\boldsymbol{e}_1) - F(\boldsymbol{e}_2) + 2F(\boldsymbol{e}_3) = \begin{bmatrix} 5 \\ 0 \end{bmatrix}$$

を得る．◆

線形写像に関係する次の部分ベクトル空間は重要である．

$F : \boldsymbol{R}^n \longrightarrow \boldsymbol{R}^m$ を線形写像とする．F による像が $\boldsymbol{R}^m$ の零ベクトルになる $\boldsymbol{R}^n$ の元 $\boldsymbol{x}$ の全体の集合を線形写像 F の**核** (kernel) といい

$$\mathrm{Ker}(F) = \{\boldsymbol{x} \in \boldsymbol{R}^n \mid F(\boldsymbol{x}) = \boldsymbol{0}\}$$

で表す．また，写像 F の像 (image) を

$$\mathrm{Im}(F) = \{F(\boldsymbol{x}) \in \boldsymbol{R}^m \mid \boldsymbol{x} \in \boldsymbol{R}^n\}$$

と書き，線形写像 F の**像**ともいう（図 5.2）．

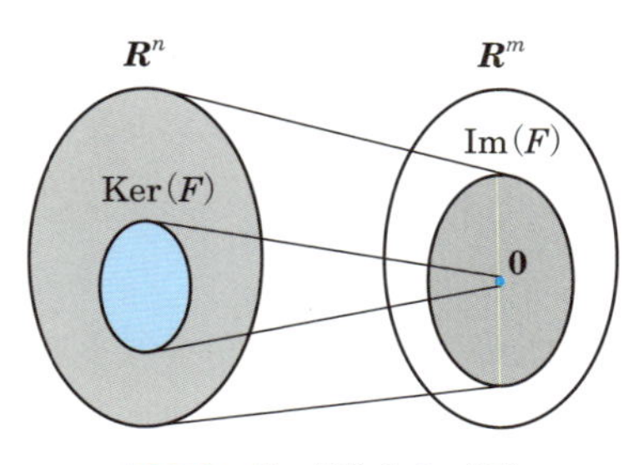

図 5.2　$\mathrm{Ker}(F)$ と $\mathrm{Im}(F)$

例 5.6　F_1, F_2, F_3 を例題 5.1, 5.2, 5.3 で定めた写像とするとき

(1)　$\mathrm{Ker}(F_1) = \{0\}$, $\mathrm{Im}(F_1) = \boldsymbol{R}$ である．

(2)　$\mathrm{Ker}(F_2) = \{0\}$, $\mathrm{Im}(F_2) = \{{}^t[x, 2x] \mid x \in \boldsymbol{R}\}$ である．

(3)　$\mathrm{Ker}(F_3) = \{{}^t[x, 0] \mid x \in \boldsymbol{R}\}$, $\mathrm{Im}(F_3) = \boldsymbol{R}$ である．◆

定理 5.3　$F: \boldsymbol{R}^n \longrightarrow \boldsymbol{R}^m$ を線形写像とするとき，以下が成り立つ．

(1)　$\mathrm{Ker}(F)$ は $\boldsymbol{R}^n$ の部分ベクトル空間である．

(2)　$\mathrm{Im}(F)$ は $\boldsymbol{R}^m$ の部分ベクトル空間である．

証明　(1)　$\boldsymbol{x}_1, \boldsymbol{x}_2$ を $\mathrm{Ker}(F)$ の任意の元とし a，b を任意の実数とする．F の線形性より

$$F(a\boldsymbol{x}_1 + b\boldsymbol{x}_2) = aF(\boldsymbol{x}_1) + bF(\boldsymbol{x}_2) = a\boldsymbol{0} + b\boldsymbol{0} = \boldsymbol{0}$$

が成り立つから $a\boldsymbol{x}_1 + b\boldsymbol{x}_2 \in \mathrm{Ker}(F)$ となり $\mathrm{Ker}(F)$ は $\boldsymbol{R}^n$ の部分ベクトル空間である．

(2)　任意の $F(\boldsymbol{x}_1)$，$F(\boldsymbol{x}_2) \in \mathrm{Im}(F)$ および任意の実数 a，b に対して，F の線形性より

$$aF(\boldsymbol{x}_1) + bF(\boldsymbol{x}_2) = F(a\boldsymbol{x}_1 + b\boldsymbol{x}_2)$$

が成り立つ．右辺の $F(a\boldsymbol{x}_1 + b\boldsymbol{x}_2)$ は，F による $a\boldsymbol{x}_1 + b\boldsymbol{x}_2$ の像で $\mathrm{Im}(F)$ の元である．したがって $aF(\boldsymbol{x}_1) + bF(\boldsymbol{x}_2) \in \mathrm{Im}(F)$ でもあり $\mathrm{Im}(F)$ は $\boldsymbol{R}^m$ の部分ベクトル空間である．■

像や核は線形写像の性質を調べるときに重要な役割を果たす．それらは，定理 5.3 によって，数ベクトル空間の部分ベクトル空間だから，その基底を求めることは重要である．

線形写像 $F: \boldsymbol{R}^n \longrightarrow \boldsymbol{R}^m$ の像と核は，線形写像を表現する行列（定理 5.2）に基本変形を施すことで求めることができる．このことを次に示そう．

定理 5.4（線形写像の像と核）　(m, n) 行列 $A = [\boldsymbol{a}_1, \cdots, \boldsymbol{a}_n]$ が定める線形写像を

$$F_A : \boldsymbol{R}^n \longrightarrow \boldsymbol{R}^m$$

とする．

(1)　$\mathrm{Ker}(F_A)$ は，同次連立 1 次方程式 $A\boldsymbol{x} = \boldsymbol{0}$ の解全体の集合（行列 A の**核**という）と一致する．

$$\mathrm{Ker}(F_A) = \{\boldsymbol{x} \in \boldsymbol{R}^n \mid A\boldsymbol{x} = \boldsymbol{0}\}.$$

(2) $\mathrm{Im}(F_A)$ は，A の列ベクトルが張る $\boldsymbol{R}^m$ の部分ベクトル空間と一致する．

$$\mathrm{Im}(F_A) = \langle \boldsymbol{a}_1, \cdots, \boldsymbol{a}_n \rangle.$$

したがって

$$\dim(\mathrm{Im}(F_A)) = \mathrm{rank}(A)$$

が成り立つ．

証明 (1) 定義から明らかである．

(2) F_A による $\boldsymbol{x} = {}^t[x_1, \cdots, x_n]$ の像は

$$F_A(\boldsymbol{x}) = A(x_1\boldsymbol{e}_1) + \cdots + A(x_n\boldsymbol{e}_n) = x_1\boldsymbol{a}_1 + \cdots + x_n\boldsymbol{a}_n$$

となるから $\mathrm{Im}(F_A) = \langle \boldsymbol{a}_1, \cdots, \boldsymbol{a}_n \rangle$ である．系 4.11 により

$$\dim(\mathrm{Im}(F_A)) = \dim(\langle \boldsymbol{a}_1, \cdots, \boldsymbol{a}_n \rangle) = \mathrm{rank}(A)$$

である．■

実際に，線形写像の核の基底を求めてみよう．

例題 5.6 線形写像 $F : \boldsymbol{R}^3 \longrightarrow \boldsymbol{R}^2$, $F\left(\begin{bmatrix} x \\ y \\ z \end{bmatrix}\right) = \begin{bmatrix} x - 3y + 2z \\ 2x - 5y + 3z \end{bmatrix}$ の核 $\mathrm{Ker}(F)$ の基底を求めよ．

解答 F に対応する行列 A は，$\boldsymbol{e}_1$, $\boldsymbol{e}_2$, $\boldsymbol{e}_3$ を $\boldsymbol{R}^3$ の標準基底として

$$A = [F(\boldsymbol{e}_1), F(\boldsymbol{e}_2), F(\boldsymbol{e}_3)] = \begin{bmatrix} 1 & -3 & 2 \\ 2 & -5 & 3 \end{bmatrix}$$

である．A に行基本変形を施すと

$$\begin{bmatrix} 1 & -3 & 2 \\ 2 & -5 & 3 \end{bmatrix} \longrightarrow \begin{bmatrix} 1 & -3 & 2 \\ 0 & 1 & -1 \end{bmatrix} \longrightarrow \begin{bmatrix} 1 & 0 & -1 \\ 0 & 1 & -1 \end{bmatrix}$$

となるから，同次連立 1 次方程式 $A\boldsymbol{x} = \boldsymbol{0}$ の解を $\boldsymbol{x} = {}^t[x, y, z]$ とすると $x = y = z$ (z は任意の実数) となる．したがって $\mathrm{Ker}(F)$ の元 $\boldsymbol{x}$ は

$$\boldsymbol{x} = \begin{bmatrix} x \\ y \\ z \end{bmatrix} = z\begin{bmatrix} 1 \\ 1 \\ 1 \end{bmatrix} \qquad (z \text{ は任意の実数})$$

と表される．Ker(F) のすべての元はベクトル ${}^t[1,1,1]$ の定数倍で表されることがわかったから，${}^t[1,1,1]$ は Ker(F) の基底である． ◈

線形写像の像は，線形写像を表す行列の列ベクトルが張る部分ベクトル空間に一致するから基底は，例題4.9の方法で求めることができる．

本節のまとめとして，線形代数学における重要な定理を紹介しておこう．

同次連立1次方程式 $A\boldsymbol{x} = \boldsymbol{0}$ の解法（定理2.10）から解全体のなす部分ベクトル空間，すなわち Ker(F_A) の次元が $n - \mathrm{rank}(A)$ であることがわかる．このことと定理5.4 (2) から次が成り立つ．

定理5.5（**次元定理**）　(m, n) 行列 A が定める線形写像 $F_A : \boldsymbol{R}^n \longrightarrow \boldsymbol{R}^m$ の像および核の次元について

$$\dim(\mathrm{Im}(F_A)) + \dim(\mathrm{Ker}(F_A)) = n \qquad (5.2)$$

が成り立つ．

演習問題 5.2

5.2.1　次の写像 $F : \boldsymbol{R}^2 \longrightarrow \boldsymbol{R}^2$ が線形写像かどうか，理由と共に答えよ．線形写像であるものについては，行列 A で，A が定める線形写像 F_A が F と一致するものを求めよ．なお $\boldsymbol{x} = {}^t[x, y]$ とする．

(1)　$F(\boldsymbol{x}) = \begin{bmatrix} y \\ 3x - y \end{bmatrix}$　　(2)　$F(\boldsymbol{x}) = \begin{bmatrix} y + 1 \\ x + 2y \end{bmatrix}$

(3)　$F(\boldsymbol{x}) = \begin{bmatrix} x + y \\ x^2 + y^2 \end{bmatrix}$

5.2.2　$A = \begin{bmatrix} -1 & -5 & -1 \\ 2 & 4 & 0 \\ -4 & -8 & 0 \end{bmatrix}$ が定める線形写像 F_A について，以下のベクトルの像

を求めよ．ただし，$\boldsymbol{e}_1$, $\boldsymbol{e}_2$, $\boldsymbol{e}_3$ は $\boldsymbol{R}^3$ の標準基底である．

(1)　$\boldsymbol{e}_1$　　(2)　$\boldsymbol{e}_2$　　(3)　$\boldsymbol{e}_3$　　(4)　$\boldsymbol{x} = \begin{bmatrix} x \\ y \\ z \end{bmatrix}$

5.2.3　$A = \begin{bmatrix} -1 & -5 & -1 \\ 2 & 4 & 0 \\ -4 & -8 & 0 \end{bmatrix}$ とする．以下の問に答えよ．

(1)　$\mathrm{rank}(A)$ を求めよ．

(2)　同次連立 1 次方程式 $A\boldsymbol{x} = \boldsymbol{0}$ の解を求めよ．

(3)　A が定める線形写像 F_A の核の基底と次元を求めよ．

(4)　F_A の像の基底と次元を求めよ．

5.3　行列の固有値

A を n 次正方行列とする．

$$A\boldsymbol{x} = \lambda\boldsymbol{x} \tag{5.3}$$

をみたす n 次元数ベクトル $\boldsymbol{x}$ $(\neq \boldsymbol{0})$ が存在するような定数 λ を，A の**固有値**という．また，λ が固有値であるとき，(5.3) をみたす $\boldsymbol{x}$ $(\neq \boldsymbol{0})$ を固有値 λ に対する**固有ベクトル**という．

λ が A の固有値であるとき

$$V_\lambda = \{\boldsymbol{x} \in \boldsymbol{R}^n \mid A\boldsymbol{x} = \lambda\boldsymbol{x}\}$$

とおくと，V_λ の元 $\boldsymbol{x}$ は，A の固有値 λ に対する固有ベクトルか零ベクトルである．V_λ を，A の固有値 λ に対する**固有空間**という．

定理 5.6（**固有空間の性質**）　n 次正方行列 A の固有空間は $\boldsymbol{R}^n$ の部分ベクトル空間である．

証明　λ を A の固有値，$\boldsymbol{x}, \boldsymbol{y}$ を V_λ の元とし，$a, b \in \boldsymbol{R}$ とすると，行列とベクトルの演算規則により

$$A(a\boldsymbol{x} + b\boldsymbol{y}) = \lambda(a\boldsymbol{x} + b\boldsymbol{y})$$

が成り立つことがわかるから $a\boldsymbol{x} + b\boldsymbol{y}$ も V_λ の元である．したがって V_λ は

$\boldsymbol{R}^n$ の部分ベクトル空間である． ■

例 5.7 $A = \begin{bmatrix} 1 & 0 & 0 \\ 0 & 2 & 0 \\ 0 & 0 & 3 \end{bmatrix}$ とする．$\boldsymbol{R}^3$ の標準基底を $\boldsymbol{e}_1, \boldsymbol{e}_2, \boldsymbol{e}_3$ とすると

$$A\boldsymbol{e}_1 = 1\boldsymbol{e}_1, \quad A\boldsymbol{e}_2 = 2\boldsymbol{e}_2, \quad A\boldsymbol{e}_3 = 3\boldsymbol{e}_3$$

が成り立つから，$\lambda = 1, 2, 3$ は A の固有値であり，$\boldsymbol{e}_1$ は固有値1に対する固有ベクトル，$\boldsymbol{e}_2$ は固有値2に対する固有ベクトル，$\boldsymbol{e}_3$ は固有値3に対する固有ベクトルである．

$\boldsymbol{x} = x\boldsymbol{e}_1 + y\boldsymbol{e}_2 + z\boldsymbol{e}_3$ を，A の固有値1に対する固有空間の元とすると

$$A\boldsymbol{x} = x\boldsymbol{e}_1 + 2y\boldsymbol{e}_2 + 3z\boldsymbol{e}_3 = x\boldsymbol{e}_1 + y\boldsymbol{e}_2 + z\boldsymbol{e}_3$$

が成り立つから $y = z = 0$ となる．したがって

$$V_1 = \{x\boldsymbol{e}_1 \mid x \in \boldsymbol{R}\} = \langle \boldsymbol{e}_1 \rangle$$

である．同様に

$$V_2 = \{y\boldsymbol{e}_2 \mid y \in \boldsymbol{R}\} = \langle \boldsymbol{e}_2 \rangle, \quad V_3 = \{z\boldsymbol{e}_3 \mid z \in \boldsymbol{R}\} = \langle \boldsymbol{e}_3 \rangle$$

である． ◆

固有値を求める方法について考えよう．

λ を n 次正方行列 A の固有値とし，$\boldsymbol{x}$ を A の固有値 λ に対する固有ベクトルとする．(5.3) の右辺を移項すると $A\boldsymbol{x} - \lambda\boldsymbol{x} = (A - \lambda E)\boldsymbol{x} = \boldsymbol{0}$ となるから，$\boldsymbol{x}$ は $(A - \lambda E)$ を係数行列とする同次連立1次方程式

$$(A - \lambda E)\boldsymbol{x} = \boldsymbol{0}$$

の非自明な（すなわち $\boldsymbol{x} \neq \boldsymbol{0}$ をみたす）解である．ただし E は n 次単位行列である．

同次連立1次方程式が自明でない解を持つとき，係数行列 $A - \lambda E$ は正則行列でなく行列式 $|A - \lambda E|$ の値は0でなければならない（定理3.15）．

行列式 $|A - \lambda E|$ を展開すると λ の n 次多項式になるから

$$|A - \lambda E| = 0 \tag{5.4}$$

は λ についての n 次方程式である．これを行列 A の**固有方程式**という．

例 5.8 $A = \begin{bmatrix} 0 & -1 \\ 1 & 0 \end{bmatrix}$ の固有方程式は

$$\begin{vmatrix} -\lambda & -1 \\ 1 & -\lambda \end{vmatrix} = \lambda^2 + 1 = 0$$

で，その解は $\pm i$ である． ◆

(5.3) において，ベクトル $\boldsymbol{x}$ の成分はすべて実数として考えていたから，固有値も実数である．

固有方程式 (5.4) の解の個数は，複素数の範囲で重複度を込めて考えると，ちょうど n であることが知られている．λ が固有方程式の解であるとき，λ が複素数であっても，$\boldsymbol{x}$ の成分を複素数として考えれば (5.3) をみたす自明でないベクトル $\boldsymbol{x}$ が存在することが知られている．そこで，固有方程式の解を（実数でないものまで含めて）固有値ということにする．本書ではすべての固有値が実数となる場合のみを扱う．

例題 5.7 行列 $A = \begin{bmatrix} -1 & 2 \\ 2 & -1 \end{bmatrix}$ の固有値および固有空間の基底を求めよ．

解答 行列 A の固有方程式は

$$|A - \lambda E| = \begin{vmatrix} -1-\lambda & 2 \\ 2 & -1-\lambda \end{vmatrix} = (1+\lambda)^2 - 2^2$$
$$= (\lambda - 1)(\lambda + 3) = 0$$

だから，A の固有値 λ は $\lambda = 1$ または $\lambda = -3$ である．

$\boldsymbol{x} = {}^t[x, y]$ を A の固有値 $\lambda = 1$ に対する固有ベクトルとする．

このとき，$\boldsymbol{x}$ は同次連立 1 次方程式 $(A - E)\boldsymbol{x} = \boldsymbol{0}$ の非自明な解で，同次連立 1 次方程式 $(A - E)\boldsymbol{x} = \boldsymbol{0}$ の係数行列 $A - E$ は，行基本変形によって

$$A - E = \begin{bmatrix} -2 & 2 \\ 2 & -2 \end{bmatrix} \longrightarrow \begin{bmatrix} -2 & 2 \\ 0 & 0 \end{bmatrix} \longrightarrow \begin{bmatrix} 1 & -1 \\ 0 & 0 \end{bmatrix}$$

と変形できるから，$x = y$（y は任意の実数）である．

したがって，A の固有値 1 に対する固有空間 V_1 の元 $\boldsymbol{x}$ は

$$\boldsymbol{x} = a\begin{bmatrix}1\\1\end{bmatrix} \qquad (a\text{ は任意の実数})$$

となることがわかる．$\boldsymbol{p}_1 = {}^t[1, 1]$ とおけば $V_1 = \langle \boldsymbol{p}_1 \rangle$ であり，$\boldsymbol{p}_1$ は V_1 の基底である．

固有値 $\lambda = -3$ に対する固有空間 V_{-3} の基底も同様に求められる．

$A - (-3)E$ を行基本変形すると

$$A - (-3)E = \begin{bmatrix}2 & 2\\2 & 2\end{bmatrix} \longrightarrow \begin{bmatrix}2 & 2\\0 & 0\end{bmatrix} \longrightarrow \begin{bmatrix}1 & 1\\0 & 0\end{bmatrix}$$

となることから，$\boldsymbol{p}_2 = {}^t[1, -1]$ とおくとき，$V_{-3} = \langle \boldsymbol{p}_2 \rangle$ で，$\boldsymbol{p}_2$ は V_{-3} の基底である．◇

例題 5.8　行列 $A = \begin{bmatrix}0 & 1 & -1\\1 & 0 & 1\\-1 & 1 & 0\end{bmatrix}$ の固有値および固有空間の基底を求めよ．

解答　行列 A の固有方程式は

$$|A - \lambda E| = \begin{vmatrix}-\lambda & 1 & -1\\1 & -\lambda & 1\\-1 & 1 & -\lambda\end{vmatrix} = -(\lambda - 1)^2(\lambda + 2) = 0$$

で，固有値は $\lambda = 1$（重複度2）および $\lambda = -2$ である．

$\boldsymbol{x} = {}^t[x, y, z]$ を，固有値1に対する固有空間の元とする．

$\boldsymbol{x}$ は同次連立1次方程式 $(A - 1\cdot E)\boldsymbol{x} = \boldsymbol{0}$ の解であり，係数行列 $A - 1\cdot E$ を行基本変形すると

$$A - 1\cdot E = \begin{bmatrix}-1 & 1 & -1\\1 & -1 & 1\\-1 & 1 & -1\end{bmatrix} \longrightarrow \begin{bmatrix}1 & -1 & 1\\0 & 0 & 0\\0 & 0 & 0\end{bmatrix}$$

となるから $x - y + z = 0$ であり

$$\boldsymbol{x} = \begin{bmatrix}x\\y\\z\end{bmatrix} = y\begin{bmatrix}1\\1\\0\end{bmatrix} + z\begin{bmatrix}-1\\0\\1\end{bmatrix}$$

となる．

例えば $\boldsymbol{p}_1 = {}^t[1, 1, 0]$，$\boldsymbol{p}_2 = {}^t[1, 0, -1]$ とすると，固有空間は $V_1 = \langle \boldsymbol{p}_1, \boldsymbol{p}_2 \rangle$ となる．$\boldsymbol{p}_1$，$\boldsymbol{p}_2$ は 1 次独立だから V_1 の基底である．

同様に $A - (-2)E$ を行基本変形すると

$$A - (-2)E = \begin{bmatrix} 2 & 1 & -1 \\ 1 & 2 & 1 \\ -1 & 1 & 2 \end{bmatrix} \longrightarrow \cdots \longrightarrow \begin{bmatrix} 1 & 0 & -1 \\ 0 & 1 & 1 \\ 0 & 0 & 0 \end{bmatrix}$$

となるから $\boldsymbol{p}_3 = {}^t[1, -1, 1]$ とおけば $V_{-2} = \langle \boldsymbol{p}_3 \rangle$ であり，$\boldsymbol{p}_3$ は V_{-2} の基底である． ◈

演習問題 5.3

5.3.1 次の行列の固有値，固有ベクトルおよび固有空間の基底を求めよ．

(1) $A = \begin{bmatrix} 3 & 2 \\ 0 & 3 \end{bmatrix}$ (2) $A = \begin{bmatrix} 1 & 3 \\ 3 & 1 \end{bmatrix}$ (3) $A = \begin{bmatrix} 5 & -1 & -3 \\ -4 & 5 & 6 \\ 4 & -7 & -8 \end{bmatrix}$

5.4 行列の対角化

A を n 次正方行列とする．

正則行列 P で

$$P^{-1}AP = \begin{bmatrix} \lambda_1 & 0 & \cdots & 0 \\ 0 & \lambda_2 & \cdots & 0 \\ \vdots & \vdots & \ddots & \vdots \\ 0 & 0 & \cdots & \lambda_n \end{bmatrix}$$

となるものが存在するとき，A は**対角化可能**であるという．また，実際に P を見つけて，A を対角行列 $P^{-1}AP$ に変形することを A の**対角化**という．

行列の対角化は，応用上極めて重要である．

A，P を n 次正方行列とし

$$D = \begin{bmatrix} \lambda_1 & 0 & \cdots & 0 \\ 0 & \lambda_2 & \cdots & 0 \\ \vdots & \vdots & \ddots & \vdots \\ 0 & 0 & \cdots & \lambda_n \end{bmatrix}$$

とする．P の第 i 列を $\boldsymbol{p}_i$ とする，すなわち $P=[\boldsymbol{p}_1, \cdots, \boldsymbol{p}_n]$ とすると，分割した行列による積の式 (2.2 節 (2.1)，演習問題 2.2.6) により

$$AP = [A\boldsymbol{p}_1, \cdots, A\boldsymbol{p}_n] \tag{5.5}$$

$$PD = [\lambda_1\boldsymbol{p}_1, \cdots, \lambda_n\boldsymbol{p}_n] \tag{5.6}$$

が成り立つ．

A が正則行列 $P=[\boldsymbol{p}_1, \cdots, \boldsymbol{p}_n]$ によって対角化されるとき，$AP=PD$ が成り立ち，(5.5)，(5.6) の右辺を比較して

$$A\boldsymbol{p}_1 = \lambda_1\boldsymbol{p}_1, \quad A\boldsymbol{p}_2 = \lambda_2\boldsymbol{p}_2, \quad \cdots, \quad A\boldsymbol{p}_n = \lambda_n\boldsymbol{p}_n \tag{5.7}$$

となる．すなわち，P のすべての列ベクトルは A の固有ベクトルである．

逆に，$\lambda_1, \cdots, \lambda_n$ が A の固有値で，$\boldsymbol{p}_1, \cdots, \boldsymbol{p}_n$ がそれぞれの固有値に対する固有ベクトルであるとき

$$AP = PD \tag{5.8}$$

が成り立つ．ここで，行列 $P=[\boldsymbol{p}_1, \cdots, \boldsymbol{p}_n]$ が正則行列であれば，A は P によって対角化される．実際，P が正則行列ならば (5.8) の両辺に左から逆行列 P^{-1} をかけて

$$P^{-1}AP = D$$

となる．A を対角化する行列 P を**変換行列**と呼ぶこともある．

この手順は重要であるので定理としてまとめておこう．

定理 5.7（**対角化**）　$\boldsymbol{p}_1, \cdots, \boldsymbol{p}_n$ を次の性質を持つベクトルとする．

- $\boldsymbol{p}_i$ は，n 次正方行列 A の固有値 λ_i に対する固有ベクトルである．
- $\boldsymbol{p}_1, \cdots, \boldsymbol{p}_n$ は 1 次独立である．

このとき，n 次正方行列 $P=[\boldsymbol{p}_1, \cdots, \boldsymbol{p}_n]$ は正則行列で，

$$P^{-1}AP = D \quad \text{ただし} \quad D = \begin{bmatrix} \lambda_1 & 0 & \cdots & 0 \\ 0 & \lambda_2 & \cdots & 0 \\ \vdots & \vdots & \ddots & \vdots \\ 0 & 0 & \cdots & \lambda_n \end{bmatrix}$$

が成り立つ.

例題 5.9 $A = \begin{bmatrix} -1 & 2 \\ 2 & -1 \end{bmatrix}$ を対角化せよ.

解答 例題 5.7 で求めた通り，A の固有値は 1 と -3 であり，$\boldsymbol{p}_1 = {}^t[1, 1]$ は固有値 1 に対する固有ベクトル，$\boldsymbol{p}_2 = {}^t[1, -1]$ は固有値 -3 に対する固有ベクトルである.

$\boldsymbol{p}_1, \boldsymbol{p}_2$ は明らかに 1 次独立だから

$$P = [\boldsymbol{p}_1, \boldsymbol{p}_2] = \begin{bmatrix} 1 & 1 \\ 1 & -1 \end{bmatrix}$$

とおけば，P は正則行列で

$$P^{-1}AP = \begin{bmatrix} 1 & 0 \\ 0 & -3 \end{bmatrix}$$

が成り立つ. ◇

✓**注意** 行列の積 $P^{-1}AP$ が，すべての対角成分が固有値である対角行列であることは，実際に P^{-1} を求めて $P^{-1}AP$ を計算しなくても，対角化の手順からわかることである.

また，対角化の手順から，固有ベクトルを並べる順番を変えると，対角化した行列の対角成分の順番が対応して変わることがわかる.

例 5.9 $A = \begin{bmatrix} -1 & 2 \\ 2 & -1 \end{bmatrix}$ とする（例題 5.9 で扱った行列）.

$\boldsymbol{q}_1 = 2\boldsymbol{p}_1 = {}^t[2, 2]$ は A の固有値 1 に対する固有ベクトルで，$\boldsymbol{q}_2 = -\boldsymbol{p}_2 = {}^t[-1, 1]$ は A の固有値 -3 に対する固有ベクトルである.

$\boldsymbol{q}_1$, $\boldsymbol{q}_2$ は 1 次独立だから，行列 $Q = [\boldsymbol{q}_1, \boldsymbol{q}_2]$ も $R = [\boldsymbol{q}_2, \boldsymbol{q}_1]$ も正則行列

で

$$Q^{-1}AQ = \begin{bmatrix} 1 & 0 \\ 0 & -3 \end{bmatrix}, \qquad R^{-1}AR = \begin{bmatrix} -3 & 0 \\ 0 & 1 \end{bmatrix}$$

が成り立つ．◆

次の定理は，固有ベクトル $\boldsymbol{p}_1$, …, $\boldsymbol{p}_r$ が1次独立であるための十分条件を与えている．

定理 5.8　λ_i $(1 \leq i \leq r)$ を n 次正方行列 A の固有値とし，$\boldsymbol{p}_i$ を A の λ_i に対する固有ベクトルとする．λ_1, …, λ_r のうちの，どの2つも互いに異なるとき，$\boldsymbol{p}_1$, …, $\boldsymbol{p}_r$ は1次独立である．

証明　$\boldsymbol{p}_1$, …, $\boldsymbol{p}_r$ の1次関係式

$$c_1\boldsymbol{p}_1 + \cdots + c_r\boldsymbol{p}_r = \boldsymbol{0}$$

を考える．この両辺に A, A^2, …, A^{r-1} をかけると

$$\begin{array}{ccccc} \lambda_1 c_1\boldsymbol{p}_1 & + \cdots + & \lambda_r c_r\boldsymbol{p}_r & = \boldsymbol{0} \\ (\lambda_1)^2 c_1\boldsymbol{p}_1 & + \cdots + & (\lambda_r)^2 c_r\boldsymbol{p}_r & = \boldsymbol{0} \\ & \vdots & & \vdots \\ (\lambda_1)^{r-1} c_1\boldsymbol{p}_1 & + \cdots + & (\lambda_r)^{r-1} c_r\boldsymbol{p}_r & = \boldsymbol{0} \end{array}$$

となる．ここで $P = [c_1\boldsymbol{p}_1, \cdots, c_r\boldsymbol{p}_r]$ とおくと，上の r 個の等式は，

$$V = \begin{bmatrix} 1 & \lambda_1 & (\lambda_1)^2 & \cdots & (\lambda_1)^{r-1} \\ 1 & \lambda_2 & (\lambda_2)^2 & \cdots & (\lambda_2)^{r-1} \\ \vdots & \vdots & \vdots & & \vdots \\ 1 & \lambda_r & (\lambda_r)^2 & \cdots & (\lambda_r)^{r-1} \end{bmatrix}$$

を用いて

$$PV = O \qquad (\text{零行列})$$

と，まとめて表すことができる．定理3.17（ヴァンデルモンドの行列式）によって，V の行列式 $|V|$ の値は0でないから V は正則行列である．$PV = O$ に，右から V^{-1} をかけて $P = O$，すなわち $c_1\boldsymbol{p}_1 = \cdots = c_r\boldsymbol{p}_r = \boldsymbol{0}$ となる．

固有ベクトル $\boldsymbol{p}_1, \cdots, \boldsymbol{p}_r$ は零ベクトルでないから，$c_1 = \cdots = c_r = 0$ である．
■

とくに $n = r$ のときには，上の定理 5.8 と定理 5.7 によって次がわかる．

系 5.9　n 次正方行列 A が，ちょうど n 個の，互いに相異なる実固有値 $\lambda_1, \cdots, \lambda_n$ を持つとする．このとき，$\boldsymbol{p}_i$ $(1 \leq i \leq n)$ を A の λ_i に対する固有ベクトルとし $P = [\boldsymbol{p}_1, \cdots, \boldsymbol{p}_n]$ とすると A は P によって対角化される．

上の系によって，n 次正方行列 A の n 個の固有値がすべて実数で，どの 2 つも互いに相異なるならば，A は対角化できることがわかる．

例 5.10　$A = \begin{bmatrix} 1 & 1 \\ 0 & 1 \end{bmatrix}$ の固有方程式は

$$|A - \lambda E| = \begin{vmatrix} 1-\lambda & 1 \\ 0 & 1-\lambda \end{vmatrix} = (1-\lambda)^2 = 0$$

で，A の固有値は $\lambda = 1$（重複度は 2）である．行列 A が，正則行列 $P = [\boldsymbol{p}_1, \boldsymbol{p}_2]$ によって対角化されるとすると，$\boldsymbol{p}_1$ も $\boldsymbol{p}_2$ も A の固有値 1 に対する固有ベクトルである．一方，$V_1 = \langle \boldsymbol{p}_1 \rangle$ であることが容易にわかり，V_1 の元 $\boldsymbol{p}_1$，$\boldsymbol{p}_2$ を並べた行列で正則行列になるものが存在しない，すなわち A は対角化できない．◆

対角化を応用して行列のべき乗の計算をしてみよう．

例題 5.10　n 次正方行列 A が正則行列 P により対角化されて

$$P^{-1}AP = \begin{bmatrix} \lambda_1 & 0 & \cdots & 0 \\ 0 & \lambda_2 & \cdots & 0 \\ \vdots & \vdots & \ddots & \vdots \\ 0 & 0 & \cdots & \lambda_n \end{bmatrix}$$

となるとき

$$A^m = P\begin{bmatrix} (\lambda_1)^m & 0 & \cdots & 0 \\ 0 & (\lambda_2)^m & \cdots & 0 \\ \vdots & \vdots & \ddots & \vdots \\ 0 & 0 & \cdots & (\lambda_n)^m \end{bmatrix}P^{-1} \qquad (5.9)$$

となる．ただし，m は正の整数とする．

証明　$P^{-1}AP = D$ とおくと，$A = PDP^{-1}$ が成り立ち

$$A^m = (PDP^{-1})^m = (PDP^{-1})(PDP^{-1})\cdots(PDP^{-1})$$
$$= PD(P^{-1}P)DP^{-1}\cdots PDP^{-1} = PD^m P^{-1}$$

となる．

$$D^m = \begin{bmatrix} (\lambda_1)^m & \cdots & 0 \\ \vdots & \ddots & \vdots \\ 0 & \cdots & (\lambda_n)^m \end{bmatrix}$$

が成り立ち，(5.9) が示された．■

例 5.11　$A = \begin{bmatrix} -1 & 2 \\ 2 & -1 \end{bmatrix}$ は $P = \begin{bmatrix} 1 & 1 \\ 1 & -1 \end{bmatrix}$ によって対角化されて

$$P^{-1}AP = \begin{bmatrix} 1 & 0 \\ 0 & -3 \end{bmatrix}$$

となる（例題 5.9 参照）から

$$A^m = \begin{bmatrix} 1 & 1 \\ 1 & -1 \end{bmatrix}\begin{bmatrix} 1^m & 0 \\ 0 & (-3)^m \end{bmatrix}\cdot\frac{1}{2}\begin{bmatrix} 1 & 1 \\ 1 & -1 \end{bmatrix}$$
$$= \frac{1}{2}\begin{bmatrix} 1+(-3)^m & 1-(-3)^m \\ 1-(-3)^m & 1+(-3)^m \end{bmatrix}$$

となる．◆

これを利用して，連立漸化式を解くことができる．

例 5.12　連立漸化式

$$\begin{cases} x_n = -x_{n-1} + 2y_{n-1} \\ y_n = 2x_{n-1} - y_{n-1} \end{cases} \qquad (n = 1, 2, 3, \cdots)$$

の一般項 x_n, y_n を，初項 x_0, y_0 および n を用いた式で表そう．上の漸化式は，

行列の積を用いて

$$\begin{bmatrix} x_n \\ y_n \end{bmatrix} = A \begin{bmatrix} x_{n-1} \\ y_{n-1} \end{bmatrix}, \qquad A = \begin{bmatrix} -1 & 2 \\ 2 & -1 \end{bmatrix}$$

と表せる．これをくり返し用いると，

$$\begin{bmatrix} x_n \\ y_n \end{bmatrix} = A \begin{bmatrix} x_{n-1} \\ y_{n-1} \end{bmatrix} = A^2 \begin{bmatrix} x_{n-2} \\ y_{n-2} \end{bmatrix} = \cdots = A^n \begin{bmatrix} x_0 \\ y_0 \end{bmatrix}$$

となる．ここで，例 5.11 の結果を用いて

$$\begin{bmatrix} x_n \\ y_n \end{bmatrix} = \frac{1}{2} \begin{bmatrix} x_0\{1 + (-3)^n\} + y_0\{1 - (-3)^n\} \\ x_0\{1 - (-3)^n\} + y_0\{1 + (-3)^n\} \end{bmatrix}$$

を得る． ◆

演習問題 5.4

5.4.1　次の行列を対角化せよ．

(1)　$A = \begin{bmatrix} 1 & 3 \\ 3 & 1 \end{bmatrix}$　　(2)　$A = \begin{bmatrix} 0 & 1 & -1 \\ 1 & 0 & 1 \\ -1 & 1 & 0 \end{bmatrix}$

5.4.2　$A = \begin{bmatrix} 3 & 1 & 1 \\ 0 & 2 & 1 \\ -1 & -1 & 0 \end{bmatrix}$ について，次の問に答えよ．

(1)　A の固有値は 1 と 2 だけであることを確かめよ．

(2)　固有値 1 に対する固有空間の基底を求めよ．

(3)　固有値 2 に対する固有空間の基底を求めよ．

✓**注意**　n 次正方行列 A が対角化できるための必要十分条件は，A が n 個の 1 次独立な固有ベクトルを持つことである．したがって，上の問題の A に対して $P^{-1}AP$ が対角行列になるような正則行列 P は存在しない．

5.5　正規直交系

1 つのベクトル空間の基底の取り方は無数にある．その中でも，正規直交

基底と呼ばれるものは良い性質を持っており，とくに重要である．

5.5.1 内 積

空間ベクトル $\vec{a} = (a_1, a_2, a_3)$，$\vec{b} = (b_1, b_2, b_3)$ の内積は

$$\vec{a}\cdot\vec{b} = a_1b_1 + a_2b_2 + a_3b_3$$

で定義された．これを一般化して n 次元数ベクトルの内積を定義する．

$\boldsymbol{R}^n$ の2つの元 $\boldsymbol{x} = {}^t[x_1, \cdots, x_n]$，$\boldsymbol{y} = {}^t[y_1, \cdots, y_n]$ に対して定まる実数 $\sum_{i=1}^{n} x_iy_i$ を，$\boldsymbol{x}$ と $\boldsymbol{y}$ の**内積**といって

$$(\boldsymbol{x}, \boldsymbol{y}) = \sum_{i=1}^{n} x_iy_i \tag{5.10}$$

と書く．

内積が次の性質を持つことは容易に示せる．

定理 5.10（**内積の性質**）

(1) $(\boldsymbol{x}, \boldsymbol{y}) = (\boldsymbol{y}, \boldsymbol{x})$

(2) a を実数とするとき，$(a\boldsymbol{x}, \boldsymbol{y}) = (\boldsymbol{x}, a\boldsymbol{y}) = a(\boldsymbol{x}, \boldsymbol{y})$

(3) $(\boldsymbol{x} + \boldsymbol{y}, \boldsymbol{z}) = (\boldsymbol{x}, \boldsymbol{z}) + (\boldsymbol{y}, \boldsymbol{z})$，
$(\boldsymbol{x}, \boldsymbol{y} + \boldsymbol{z}) = (\boldsymbol{x}, \boldsymbol{y}) + (\boldsymbol{x}, \boldsymbol{z})$

(4) $(\boldsymbol{x}, \boldsymbol{x}) \geq 0$ であり，等号が成り立つのは $\boldsymbol{x} = \boldsymbol{0}$ のときに限る．

空間ベクトル $\vec{x}$ の長さ $|\vec{x}|$ は，内積を用いて

$$|\vec{x}| = \sqrt{\vec{x}\cdot\vec{x}}$$

と表された．また，2つの空間ベクトル $\vec{x}$，$\vec{y}$ のなす角を θ とするとき

$$\vec{x}\cdot\vec{y} = |\vec{x}||\vec{y}|\cos\theta$$

が成り立ち，

$$\vec{x} \text{ と } \vec{y} \text{ が直交するならば } \vec{x}\cdot\vec{y} = 0$$

であった．

これらを一般化して $\boldsymbol{R}^n$ のベクトルの長さと直交性を次のように定める．

(1)　$\boldsymbol{x}$ を $\boldsymbol{R}^n$ の元とするとき，$\sqrt{(\boldsymbol{x},\boldsymbol{x})}$ を $\boldsymbol{x}$ の**長さ**といって

$$|\boldsymbol{x}| = \sqrt{(\boldsymbol{x},\boldsymbol{x})}$$

と書く．

(2)　$\boldsymbol{x}$, $\boldsymbol{y}$ が $\boldsymbol{R}^n$ の元で $(\boldsymbol{x},\boldsymbol{y}) = 0$ が成り立つとき，$\boldsymbol{x}, \boldsymbol{y}$ は**直交する**という．

$\boldsymbol{R}^n$ の 2 つの元 $\boldsymbol{x} = {}^t[x_1, \cdots, x_n]$, $\boldsymbol{y} = {}^t[y_1, \cdots, y_n]$ の一方を転置行列にして積 ${}^t\boldsymbol{x}\boldsymbol{y}$ を計算すると

$${}^t\boldsymbol{x}\boldsymbol{y} = [x_1, \cdots, x_n]\begin{bmatrix} y_1 \\ \vdots \\ y_n \end{bmatrix} = [\sum_{i=1}^n x_i y_i]$$

となる．ここで，右辺の $[\sum_{i=1}^n x_i y_i]$ は，$(1,1)$ 成分が $\sum_{i=1}^n x_i y_i$ である $(1,1)$ 行列を表すことに注意しておく．

$(1,1)$ 行列 $[\sum_{i=1}^n x_i y_i]$ を，実数 $\sum_{i=1}^n x_i y_i$ と同一視すると次を得る．

定理 5.11　$\boldsymbol{R}^n$ の 2 つの元 $\boldsymbol{x}$, $\boldsymbol{y}$ に対して

$$(\boldsymbol{x},\boldsymbol{y}) = {}^t\boldsymbol{x}\boldsymbol{y} \tag{5.11}$$

が成り立つ．

定理 5.12　A を n 次正方行列とするとき，$\boldsymbol{R}^n$ の任意の元 $\boldsymbol{x}$, $\boldsymbol{y}$ に対して

$$(A\boldsymbol{x},\boldsymbol{y}) = (\boldsymbol{x}, {}^tA\boldsymbol{y})$$

が成り立つ．

証明　$(A\boldsymbol{x},\boldsymbol{y}) = {}^t(A\boldsymbol{x})\boldsymbol{y} = ({}^t\boldsymbol{x}\,{}^tA)\boldsymbol{y} = {}^t\boldsymbol{x}({}^tA\boldsymbol{y}) = (\boldsymbol{x}, {}^tA\boldsymbol{y})$. ■

5.5.2　正規直交基底

$\boldsymbol{R}^n$ の元 $\boldsymbol{u}_1$, $\cdots$, $\boldsymbol{u}_r$ が

$$(\boldsymbol{u}_i, \boldsymbol{u}_j) = \delta_{ij} \qquad (1 \leq i, j \leq r)$$

をみたすとき，$\boldsymbol{u}_1, \cdots, \boldsymbol{u}_r$ は**正規直交系**であるという．ここで δ_{ij} はクロネッカーのデルタ (2.3 節 (2.4)) である．

正規直交系にもなっている基底は，ベクトルに関する計算を行う上で重要な役割を果たす．$\boldsymbol{R}^n$ の基底 $\{\boldsymbol{u}_1, \cdots, \boldsymbol{u}_n\}$ が正規直交系でもあるとき，$\{\boldsymbol{u}_1, \cdots, \boldsymbol{u}_n\}$ を**正規直交基底**という．

例 5.13　$\boldsymbol{R}^n$ の標準基底は正規直交基底である．◆

例 5.14　ベクトル $\begin{bmatrix} 1/\sqrt{2} \\ 1/\sqrt{2} \end{bmatrix}$, $\begin{bmatrix} -1/\sqrt{2} \\ 1/\sqrt{2} \end{bmatrix}$ は $\boldsymbol{R}^2$ の正規直交基底である．◆

正規直交系について（したがって正規直交基底についても）以下の性質がある．

定理 5.13（正規直交系の性質）　$\{\boldsymbol{u}_1, \cdots, \boldsymbol{u}_r\}$ を $\boldsymbol{R}^n$ の正規直交系とするとき，以下が成り立つ．

(1)　$\boldsymbol{x} = c_1\boldsymbol{u}_1 + \cdots + c_r\boldsymbol{u}_r$ ならば $c_i = (\boldsymbol{x}, \boldsymbol{u}_i)$ $(i = 1, \cdots, r)$ である．

(2)　$\boldsymbol{u}_1, \cdots, \boldsymbol{u}_r$ は 1 次独立である．

証明　(1)　$\boldsymbol{x} = c_1\boldsymbol{u}_1 + \cdots + c_r\boldsymbol{u}_r$ の両辺それぞれと $\boldsymbol{u}_i$ の内積をとる．

右辺と $\boldsymbol{u}_i$ の内積は，$\boldsymbol{u}_1, \cdots, \boldsymbol{u}_r$ が正規直交系であることから

$$\begin{aligned}(c_1\boldsymbol{u}_1 + \cdots + c_r\boldsymbol{u}_r, \boldsymbol{u}_i) &= c_1(\boldsymbol{u}_1, \boldsymbol{u}_i) + \cdots + c_i(\boldsymbol{u}_i, \boldsymbol{u}_i) + \cdots + c_r(\boldsymbol{u}_r, \boldsymbol{u}_i) \\ &= c_i\end{aligned}$$

となり，左辺と $\boldsymbol{u}_i$ の内積は $(\boldsymbol{x}, \boldsymbol{u}_i)$ となるから (1) が成り立つ．

(2)　$\boldsymbol{u}_1, \cdots, \boldsymbol{u}_r$ の 1 次関係式

$$c_1\boldsymbol{u}_1 + \cdots + c_r\boldsymbol{u}_r = \boldsymbol{0}$$

を考える．これは (1) において $\boldsymbol{x} = \boldsymbol{0}$ としたものであるから，(1) により $c_1 = \cdots = c_r = 0$ となる．よって $\boldsymbol{u}_1, \cdots, \boldsymbol{u}_r$ は 1 次独立である．■

1 次独立な n 個のベクトルは $\boldsymbol{R}^n$ の基底になるから，$r = n$ のとき $\{\boldsymbol{u}_1, \cdots, \boldsymbol{u}_n\}$ は $\boldsymbol{R}^n$ の正規直交基底となる．

系 5.14 $\boldsymbol{u}_1, \cdots, \boldsymbol{u}_n$ が $\boldsymbol{R}^n$ の正規直交系ならば $\{\boldsymbol{u}_1, \cdots, \boldsymbol{u}_n\}$ は $\boldsymbol{R}^n$ の正規直交基底である．

例題 5.11 (1) 以下の 3 つのベクトル

$$\boldsymbol{u}_1 = \begin{bmatrix} \frac{1}{\sqrt{3}} \\ \frac{1}{\sqrt{3}} \\ \frac{1}{\sqrt{3}} \end{bmatrix}, \quad \boldsymbol{u}_2 = \begin{bmatrix} \frac{1}{\sqrt{2}} \\ -\frac{1}{\sqrt{2}} \\ 0 \end{bmatrix}, \quad \boldsymbol{u}_3 = \begin{bmatrix} \frac{1}{\sqrt{6}} \\ \frac{1}{\sqrt{6}} \\ -\frac{2}{\sqrt{6}} \end{bmatrix}$$

は $\boldsymbol{R}^3$ の正規直交基底であることを確かめよ．

(2) $\boldsymbol{c} = {}^t[2, 5, -4]$ を $\boldsymbol{u}_1, \boldsymbol{u}_2, \boldsymbol{u}_3$ の 1 次結合で表せ．

解答 (1) 内積を計算すれば

$$(\boldsymbol{u}_i, \boldsymbol{u}_j) = \delta_{ij}$$

となり，$\{\boldsymbol{u}_1, \boldsymbol{u}_2, \boldsymbol{u}_3\}$ は $\boldsymbol{R}^3$ の正規直交系である．よって，系 5.14 により $\{\boldsymbol{u}_1, \boldsymbol{u}_2, \boldsymbol{u}_3\}$ は $\boldsymbol{R}^3$ の正規直交基底である．

(2) $\boldsymbol{c} = c_1\boldsymbol{u}_1 + c_2\boldsymbol{u}_2 + c_3\boldsymbol{u}_3$ とおくと，定理 5.13 (1) により

$$c_1 = (\boldsymbol{c}, \boldsymbol{u}_1) = \frac{2}{\sqrt{3}} + \frac{5}{\sqrt{3}} - \frac{4}{\sqrt{3}} = \sqrt{3}$$

$$c_2 = (\boldsymbol{c}, \boldsymbol{u}_2) = \frac{2}{\sqrt{2}} - \frac{5}{\sqrt{2}} = -\frac{3}{\sqrt{2}}$$

$$c_3 = (\boldsymbol{c}, \boldsymbol{u}_3) = \frac{2}{\sqrt{6}} + \frac{5}{\sqrt{6}} + \frac{8}{\sqrt{6}} = \frac{15}{\sqrt{6}}$$

となることから

$$\boldsymbol{c} = \sqrt{3}\,\boldsymbol{u}_1 - \frac{3}{\sqrt{2}}\boldsymbol{u}_2 + \frac{15}{\sqrt{6}}\boldsymbol{u}_3$$

を得る． ◈

次に，ある基底が与えられたとき，そのベクトルから正規直交基底を構成する**シュミットの直交化法**，または**グラム・シュミットの直交化法**と呼ばれる手続きを紹介しよう．煩雑さを避けるため $\boldsymbol{R}^3$ の場合を説明するが，$\boldsymbol{R}^n$ に対しても同様である．

例 5.15 $\boldsymbol{p}_1$，$\boldsymbol{p}_2$，$\boldsymbol{p}_3$ を $\boldsymbol{R}^3$ の基底とする．新しいベクトル $\boldsymbol{u}_1$ を

$$\boldsymbol{u}_1 = \frac{1}{|\boldsymbol{p}_1|}\boldsymbol{p}_1$$

で定めると，$\boldsymbol{u}_1$ の長さは1である．次に，ベクトル $\boldsymbol{p}_2{}^*$ を

$$\boldsymbol{p}_2{}^* = \boldsymbol{p}_2 - (\boldsymbol{p}_2, \boldsymbol{u}_1)\boldsymbol{u}_1$$

で定めると，これは $\boldsymbol{u}_1$ と直交するベクトルになっている．実際

$$(\boldsymbol{p}_2{}^*, \boldsymbol{u}_1) = (\boldsymbol{p}_2, \boldsymbol{u}_1) - (\boldsymbol{p}_2, \boldsymbol{u}_1)(\boldsymbol{u}_1, \boldsymbol{u}_1) = (\boldsymbol{p}_2, \boldsymbol{u}_1) - (\boldsymbol{p}_2, \boldsymbol{u}_1) = 0$$

であることが確かめられる．さらに長さが1になるように調節するために

$$\boldsymbol{u}_2 = \frac{1}{|\boldsymbol{p}_2{}^*|}\boldsymbol{p}_2{}^*$$

とおく．これで $\boldsymbol{u}_1$，$\boldsymbol{u}_2$ は正規直交系となった．最後に，ベクトル $\boldsymbol{p}_3{}^*$ を

$$\boldsymbol{p}_3{}^* = \boldsymbol{p}_3 - (\boldsymbol{p}_3, \boldsymbol{u}_1)\boldsymbol{u}_1 - (\boldsymbol{p}_3, \boldsymbol{u}_2)\boldsymbol{u}_2$$

で定めると，$\boldsymbol{p}_3{}^*$ は $\boldsymbol{u}_1$ および $\boldsymbol{u}_2$ と直交するベクトルになっている．実際，$(\boldsymbol{p}_3{}^*, \boldsymbol{u}_1) = (\boldsymbol{p}_3{}^*, \boldsymbol{u}_2) = 0$ であることが確かめられる．さらに

$$\boldsymbol{u}_3 = \frac{1}{|\boldsymbol{p}_3{}^*|}\boldsymbol{p}_3{}^*$$

とおけば，$\boldsymbol{u}_1$, $\boldsymbol{u}_2$, $\boldsymbol{u}_3$ は正規直交系である．系 5.14 により $\{\boldsymbol{u}_1, \boldsymbol{u}_2, \boldsymbol{u}_3\}$ は $\boldsymbol{R}^3$ の正規直交基底となる．◆

例題 5.12 次のベクトルからシュミットの直交化法により正規直交基底を作れ．

$$\boldsymbol{p}_1 = \begin{bmatrix} 1 \\ 0 \\ -1 \end{bmatrix}, \quad \boldsymbol{p}_2 = \begin{bmatrix} 1 \\ -1 \\ 0 \end{bmatrix}, \quad \boldsymbol{p}_3 = \begin{bmatrix} 1 \\ 1 \\ 1 \end{bmatrix}.$$

解答 $\boldsymbol{u}_1 = \dfrac{1}{|\boldsymbol{p}_1|}\boldsymbol{p}_1 = \begin{bmatrix} 1/\sqrt{2} \\ 0 \\ -1/\sqrt{2} \end{bmatrix}$ とすると $\boldsymbol{u}_1$ は単位ベクトルである．（$\boldsymbol{u}_1$ は正規直交系である.）

$\boldsymbol{p}_2{}^* = \boldsymbol{p}_2 - (\boldsymbol{p}_2, \boldsymbol{u}_1)\boldsymbol{u}_1 = \begin{bmatrix} 1/2 \\ -1 \\ 1/2 \end{bmatrix}$ は $\boldsymbol{u}_1$ に直交するベクトルで，$\boldsymbol{u}_2 = \dfrac{1}{|\boldsymbol{p}_2{}^*|}\boldsymbol{p}_2{}^* = \begin{bmatrix} 1/\sqrt{6} \\ -2/\sqrt{6} \\ 1/\sqrt{6} \end{bmatrix}$ は $\boldsymbol{u}_1$ に直交する単位ベクトルである．ここで $\boldsymbol{p}_2{}^*$, $\boldsymbol{u}_2$ ともに $\boldsymbol{p}_1$, $\boldsymbol{p}_2$ の 1 次結合で表されていることに注意しよう．$\{\boldsymbol{u}_1, \boldsymbol{u}_2\}$ は $\boldsymbol{p}_1$, $\boldsymbol{p}_2$ が張る部分ベクトル空間 $\langle \boldsymbol{p}_1, \boldsymbol{p}_2 \rangle$ の正規直交基底である．

$\boldsymbol{p}_3{}^* = \boldsymbol{p}_3 - (\boldsymbol{p}_3, \boldsymbol{u}_1)\boldsymbol{u}_1 - (\boldsymbol{p}_3, \boldsymbol{u}_2)\boldsymbol{u}_2 = \begin{bmatrix} 1 \\ 1 \\ 1 \end{bmatrix}$ は $\boldsymbol{u}_1$, $\boldsymbol{u}_2$ に直交するベクトルで，$\boldsymbol{u}_3 = \dfrac{1}{|\boldsymbol{p}_3{}^*|}\boldsymbol{p}_3{}^* = \begin{bmatrix} 1/\sqrt{3} \\ 1/\sqrt{3} \\ 1/\sqrt{3} \end{bmatrix}$ は $\boldsymbol{u}_1$, $\boldsymbol{u}_2$ に直交する単位ベクトルである．

◈

演習問題 5.5

5.5.1 $\boldsymbol{u}_1 = \begin{bmatrix} 3/5 \\ a \end{bmatrix}$, $\boldsymbol{u}_2 = \begin{bmatrix} b \\ c \end{bmatrix}$ が $\boldsymbol{R}^2$ の正規直交基底になるような $a (> 0), b, c$ を求めよ．

5.5.2 $a\ (> 0)$, $b\ (> 0)$, $c\ (> 0)$, d, e を定数とする．$\boldsymbol{R}^3$ のベクトル

$$\boldsymbol{u}_1 = \begin{bmatrix} \dfrac{\sqrt{2}}{2} \\ a \\ 0 \end{bmatrix}, \quad \boldsymbol{u}_2 = \begin{bmatrix} b \\ -b \\ b \end{bmatrix}, \quad \boldsymbol{u}_3 = \begin{bmatrix} c \\ d \\ e \end{bmatrix}$$

が正規直交系であるとき，a, b, c, d, e を求めよ．

5.5.3 $\boldsymbol{u}_1, \cdots, \boldsymbol{u}_r$ を $\boldsymbol{R}^n$ の正規直交系とする．$\boldsymbol{u} - c_1\boldsymbol{u}_1 - \cdots - c_r\boldsymbol{u}_r$ が $\boldsymbol{u}_1, \cdots, \boldsymbol{u}_r$ に

直交するとき，$c_i\ (1 \leq i \leq r)$ を $\boldsymbol{u}_1, \cdots, \boldsymbol{u}_r$ および $\boldsymbol{u}$ の内積を用いて表せ．

5.5.4 (1) $\boldsymbol{R}^2$ の基底 $\boldsymbol{p}_1 = \begin{bmatrix} 1 \\ 2 \end{bmatrix}$, $\boldsymbol{p}_2 = \begin{bmatrix} 3 \\ 4 \end{bmatrix}$ から，シュミットの直交化法により $\boldsymbol{R}^2$ の正規直交基底 $\{\boldsymbol{u}_1, \boldsymbol{u}_2\}$ を作れ．

(2) $\boldsymbol{R}^3$ の基底 $\boldsymbol{p}_1 = \begin{bmatrix} 1 \\ 0 \\ -1 \end{bmatrix}$, $\boldsymbol{p}_2 = \begin{bmatrix} 0 \\ 1 \\ -1 \end{bmatrix}$, $\boldsymbol{p}_3 = \begin{bmatrix} 1 \\ 0 \\ 1 \end{bmatrix}$ から，シュミットの直交化法により $\boldsymbol{R}^3$ の正規直交基底 $\{\boldsymbol{u}_1, \boldsymbol{u}_2, \boldsymbol{u}_3\}$ を作れ．

5.5.5 A, B を n 次正方行列とする．$\boldsymbol{R}^n$ の任意の元 $\boldsymbol{x}$, $\boldsymbol{y}$ に対して

$$(A\boldsymbol{x}, \boldsymbol{y}) = (B\boldsymbol{x}, \boldsymbol{y})$$

が成り立つならば $A = B$ であることを示せ．

5.6 直交変換

n 次正方行列 U が

$${}^tUU = E$$

をみたすとき，U を**直交行列**という．ここで E は n 次単位行列である．定理3.14 により，直交行列 U は正則行列で ${}^tU = U^{-1}$ である．

例 5.16 $\begin{bmatrix} 1 & 0 \\ 0 & 1 \end{bmatrix}$, $\begin{bmatrix} 12/13 & -5/13 \\ 5/13 & 12/13 \end{bmatrix}$ はいずれも直交行列である． ◆

定理 5.15（**直交行列と正規直交基底**） $\boldsymbol{R}^n$ の元 $\boldsymbol{u}_1, \cdots, \boldsymbol{u}_n$ を列ベクトルとする n 次正方行列を $U = [\boldsymbol{u}_1, \cdots, \boldsymbol{u}_n]$ とおく．このとき，U が直交行列であるための必要十分条件は $\{\boldsymbol{u}_1, \cdots, \boldsymbol{u}_n\}$ が $\boldsymbol{R}^n$ の正規直交基底であることである．

証明 系 5.14 によって，$\{\boldsymbol{u}_1, \cdots, \boldsymbol{u}_n\}$ が $\boldsymbol{R}^n$ の正規直交基底であることと，$\{\boldsymbol{u}_1, \cdots, \boldsymbol{u}_n\}$ が正規直交系であることが同値であることがわかる．

${}^tU = \begin{bmatrix} {}^t\boldsymbol{u}_1 \\ \vdots \\ {}^t\boldsymbol{u}_n \end{bmatrix}$ である．分割した行列による積の式 (2.2 節 (2.3)) を用いれば

$$ {}^tUU = \begin{bmatrix} {}^t\boldsymbol{u}_1 \\ \vdots \\ {}^t\boldsymbol{u}_n \end{bmatrix} [\boldsymbol{u}_1, \cdots, \boldsymbol{u}_n] = \begin{bmatrix} {}^t\boldsymbol{u}_1\boldsymbol{u}_1 & \cdots & {}^t\boldsymbol{u}_1\boldsymbol{u}_n \\ \vdots & \ddots & \vdots \\ {}^t\boldsymbol{u}_n\boldsymbol{u}_1 & \cdots & {}^t\boldsymbol{u}_n\boldsymbol{u}_n \end{bmatrix} \tag{5.12} $$

$$ = \begin{bmatrix} (\boldsymbol{u}_1, \boldsymbol{u}_1) & \cdots & (\boldsymbol{u}_1, \boldsymbol{u}_n) \\ \vdots & \ddots & \vdots \\ (\boldsymbol{u}_n, \boldsymbol{u}_1) & \cdots & (\boldsymbol{u}_n, \boldsymbol{u}_n) \end{bmatrix} \tag{5.13} $$

となるから，${}^tUU = E$ と $(\boldsymbol{u}_i, \boldsymbol{u}_j) = \delta_{ij}$ $(1 \leq i, j \leq n)$ は同値である．よって，U が直交行列であることと $\{\boldsymbol{u}_1, \cdots, \boldsymbol{u}_n\}$ が $\boldsymbol{R}^n$ の正規直交系であることは同値である． ■

次の定理は，行列により定まる線形写像と内積の関係に関するものである．

定理 5.16 n 次正方行列 A が定める線形写像を $F_A : \boldsymbol{R}^n \longrightarrow \boldsymbol{R}^n$ とするとき，次は同値である．

(1) A は直交行列である．

(2) $\boldsymbol{R}^n$ の任意の元 $\boldsymbol{x}$ に対して $|F_A(\boldsymbol{x})| = |\boldsymbol{x}|$ が成り立つ．

(3) $\boldsymbol{R}^n$ の任意の元 $\boldsymbol{x}, \boldsymbol{y}$ に対して $(F_A(\boldsymbol{x}), F_A(\boldsymbol{y})) = (\boldsymbol{x}, \boldsymbol{y})$ が成り立つ．

証明 (1) ⇒ (2) を示す．A を直交行列とすると ${}^tAA = E$ が成り立つから，

$$ |F_A(\boldsymbol{x})| = |A\boldsymbol{x}| = \sqrt{(A\boldsymbol{x}, A\boldsymbol{x})} = \sqrt{{}^t(A\boldsymbol{x})A\boldsymbol{x}} = \sqrt{{}^t\boldsymbol{x}\,{}^tAA\boldsymbol{x}} $$
$$ = \sqrt{{}^t\boldsymbol{x}\boldsymbol{x}} = \sqrt{(\boldsymbol{x}, \boldsymbol{x})} = |\boldsymbol{x}| $$

となる．すなわち (2) が成り立つ．

(2) ⇒ (3) を示す．一般に

$$ |\boldsymbol{x} + \boldsymbol{y}|^2 - |\boldsymbol{x} - \boldsymbol{y}|^2 = |\boldsymbol{x}|^2 + 2(\boldsymbol{x}, \boldsymbol{y}) + |\boldsymbol{y}|^2 - (|\boldsymbol{x}|^2 - 2(\boldsymbol{x}, \boldsymbol{y}) + |\boldsymbol{y}|^2) $$
$$ = 4(\boldsymbol{x}, \boldsymbol{y}) $$

したがって

$$ (\boldsymbol{x}, \boldsymbol{y}) = \frac{1}{4}(|\boldsymbol{x} + \boldsymbol{y}|^2 - |\boldsymbol{x} - \boldsymbol{y}|^2) $$

が成り立つことに注意しよう．ここで，F_A の線形性と (2) を用いれば

$$
\begin{aligned}
(F_A(\boldsymbol{x}), F_A(\boldsymbol{y})) &= \frac{1}{4}(|F_A(\boldsymbol{x}) + F_A(\boldsymbol{y})|^2 - |F_A(\boldsymbol{x}) - F_A(\boldsymbol{y})|^2) \\
&= \frac{1}{4}(|F_A(\boldsymbol{x}+\boldsymbol{y})|^2 - |F_A(\boldsymbol{x}-\boldsymbol{y})|^2) \\
&= \frac{1}{4}(|\boldsymbol{x}+\boldsymbol{y}|^2 - |\boldsymbol{x}-\boldsymbol{y}|^2) \\
&= (\boldsymbol{x}, \boldsymbol{y})
\end{aligned}
$$

が得られる．

(3) ⇒ (1) を示す．$\{\boldsymbol{e}_1, \cdots, \boldsymbol{e}_n\}$ を $\boldsymbol{R}^n$ の標準基底とする．また，A の第 k 列を $\boldsymbol{a}_k$ で表す．$\boldsymbol{x} = \boldsymbol{e}_i$，$\boldsymbol{y} = \boldsymbol{e}_j$ とおくと

$$
(F_A(\boldsymbol{x}), F_A(\boldsymbol{y})) = (F_A(\boldsymbol{e}_i), F_A(\boldsymbol{e}_j)) = (A\boldsymbol{e}_i, A\boldsymbol{e}_j) = (\boldsymbol{a}_i, \boldsymbol{a}_j)
$$

が得られる．一方，(3) を用いると

$$
(F_A(\boldsymbol{x}), F_A(\boldsymbol{y})) = (\boldsymbol{x}, \boldsymbol{y}) = (\boldsymbol{e}_i, \boldsymbol{e}_j) = \delta_{ij}
$$

も得られる．したがって任意の $1 \leq i, j \leq n$ に対して

$$
(\boldsymbol{a}_i, \boldsymbol{a}_j) = \delta_{ij}
$$

が成り立つので，系 5.14 より $\{\boldsymbol{a}_1, \cdots, \boldsymbol{a}_n\}$ は $\boldsymbol{R}^n$ の正規直交基底である．よって，定理 5.15 より A は直交行列であることがわかる． ■

直交行列 U により定まる線形写像 F_U は**直交変換**と呼ばれる．定理 5.16 (2) により，直交変換はベクトルの長さを変えないことがわかる．このことから，直交変換は 2 点の間の距離を変えないことがわかる．したがって，次の定理が示された．

定理 5.17 (直交変換の性質)　直交行列 U が表す線形写像 F_U は図形をそれと合同な図形に写す．

2 次直交行列により定まる $\boldsymbol{R}^2$ から $\boldsymbol{R}^2$ への直交変換について調べよう．2 次直交行列 U を

$$
U = [\boldsymbol{u}_1, \boldsymbol{u}_2] = \begin{bmatrix} u_{11} & u_{12} \\ u_{21} & u_{22} \end{bmatrix}
$$

とおくと，$\boldsymbol{u}_1$ の長さは1であるから $(u_{11})^2+(u_{21})^2=1$ が成り立つ．よって一般性を失うことなく，適当な実数 θ を用いて

$$u_{11}=\cos\theta,\qquad u_{21}=\sin\theta$$

とおくことができる．$\boldsymbol{u}_1$, $\boldsymbol{u}_2$ は直交し，また $\boldsymbol{u}_2$ の長さも1であるから

$$\begin{cases} u_{12}\cos\theta+u_{22}\sin\theta=0 \\ (u_{12})^2+(u_{22})^2=1 \end{cases}$$

が成り立つ．これをみたす u_{12}, u_{22} は

$$u_{12}=-\sin\theta,\qquad u_{22}=\cos\theta$$

または

$$u_{12}=\sin\theta,\qquad u_{22}=-\cos\theta$$

である．したがって2次直交行列は

$$R(\theta)=\begin{bmatrix}\cos\theta & -\sin\theta \\ \sin\theta & \cos\theta\end{bmatrix},\quad R^*(\theta)=\begin{bmatrix}\cos\theta & \sin\theta \\ \sin\theta & -\cos\theta\end{bmatrix} \tag{5.14}$$

のいずれかである．実は，$R(\theta)$ が定める線形写像は原点を中心とする角 θ の回転移動であり，$R^*(\theta)$ が定める線形写像は直線 $y=\left(\tan\dfrac{\theta}{2}\right)x$ に関する折り返しである（図5.3）．$R(\theta)$ を2次の**回転行列**ということがある．これらの線形写像で図形はそれと合同な図形に写る．

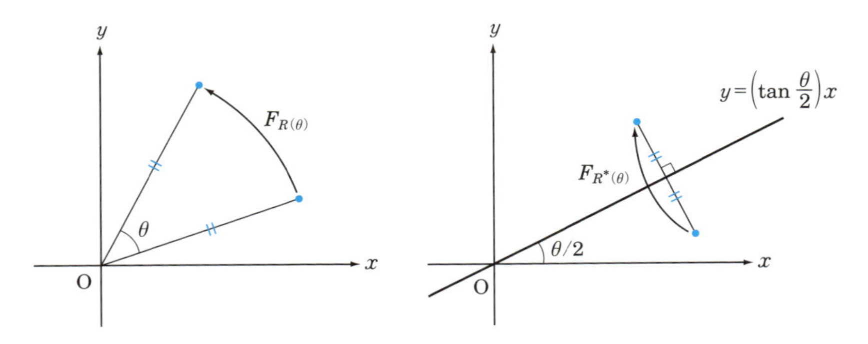

図5.3 回転と折り返し

演習問題 5.6

5.6.1 行列 $U = \begin{bmatrix} 1/\sqrt{2} & -1/\sqrt{2} \\ 1/\sqrt{2} & 1/\sqrt{2} \end{bmatrix}$ は直交行列である．以下の問に答えよ．

(1) U の逆行列 U^{-1} を計算し，これが転置行列 ${}^tU$ と一致することを確かめよ．

(2) U は (5.14) の $R(\theta)$, $R^*(\theta)$ のどちらの形の行列か．また，対応する θ の値を答えよ．

(3) U により定まる線形写像 F_U による $\begin{bmatrix} 1 \\ 0 \end{bmatrix}$ および $\begin{bmatrix} 0 \\ 1 \end{bmatrix}$ の像を求めよ．

(4) (3) の結果を参考にして，3点 $(0, 0)$, $(1, 0)$, $(0, 1)$ を頂点とする三角形の F_U による像がどのような図形になるか考えよ．

5.6.2 (5.14) の $R(\theta)$, $R^*(\theta)$ の行列式の値を求めよ．

5.6.3 以下の問に答えよ．

(1) 2つの直交行列の積は直交行列であることを示せ．

(2) 直交行列の逆行列は直交行列であることを示せ．

(3) 直交行列の行列式の値は1または -1 であることを示せ．

5.6.4 $\{\boldsymbol{e}\}$, $\{\boldsymbol{f}\}$ を $\boldsymbol{R}^n$ の二組の正規直交基底とする．基底の取り替え $\{\boldsymbol{e}\} \to \{\boldsymbol{f}\}$ の取り替え行列は直交行列であることを示せ．

5.7 対称行列の対角化

正方行列は必ずしも対角化可能ではないが，すべての対称行列は対角化可能である．この節では，対称行列が直交行列によって対角化できることを示す．

まず，次のことに注意しておこう．ただし，証明は省略する．

定理 5.18（**対称行列の固有値**） 対称行列 A のすべての固有値は実数である．

さらに，対称行列の固有ベクトルに関して次の定理が成り立つ．

定理 5.19（**対称行列の固有ベクトルの直交性**） 対称行列 A の，相異なる固有値に対する固有ベクトルは直交する．

証明 A を対称行列とする．λ, μ を A の相異なる固有値とし，それぞれに対する固有ベクトルを $\boldsymbol{x}$, $\boldsymbol{y}$ とする．このとき，

$$\begin{aligned}\lambda(\boldsymbol{x}, \boldsymbol{y}) &= (\lambda\boldsymbol{x}, \boldsymbol{y}) = (A\boldsymbol{x}, \boldsymbol{y}) = {}^t(A\boldsymbol{x})\boldsymbol{y} = {}^t\boldsymbol{x}{}^tA\boldsymbol{y} \\ &= {}^t\boldsymbol{x}(A\boldsymbol{y}) = {}^t\boldsymbol{x}(\mu\boldsymbol{y}) = \mu{}^t\boldsymbol{x}\boldsymbol{y} = \mu(\boldsymbol{x}, \boldsymbol{y})\end{aligned}$$

となり，$(\lambda - \mu)(\boldsymbol{x}, \boldsymbol{y}) = 0$ が得られる．仮定より $\lambda - \mu \neq 0$ だから $(\boldsymbol{x}, \boldsymbol{y}) = 0$ である．したがって $\boldsymbol{x}$, $\boldsymbol{y}$ は直交する． ■

定理 5.20（**直交行列による対角化**） 対称行列は直交行列で対角化することができる．すなわち，対称行列 A に対して，直交行列 U で $U^{-1}AU={}^tUAU$ が対角行列になるものが存在する．

証明 数学的帰納法によるが，詳細は略す． ■

例 5.17 $A = \begin{bmatrix} -1 & 2 \\ 2 & -1 \end{bmatrix}$ を直交行列を用いて対角化しよう．例題 5.9 で求めたように A の固有値は 1, -3 である．定理 5.18 の通り，ともに実数である．それぞれの固有値に対する固有ベクトルである $\boldsymbol{p}_1 = {}^t[1, 1]$, $\boldsymbol{p}_2 = {}^t[1, -1]$ は直交しているから，それぞれを長さで割ったベクトルを $\boldsymbol{u}_1 = \boldsymbol{p}_1/|\boldsymbol{p}_1| = {}^t[1/\sqrt{2}, 1/\sqrt{2}]$，$\boldsymbol{u}_2 = \boldsymbol{p}_2/|\boldsymbol{p}_2| = {}^t[1/\sqrt{2}, -1/\sqrt{2}]$ とすると $\{\boldsymbol{u}_1, \boldsymbol{u}_2\}$ は正規直交系である．したがって

$$U = [\boldsymbol{u}_1, \boldsymbol{u}_2] = \begin{bmatrix} 1/\sqrt{2} & 1/\sqrt{2} \\ 1/\sqrt{2} & -1/\sqrt{2} \end{bmatrix}$$

とおけば，U は直交行列で

$${}^tUAU = \begin{bmatrix} 1 & 0 \\ 0 & -3 \end{bmatrix}$$

である． ◆

例題 5.9 でも A を対角化しているが，そこで対角化のために用いた行列 P

は直交行列ではない.

例題 5.13　行列

$$A = \begin{bmatrix} 3 & -1 & -1 \\ -1 & 3 & -1 \\ -1 & -1 & 3 \end{bmatrix}$$

を直交行列を用いて対角化せよ.

解答　A の固有値は 4 (重複度 2), 1 である. 固有値 4 に対する固有ベクトルとして 1 次独立な 2 つのベクトル $\boldsymbol{p}_1 = {}^t[1, 0, -1]$, $\boldsymbol{p}_2 = {}^t[1, -1, 0]$ を取ることができる. また, 固有値 1 に対する固有ベクトルとしてベクトル $\boldsymbol{p}_3 = {}^t[1, 1, 1]$ を取ることができる. $\{\boldsymbol{p}_1, \boldsymbol{p}_2, \boldsymbol{p}_3\}$ に対してシュミットの直交化法を用いると, 正規直交系

$$\boldsymbol{u}_1 = \begin{bmatrix} 1/\sqrt{2} \\ 0 \\ -1/\sqrt{2} \end{bmatrix}, \quad \boldsymbol{u}_2 = \begin{bmatrix} 1/\sqrt{6} \\ -2/\sqrt{6} \\ 1/\sqrt{6} \end{bmatrix}, \quad \boldsymbol{u}_3 = \begin{bmatrix} 1/\sqrt{3} \\ 1/\sqrt{3} \\ 1/\sqrt{3} \end{bmatrix}$$

が得られる (例題 5.12 参照). $\boldsymbol{u}_1$, $\boldsymbol{u}_2$ は $\boldsymbol{p}_1$, $\boldsymbol{p}_2$ の 1 次結合で表されるから, 定理 5.6 によって固有空間 V_4 の元, すなわち固有値 4 に対する固有ベクトルであることがわかる. ここで $U = [\boldsymbol{u}_1, \boldsymbol{u}_2, \boldsymbol{u}_3]$ とおけば, U は直交行列であり, 各列は A の固有ベクトルになっている. この U を用いて, A は

$${}^tUAU = \begin{bmatrix} 4 & 0 & 0 \\ 0 & 4 & 0 \\ 0 & 0 & 1 \end{bmatrix}$$

と対角化される. ◆

最後に対称行列の対角化の応用例をあげておこう.

例 5.18　x と y の関係式 $x^2 - 6xy + y^2 = 1$ で表される曲線 C を考える. 左辺はベクトル $\boldsymbol{x} = \begin{bmatrix} x \\ y \end{bmatrix}$ と対称行列 $A = \begin{bmatrix} 1 & -3 \\ -3 & 1 \end{bmatrix}$ を用いて

$${}^t\boldsymbol{x}A\boldsymbol{x} = [x, y]\begin{bmatrix} 1 & -3 \\ -3 & 1 \end{bmatrix}\begin{bmatrix} x \\ y \end{bmatrix}$$

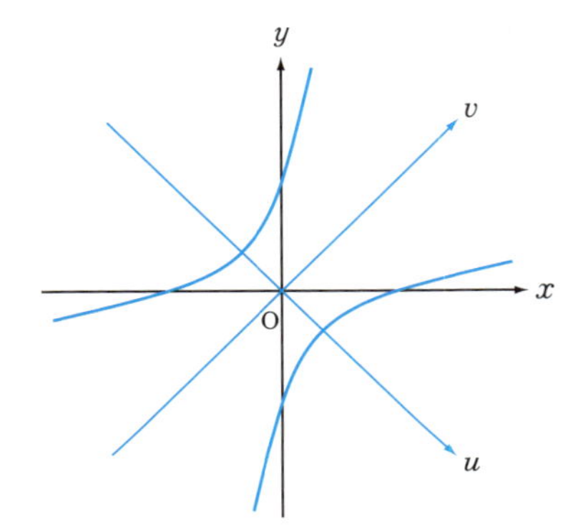

図 5.4 曲線 C のグラフ

と表すことができる．

A は，直交行列

$$U = \begin{bmatrix} 1/\sqrt{2} & 1/\sqrt{2} \\ -1/\sqrt{2} & 1/\sqrt{2} \end{bmatrix}$$

によって対角化されて ${}^tUAU = \begin{bmatrix} 4 & 0 \\ 0 & -2 \end{bmatrix}$ となる．

変数 u, v を

$$\boldsymbol{x} = U\begin{bmatrix} u \\ v \end{bmatrix} = u\begin{bmatrix} 1/\sqrt{2} \\ -1/\sqrt{2} \end{bmatrix} + v\begin{bmatrix} 1/\sqrt{2} \\ 1/\sqrt{2} \end{bmatrix} \iff \begin{bmatrix} u \\ v \end{bmatrix} = {}^tU\boldsymbol{x}$$

で定めると，C の方程式は

$$\begin{aligned} {}^t\boldsymbol{x}A\boldsymbol{x} = 1 \iff & [u, v]\,{}^tUAU\begin{bmatrix} u \\ v \end{bmatrix} = 1 \\ \iff & [u, v]\begin{bmatrix} 4 & 0 \\ 0 & -2 \end{bmatrix}\begin{bmatrix} u \\ v \end{bmatrix} = 1 \\ \iff & 4u^2 - 2v^2 = 1 \end{aligned}$$

となる．これは uv 平面上の双曲線である．

U は原点を中心とする $-\dfrac{\pi}{4}$ の回転を表す回転行列だから，C は双曲線 $4x^2 - 2y^2 = 1$ を原点を中心として $-\dfrac{\pi}{4}$ だけ回転した双曲線である（図 5.4）． ◆

演習問題 5.7

5.7.1 次の対称行列を直交行列で対角化せよ.

(1) $A = \begin{bmatrix} 1 & 2 \\ 2 & 1 \end{bmatrix}$　(2) $B = \begin{bmatrix} 1 & 2 \\ 2 & -2 \end{bmatrix}$　(3) $C = \begin{bmatrix} 1 & 1 & 3 \\ 1 & 5 & 1 \\ 3 & 1 & 1 \end{bmatrix}$

(4) $D = \begin{bmatrix} 2 & 1 & 1 \\ 1 & 2 & 1 \\ 1 & 1 & 2 \end{bmatrix}$

5.7.2 $\boldsymbol{x} = \begin{bmatrix} x \\ y \end{bmatrix}$ とおく.

(1) $3x^2 + 2xy + 3y^2 = {}^t\boldsymbol{x}A\boldsymbol{x}$ となる対称行列 A を求めよ.

(2) 回転行列 U で $U^{-1}AU$ が対角行列となるものを求めよ.

(3) 2 次曲線 $3x^2 + 2xy + 3y^2 = 1$ の概形を描け.

2 次曲線の分類

column

a, b, h, p, q, r を定数 (ただし $(a, b, h) \neq (0, 0, 0)$) とする.

$$ax^2 + 2hxy + by^2 + 2px + 2qy + r = 0 \qquad (5.15)$$

をみたす点 (x, y, z) の集合を 2 次曲線という. 高等学校で学んだ楕円, 双曲線, 放物線は 2 次曲線である. 例 5.18 で $x^2 - 6xy + y^2 = 1$ が表す曲線が回転移動によって双曲線 $4u^2 - 2v^2 - 1 = 0$ に移ることを見たが, 一般に (5.15) は平行移動と回転移動を続けて行うことにより高等学校で学んだ楕円や放物線を表す式

$$\frac{u^2}{A^2} + \frac{v^2}{B^2} = 1, \qquad \frac{u^2}{A^2} - \frac{v^2}{B^2} = 1$$

のような簡単な形に変形できることが知られている. ここで, 2 直線の和集合も 2 次曲線であることに注意しておこう. 例えば $x^2 - y^2 + 2y - 1 = 0$ をみたす点の集まりは, $x^2 - y^2 + 2y - 1 = (x + y - 1)(x - y + 1)$ となるから 2 直線 $x + y = 1$ と $x = y - 1$ の和集合であ

る．

79ページで2直線や3平面の位置関係の分類に行列の階数が有用であることを見たが，2次曲線の分類においても行列の階数が重要な役割を果たす．次の行列を考える．

$$H = \begin{bmatrix} a & h \\ h & b \end{bmatrix}, \quad A = \begin{bmatrix} a & h & p \\ h & b & q \\ p & q & r \end{bmatrix}$$

それぞれの階数を $\mathrm{rank}(H) = r$, $\mathrm{rank}(A) = s$ とすると次の5つの場合が考えられる．

(i)　$r = 2,\ s = 3$　　(ii)　$r = 2,\ s = 2$　　(iii)　$r = 1,\ s = 3$

(iv)　$r = 1,\ s = 2$　　(v)　$r = 1,\ s = 1$

実は，2次曲線の分類は，H および A の階数による上の場合分けに対応していて以下の表のようになっている．

2次曲線の分類

	r	s	$\|H\|$	2次曲線	例
(i)	2	3	正	楕円	$x^2 + 2y^2 - 1 = 0$
			負	双曲線	$x^2 - 2y^2 - 1 = 0$
(ii)	2	2	正	—	$x^2 + y^2 = 0$
			負	交わる2直線	$x^2 - y^2 = 0$
(iii)	1	3	0	放物線	$x^2 - y = 0$
(iv)	1	2	0	平行な2直線	$y^2 - 1 = 0$
(v)	1	1	0	重なる2直線	$(x - y)^2 = 0$

$x^2 + \dfrac{y^2}{4} + 1 = 0$ や $x^2 + y^2 = 0$ が表す曲線も2次曲線であるが，それぞれ空集合，原点のみからなる集合である．(5.15) をみたす点の集まりは上の表の (i) で $|H| > 0$ の場合は空集合であり，上の表の (ii) で $|H| > 0$ の場合はただ1点のみからなる．平行移動と回転移動を続けて行うことによって (5.15) は，前者の場合

$$\frac{u^2}{A^2}+\frac{v^2}{B^2}+1=\frac{u^2}{A^2}+\frac{v^2}{B^2}-i^2=0$$

となり，後者の場合

$$\frac{u^2}{A^2}+\frac{v^2}{B^2}=\left(\frac{u}{A}+i\frac{v}{B}\right)\left(\frac{u}{A}-i\frac{v}{B}\right)=0$$

となる．それぞれ，虚楕円，虚2直線と呼ぶことがある．

2次曲線の分類は本書のレベルを超えるが，前ページの表の右端の欄にある例や，演習問題5.7.2について H および A の階数を計算して表と見比べてみると，表の理解が深まるであろう．

補遺　集合と論理

高等学校で集合や論理について学ぶことになっているが，講義を担当していると，知識が不足していると感じさせられることが少なくない．そこで，以下，集合と論理についてごく簡単にまとめておいた．かならずしも，本文を読む際に必要なものだけではないが，適宜参照していただければ幸いである．

A.1 集　合

「大きい数の集まり」といったとき，10000 はこの「集まり」の中に含まれるかどうかは，人により判断が異なるであろう．しかし「1000 以上の整数の集まり」というとき，10000 はこの「集まり」に含まれ，-1 が含まれないことは明白である．数学では「もの」が指定されたときに，それが「集まり」に含まれるかどうかがきちんと判断できるようなときに限って「ものの集まり」を**集合**という．また，集合 S に含まれる個々の「もの」を集合の**元**（または**要素**）という．a が集合 S の元であることを

$$a \in S \quad \text{または} \quad S \ni a$$

と表し，a が集合 S の元でないことを

$$a \notin S \quad \text{または} \quad S \not\ni a$$

と表す．

集合 M のすべての元が集合 S の元であるとき，M は S の**部分集合**であるといい，

$$M \subset S \quad \text{または} \quad S \supset M$$

と表す．$S \supset M$ であることを，S は M を**含む**ともいう．部分集合の定義から，M 自身も M の部分集合である．

2つの集合 M と N は，$M \supset N$ かつ $N \supset M$ のとき**等しい**といって $M = N$ と書く．

元を1つも持たない集合も考える．このような集合を**空集合**といって $\emptyset$ で表す．空集合はすべての集合の部分集合であるものとする．

数の集まりは基本的な集合である．実数全体の集合を $\boldsymbol{R}$ で表す．自然数全体の集合を $\boldsymbol{N}$，整数全体の集合を $\boldsymbol{Z}$，有理数全体の集合を $\boldsymbol{Q}$，複素数全体の集合を $\boldsymbol{C}$ で表す．これらの記号は断りなしに使われることが多い．それぞれ，実数を表す英語の Real number，自然数を表す英語の Natural number，整数を表すドイツ語の Zahl，商を表す英語の Quotient，および複素数を表す英語の Complex number の頭文字を当てたものである．有理数の $\boldsymbol{Q}$ はわかりにくいが，有理数が「既約分数で表せる数」であることに由来するものである．

集合は { および } で元を囲むことによって表される．集合の元が有限個または一部を表示することで全体がわかるような規則性がある場合は元を列挙して表す方法が用いられる．例えば

$$\boldsymbol{N} = \{1, 2, 3, \cdots\}$$

である．一方，集合の元を列挙することができない場合には（有限集合であっても）

$$P = \{x \mid x \text{ は素数}\}$$

のように元の性質を { および } で囲んで表す．

2つの集合 A，B に対して

- A にも B にも含まれる元の集合を A と B の**共通部分**といい $A \cap B$ で表す．
- A か B のどちらかに含まれる元の集合を A と B の**和集合**といい $A \cup B$ で表す．

- A に含まれ B には含まれない元の集合を A と B の**差集合**といい $A \backslash B$ で表す．

例 A.1 $A = \{2, 4, 6, 8, 10\}$，$B = \{3, 6, 9\}$ のとき

$$A \cup B = \{2, 3, 4, 6, 8, 9, 10\}, \quad A \cap B = \{6\}, \quad A \backslash B = \{2, 4, 8, 10\}$$

である． ◆

A.2 命　題

真偽が定まる文や式を命題という．命題を p，q などで表す．

例 A.2 p :「猫は魚である．」や，q :「$(1+i)^2 = 2i$.」などは命題である．命題 p は偽であり，命題 q は真である． ◆

いくつかの命題から次の方法で新たな命題をつくることができる．

否定　命題 p に対して，「p でない」を p の**否定**という．$\neg p$ で表す．

論理積　命題 p，q に対して，「p であり q である」を**論理積**という．$p \wedge q$ で表す．

論理和　命題 p，q に対して，「p または q である」を**論理和**という．$p \vee q$ で表す．

例 A.3 例 A.2 の命題 p，q に対して

否定　$\neg p$ は「猫は魚でない」であり，$\neg q$ は「$(1+i)^2 \neq 2i$ である」である．

論理積　p かつ q は「猫は魚であり $(1+i)^2 = 2i$ である」である．

論理和　p または q は「猫は魚であるか $(1+i)^2 = 2i$ である」である． ◆

p が真であれば $\neg p$ は偽であり，p が偽であれば $\neg p$ は真である．命題が真であることを T で，偽であることを F で表す．否定，論理積，論理和の真偽は次の表のようになる．

p	$\neg p$
T	F
F	T

p	q	$p \wedge q$	$p \vee q$
T	T	T	T
T	F	F	T
F	T	F	T
F	F	F	F

A.3　命題関数

「n は整数である」のように，変数を含む命題を**命題関数**という．

例 A.4　x を実数とするとき

$p(x)$: $x^2 + 2x + 2 > 0$ である．

$q(x)$: $x^2 - 3x + 2 > 0$ である．

$r(x)$: $x^2 + 1 < 0$ である．

などは命題関数である．◆

上の例で，$p(x)$ は x の値にかかわらずに真であり，$q(x)$ は x の値によって真であることも偽であることもあり，$r(x)$ は x の値にかかわらずに偽である．数学においては，あることがら（命題関数）がいつ成り立つかが問題になることも多い．

全称命題　すべての x に対して $q(x)$ が成り立つ．これを，次のような記号で表すこともある．

$$\forall x \quad q(x)$$

存在命題　ある x に対して $q(x)$ が成り立つ．これを，次のような記号で表すこともある．

$$\exists x \quad q(x)$$

数学における論証の多くは

○○ ならば ◇◇ である．

という議論のくり返しで進められる．2つの命題 p，q から作られた命題「p

ならば q」を**含意命題**という．「p ならば q」を $p \Longrightarrow q$ で表す．

含意命題「p ならば q」の真偽を

(1) p が真で q が真であるときには真

(2) p が真で q が偽であるときには偽

(3) p が偽であるときは，q の真偽にかかわらずに真

と約束する．たとえば

$$p : 1 + 1 = 3$$
$$q : 1000 = 1$$

とするとき，命題 p，q はともに偽であるが，含意命題 $p \Longrightarrow q$ は

$$1 + 1 = 3 \text{ ならば } 1000 = 1.$$

となり，この命題自身は真と約束するのである．奇妙に見えるが，こうすることが合理的なのである．

日常生活において「△△△ ならば ○○○ である」というときに，△△△ が成り立たないときに ○○○ がどうなるかは考えていない．

「風が吹けば桶屋が儲かる」という言い回しがある．間に遠回りな因果関係があって桶屋が儲かるのであるが，ここでは

p を「x 日（ある日）に風が吹く」

q を「x 日に桶屋が儲かる」

として，$p \Longrightarrow q$ を考えてみよう．考える命題関数は

「x 日に風が吹くとその日に桶屋が儲かる」

である．

さて，風が吹かなかった x 日に桶屋は儲かるのだろうか？

日常会話では，風が吹かなかった場合は考えてはいない．含意命題 $p \Longrightarrow q$ の真偽は，p が偽のときには考えないのが日常的な思考法であるので，数学でもそのように扱いたい．そこで，p が偽である場合については，含意命題 $p \Longrightarrow q$ の真偽を考えなくてもよいように

「p が偽であるとき，含意命題 $p \Longrightarrow q$ は真である」

と約束しておくのである．

A.4　命題と集合

$p(x)$ および $q(x)$ を，集合 X の元 x に対する命題関数として，X の部分集合

$$P = \{x \in X \mid p(x) \text{ は真}\}, \qquad Q = \{x \in X \mid q(x) \text{ は真}\}$$

を考える．このとき，否定，論理積，論理和には次のような集合が対応する．

否定　$X \backslash P = \{x \in X \mid \neg p(x)\}$

論理積　$P \cap Q = \{x \in X \mid p(x) \wedge q(x)\}$

論理和　$P \cup Q = \{x \in X \mid p(x) \vee q(x)\}$

命題関数 $p(x) \Longrightarrow q(x)$ が真であることは，$p(x)$ が真であるとき $q(x)$ も真であることだから，$p(x) \Longrightarrow q(x)$ ならば $P \subset Q$ であり，$P \subset Q$ ならば $p(x) \Longrightarrow q(x)$ である．

$p \Longrightarrow q$ と $q \Longrightarrow p$ がともに真であるとき p は q であるための**必要十分条件**である，または p と q は**同値**であるという．

A.5　否定命題について

否定命題を作ることは初学者がつまずきやすい部分である．

論理和と論理積の否定について表にまとめると次の表のようになる．

p	q	$\neg p$	$\neg q$	$p \wedge q$	$p \vee q$	$\neg(p \wedge q)$	$\neg(p \vee q)$	$(\neg p) \wedge (\neg q)$	$(\neg p) \vee (\neg q)$
T	T	F	F	T	T	F	F	F	F
T	F	F	T	F	T	T	F	F	T
F	T	T	F	F	T	T	F	F	T
F	F	T	T	F	F	T	T	T	T

上の表から次のことがわかる．

$$\neg(p \wedge q) = (\neg p) \vee (\neg q), \qquad \neg(p \vee q) = (\neg p) \wedge (\neg q).$$

例 A.5 x, y を実数とする.「$x = 0$ かつ $y = 0$ である」の否定命題は「$x \neq 0$ または $y \neq 0$」である. ◆

命題「すべての x に対して $p(x)$ ならば $q(x)$」の否定命題は「$p(x)$ は成り立つが $q(x)$ が成り立たない x が存在する」である.

最後に, 1 次従属と 1 次独立の定義を見なおしておこう.

$\boldsymbol{R}^n$ の元 $\boldsymbol{a}_1, \cdots, \boldsymbol{a}_k$ が与えられているとする. $\boldsymbol{a}_1, \cdots, \boldsymbol{a}_k$ が 1 次独立であるとは, k 個の実数の組 $x = (c_1, \cdots, c_k)$ に対する命題関数

$p(x)$: 1 次関係式 $c_1\boldsymbol{a}_1 + \cdots + c_k\boldsymbol{a}_k = \boldsymbol{0}$ が成り立つ.

$q(x)$: $c_1 = \cdots = c_k = 0$ である.

に対して $p(x) \Longrightarrow q(x)$ が真となることであると考えることができる.

$\boldsymbol{a}_1, \cdots, \boldsymbol{a}_k$ が 1 次従属であるのは, $p(x) \Longrightarrow q(x)$ の否定命題が成り立つことである. すなわち, $p(x)$ が成り立っても $q(x)$ が成り立たないような x が存在するということである. ここで $q(x)$ にあたるのは $c_1 = 0$ かつ $c_2 = 0$ かつ …… $c_k = 0$ が成り立つであり, これを否定すると $c_1 \neq 0$, $c_2 \neq 0$, …, $c_k \neq 0$ のいずれかが成り立つとなる.

演習問題の解答

第1章

1.1節

1.1.1 (1) $(1, -3, 7)$　(2) $(-6, -4, 4)$　(3) $(0, 0, ad - cb)$
(4) $(b^2 - ac, c^2 - ab, a^2 - bc)$

1.1.2 $\vec{a} = (a_1, a_2, a_3)$，$\vec{b} = (b_1, b_2, b_3)$，$\vec{c} = (c_1, c_2, c_3)$ とおく．

(1) $\vec{a} \times \vec{a} = (a_2a_3 - a_2a_3, a_3a_1 - a_3a_1, a_1a_2 - a_1a_2) = (0, 0, 0)$.

(2) $\vec{a} \times \vec{b} = (a_2b_3 - b_2a_3, a_3b_1 - b_3a_1, a_1b_2 - b_1a_2) = (-(b_2a_3 - a_2b_3), -(b_3a_1 - a_3b_1), -(b_1a_2 - a_1b_2)) = -\vec{b} \times \vec{a}$.

(3) $(k\vec{a}) \times \vec{b} = ((ka_2)b_3 - b_2(ka_3), (ka_3)b_1 - b_3(ka_1), (ka_1)b_2 - b_1(ka_2)) = k(a_2b_3 - b_2a_3, a_3b_1 - b_3a_1, a_1b_2 - b_1a_2) = k(\vec{a} \times \vec{b})$ である．$\vec{a} \times (k\vec{b}) = k(\vec{a} \times \vec{b})$ も同様に示せる．

(4) $\vec{a} \times (\vec{b} + \vec{c}) = (a_2(b_3 + c_3) - (b_2 + c_2)a_3, a_3(b_1 + c_1) - (b_3 + c_3)a_1, a_1(b_2 + c_2) - (b_1 + c_1)a_2) = (a_2b_3 - b_2a_3, a_3b_1 - b_3a_1, a_1b_2 - b_1a_2) + (a_2c_3 - c_2a_3, a_3c_1 - c_3a_1, a_1c_2 - c_1a_2) = \vec{a} \times \vec{b} + \vec{a} \times \vec{c}$ である．$(\vec{a} + \vec{b}) \times \vec{c} = \vec{a} \times \vec{c} + \vec{b} \times \vec{c}$ も同様に示せる．

(5) $(\vec{a} \times \vec{b}) \cdot \vec{c} = (a_2b_3 - b_2a_3, a_3b_1 - b_3a_1, a_1b_2 - b_1a_2) \cdot \vec{c} = (a_2b_3 - b_2a_3)c_1 + (a_3b_1 - b_3a_1)c_2 + (a_1b_2 - b_1a_2)c_3 = a_1b_2c_3 + b_1c_2a_3 + c_1a_2b_3 - a_1c_2b_3 - b_1a_2c_3 - c_1b_2a_3$ および $\vec{a} \cdot (\vec{b} \times \vec{c}) = \vec{a} \cdot (b_2c_3 - c_2b_3, b_3c_1 - c_3b_1, b_1c_2 - c_1b_2) = a_1(b_2c_3 - c_2b_3) + a_2(b_3c_1 - c_3b_1) + a_3(b_1c_2 - c_1b_2) = a_1b_2c_3 + b_1c_2a_3 + c_1a_2b_3 - a_1c_2b_3 - b_1a_2c_3 - c_1b_2a_3$ から $(\vec{a} \times \vec{b}) \cdot \vec{c} = \vec{a} \cdot (\vec{b} \times \vec{c})$ が成り立つことがわかる．

1.1.3 $\vec{x} = \vec{a} \times \vec{b} = (-3, 3, 3)$ は $\vec{a}$ および $\vec{b}$ に直交するベクトルである．$\vec{a}$, $\vec{b}$, $\vec{c}$ が右手系で $\vec{c}$ は単位ベクトルだから

$$\vec{c} = \frac{1}{|\vec{x}|}\vec{x} = \left(\frac{-\sqrt{3}}{3}, \frac{\sqrt{3}}{3}, \frac{\sqrt{3}}{3}\right)$$

である．$\vec{a}$, $\vec{d}$, $\vec{b}$ が右手系のとき $\vec{b}$, $\vec{a}$, $\vec{d}$ も右手系で，$\vec{b} \times \vec{a} = -\vec{x}$ だから

$$\vec{d} = -\frac{1}{|\vec{x}|}\vec{x} = \left(\frac{\sqrt{3}}{3}, \frac{-\sqrt{3}}{3}, \frac{-\sqrt{3}}{3}\right)$$

である．

1.1.4 $\vec{x} = \overrightarrow{\mathrm{OA}} \times \overrightarrow{\mathrm{OB}}$ とおく．ベクトル $\overrightarrow{\mathrm{OA}}$, $\overrightarrow{\mathrm{OB}}$ が張る平行四辺形の面積は $|\vec{x}|$ である．点 O を通り平面 OAB に直交する直線に C から下した垂線の足を H とし，角 ∠COH の大きさを θ とすると線分 OH の長さは $\mathrm{OH} = |\mathrm{OC}\cos\theta|$ である．一方，$|\vec{x}\cdot\overrightarrow{\mathrm{OC}}| = |\vec{x}||\mathrm{OC}\cos\theta| = |\vec{x}|\,\mathrm{OH}$ となるから，平行六面体の体積を V とすると

$$V = |\vec{x}|\,\mathrm{OH} = |\vec{x}\cdot\overrightarrow{\mathrm{OC}}| = |(\overrightarrow{\mathrm{OA}} \times \overrightarrow{\mathrm{OB}})\cdot\overrightarrow{\mathrm{OC}}|$$

となる．

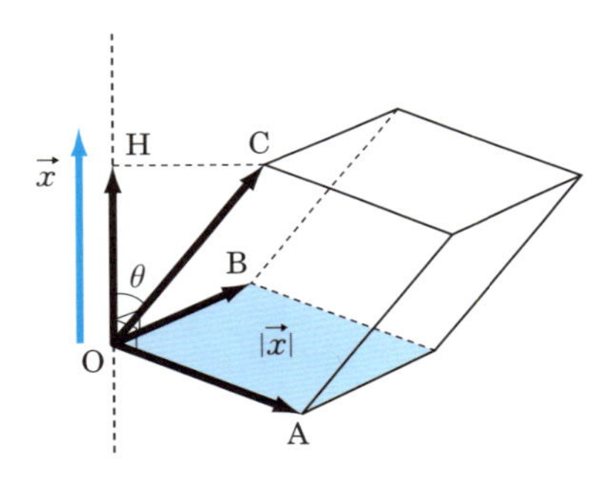

$\overrightarrow{\mathrm{OA}} \times \overrightarrow{\mathrm{OB}} = (3, -1, -1)$ で $(\overrightarrow{\mathrm{OA}} \times \overrightarrow{\mathrm{OB}})\cdot\overrightarrow{\mathrm{OC}} = -4$ となるから体積は 4 である．

1.1.5 (1) ベクトル $\vec{a}, \vec{b}$ がなす角を $\theta\ (0 < \theta < \pi)$ とすると $S = |\vec{a}||\vec{b}|\sin\theta$ となるから

$$S^2 = |\vec{a}|^2|\vec{b}|^2\sin^2\theta = |\vec{a}|^2|\vec{b}|^2(1 - \cos^2\theta) = |\vec{a}|^2|\vec{b}|^2 - (\vec{a}\cdot\vec{b})^2$$

である．

(2) $\vec{a} = \overrightarrow{\mathrm{PQ}} = (2, 3, 2)$, $\vec{b} = \overrightarrow{\mathrm{PR}} = (-2, -4, -2)$ とする．$|\vec{a}| = \sqrt{17}$, $|\vec{b}| = \sqrt{24}$, $\vec{a}\cdot\vec{b} = -20$ だから (1) より三角形 PQR の面積は

$$\frac{1}{2}\sqrt{17 \times 24 - (-20)^2} = \frac{1}{2}\sqrt{8} = \sqrt{2}$$

である．

1.1.6 A′ と B′ が一致するとき，3 点 A, A′, B が定める平面は ℓ に直交するから

$\overrightarrow{\mathrm{AB}}\cdot\vec{e}=0$ となり $\overrightarrow{\mathrm{AB}}\cdot\vec{e}=0=\mathrm{A'B'}$ となる．

次に A′ と B′ は異なるとする．3 点 A，A′，B が定める平面上の点 B″ を，AA′B″B が平行四辺形となるように定める．$\overrightarrow{\mathrm{AA'}}=\overrightarrow{\mathrm{BB''}}$ だから BB″ は ℓ に直交する．2 直線 BB′，BB″ は ℓ に直交するから，3 点 B，B′，B″ が定める平面は ℓ と直交する．$\overrightarrow{\mathrm{AB}}=\overrightarrow{\mathrm{A'B''}}$ だから $\overrightarrow{\mathrm{AB}}\cdot\vec{e}=\overrightarrow{\mathrm{A'B''}}\cdot\vec{e}$ である．

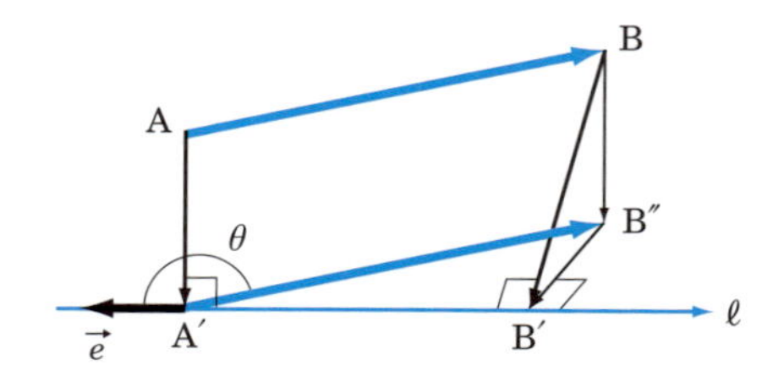

$\overrightarrow{\mathrm{A'B''}}$ と $\vec{e}$ のなす角を θ とすると

$$\overrightarrow{\mathrm{A'B''}}\cdot\vec{e}=\mathrm{A'B''}\cos\theta$$

である．一方，$\mathrm{A'B'}=|\mathrm{A'B''}\cos\theta|$ だから

$$\mathrm{A'B'}=|\overrightarrow{\mathrm{A'B''}}\cdot\vec{e}|$$

である．

1.2 節

1.2.1 $0=3(x+1)+4(y-1)=(3,4)\times(x+1,\ y-1)=3x+4y-1$ より $3x+4y-1=0$ が点 $(-1,1)$ を通りベクトル $\vec{n}=(3,4)$ に直交する直線の方程式である．$\overrightarrow{\mathrm{AH}}$ は $\vec{n}$ に平行だから $\overrightarrow{\mathrm{OH}}=\overrightarrow{\mathrm{OA}}+t\vec{n}=(1+3t,\ 2+4t)$ となる t が存在する．点 $\mathrm{H}(1+3t,\ 2+4t)$ が直線 $3x+4y=1$ 上にあるから $3(1+3t)+4(2+4t)=1$ となり $t=-2/5$ である．したがって H の座標は $\mathrm{H}\ (-1/5,\ 2/5)$ である．

1.2.2 $x+2y-2z-2=x+2(y-1)-2z=(1,2,-2)\times(x,\ y-1,z)=0$ となるから，π は点 $(0,1,0)$ を通りベクトル $\vec{n}=(1,2,-2)$ に直交する平面である．$\overrightarrow{\mathrm{OH}}=\overrightarrow{\mathrm{OA}}+t\vec{n}=(1+t,\ 2+2t,\ 3-2t)$ となる t が存在する．点 $\mathrm{H}\ (1+t,\ 2+2t,\ 3-2t)$ が平面 π 上にあるから $1+t+2(2+2t)-2(3-2t)=2$ となり $t=1/3$ である．したがって H の座標は $\mathrm{H}\ (4/3,8/3,7/3)$ である．

1.2.3 $\vec{n}=\overrightarrow{\mathrm{AB}}\times\overrightarrow{\mathrm{AC}}=(1,1,-2)\times(2,-1,-1)=(-3,-3,-3)$ は $\overrightarrow{\mathrm{AB}}$,

$\overrightarrow{\mathrm{AC}}$ に直交するから π の法ベクトルである．よって $-\dfrac{1}{|\vec{n}|}\vec{n} = \dfrac{\sqrt{3}}{3}(1,1,1)$ が求めるベクトルである．

第2章

2.1 節

2.1.1 (1) $-2B = \begin{bmatrix} -6 & 4 & -2 \\ -14 & 2 & -18 \end{bmatrix}$.

(2) $0C = \begin{bmatrix} 0 & 0 & 0 \\ 0 & 0 & 0 \end{bmatrix}$.

(3) $3(A+C) = \begin{bmatrix} -15 & 3 & 18 \\ -3 & -6 & 12 \end{bmatrix}$.

(4) $-2B-3(A+C) = \begin{bmatrix} 9 & 1 & -20 \\ -11 & 8 & -30 \end{bmatrix}$.

2.1.2 (1) ${}^tA = \begin{bmatrix} 1 & -2 & 5 \\ 3 & -1 & 0 \end{bmatrix}$, ${}^t({}^tA) = \begin{bmatrix} 1 & 3 \\ -2 & -1 \\ 5 & 0 \end{bmatrix}$.

(2) $x=-2,\ y=8,\ z=5$.

(3) A が交代行列だから $a_{ij} = -a_{ji}$ がすべての $i, j\ (i, j = 1, 2, \cdots, n)$ に対して成り立つ．とくに $i=j$ のとき，$a_{ii} = -a_{ii}$ から $a_{ii} = 0$ である．

(4) $B = [b_{ij}]$ を対称行列，$C = [c_{ij}]$ を交代行列として，$A = B + C$ と表せたとする．このとき ${}^tA = {}^t(B+C) = B - C$ となるから $B = \dfrac{1}{2}(A + {}^tA)$，$C = \dfrac{1}{2}(A - {}^tA)$ である．

逆に，$B = \dfrac{1}{2}(A + {}^tA)$，$C = \dfrac{1}{2}(A - {}^tA)$ とおくと，B は対称行列，C は交代行列で $A = B + C$ である．

$B = \begin{bmatrix} 1 & 3 & 5 \\ 3 & 5 & 7 \\ 5 & 7 & 9 \end{bmatrix}$，$C = \begin{bmatrix} 0 & -1 & -2 \\ 1 & 0 & -1 \\ 2 & 1 & 0 \end{bmatrix}$ である．

2.1.3 $A = [a_{ij}]$ とする．

(3) を示す．$A + O = [a_{ij} + 0] = A$，$O + A = [0 + a_{ij}] = A$ より，$A + O = O$

$+A$ が成り立つ.

(4) を示す. $A+(-A)=[a_{ij}]+[-a_{ij}]=[a_{ij}+(-a_{ij})]=O$, $(-A)+A=[-a_{ij}]+[a_{ij}]=[(-a_{ij})+a_{ij}]=O$ が成り立つ.

(5) を示す. スカラー倍の定義から, $k(hA)=k[ha_{ij}]=kh[a_{ij}]=(kh)A$ が成り立つ.

(6) を示す. スカラー倍の定義から, $1A=1[a_{ij}]=[1a_{ij}]=A$ が成り立つ.

(7) を示す. スカラー倍と行列の和の定義から, $(k+h)A=(k+h)[a_{ij}]=[(k+h)a_{ij}]=[ka_{ij}+ha_{ij}]=[ka_{ij}]+[ha_{ij}]=k[a_{ij}]+h[a_{ij}]=kA+hA$ が成り立つ.

2.2節

2.2.1 (1)
$$AB=\begin{bmatrix}1\times(-1)+2\times 0 & 1\times 0+2\times 1 & 1\times 1+2\times(-1)\\ 3\times(-1)+4\times 0 & 3\times 0+4\times 1 & 3\times 1+4\times(-1)\end{bmatrix}$$
$$=\begin{bmatrix}-1 & 2 & -1\\ -3 & 4 & -1\end{bmatrix},$$
$$(AB)C=\begin{bmatrix}-1\times(-1)+2\times(-2)+(-1)\times(-3) & -1\times 0+2\times 1+(-1)\times 2\\ -3\times(-1)+4\times(-2)+(-1)\times(-3) & -3\times 0+4\times 1+(-1)\times 2\end{bmatrix}$$
$$=\begin{bmatrix}0 & 0\\ -2 & 2\end{bmatrix}.$$

(2)
$$BC=\begin{bmatrix}-1\times(-1)+0\times(-2)+1\times(-3) & -1\times 0+0\times 1+1\times 2\\ 0\times(-1)+1\times(-2)+(-1)\times(-3) & 0\times 0+1\times 1+(-1)\times 2\end{bmatrix}$$
$$=\begin{bmatrix}-2 & 2\\ 1 & -1\end{bmatrix},$$
$$A(BC)=\begin{bmatrix}1\times(-2)+2\times 1 & 1\times 2+2\times(-1)\\ 3\times(-2)+4\times 1 & 3\times 2+4\times(-1)\end{bmatrix}=\begin{bmatrix}0 & 0\\ -2 & 2\end{bmatrix}.$$

✓**注意** 結合法則 $(AB)C=A(BC)$ が成り立っていることに注意すること.

2.2.2 (1)
$$A+B=\begin{bmatrix}3 & 3 & 3\\ 4 & 4 & 4\end{bmatrix},$$
$$(A+B)C=\begin{bmatrix}3\times 1+3\times 2+3\times(-1) & 3\times 2+3\times 1+3\times(-2)\\ 4\times 1+4\times 2+4\times(-1) & 4\times 2+4\times 1+4\times(-2)\end{bmatrix}$$
$$=\begin{bmatrix}6 & 3\\ 8 & 4\end{bmatrix}.$$

(2)
$$AC=\begin{bmatrix}1\times 1+2\times 2+3\times(-1) & 1\times 2+2\times 1+3\times(-2)\\ 4\times 1+5\times 2+6\times(-1) & 4\times 2+5\times 1+6\times(-2)\end{bmatrix}$$

$$= \begin{bmatrix} 2 & -2 \\ 8 & 1 \end{bmatrix},$$

$$BC = \begin{bmatrix} 2\times1+1\times2+0\times(-1) & 2\times2+1\times1+0\times(-2) \\ 0\times1+(-1)\times2+(-2)\times(-1) & 0\times2+(-1)\times1+(-2)\times(-2) \end{bmatrix}$$

$$= \begin{bmatrix} 4 & 5 \\ 0 & 3 \end{bmatrix},$$

$$AC + BC = \begin{bmatrix} 6 & 3 \\ 8 & 4 \end{bmatrix}.$$

✓**注意**　分配法則 $(A+B)C = AC + BC$ が成り立っていることに注意すること．

2.2.3　三角関数に対する加法定理を用いる．

$$AB = \begin{bmatrix} \cos\alpha\cos\beta - \sin\alpha\sin\beta & \cos\alpha(-\sin\beta) - \sin\alpha\cos\beta \\ \sin\alpha\cos\beta + \cos\alpha\sin\beta & \sin\alpha(-\sin\beta) + \cos\alpha\cos\beta \end{bmatrix}$$

$$= \begin{bmatrix} \cos(\alpha+\beta) & -\sin(\alpha+\beta) \\ \sin(\alpha+\beta) & \cos(\alpha+\beta) \end{bmatrix}$$

である．

2.2.4　$A^2 = \begin{bmatrix} 1 & 0 \\ 2\times2 & 1 \end{bmatrix}, A^3 = \begin{bmatrix} 1 & 0 \\ 2\times3 & 1 \end{bmatrix}$ から

$$A^n = \begin{bmatrix} 1 & 0 \\ 2\times n & 1 \end{bmatrix} \qquad (*)$$

が成り立つと予想される．

数学的帰納法を用いて（∗）を示す．

$n = k\ (k \geq 1)$ に対して（∗）が成り立つと仮定すると $A^{k+1} = \begin{bmatrix} 1 & 0 \\ 2\times(k+1) & 1 \end{bmatrix}$ となるから（∗）は $n = k+1$ に対しても成り立つ．（∗）が $k = 1$ のとき成り立つことは明らかだから，数学的帰納法により（∗）はすべての正の整数 n に対して成り立つ．

2.2.5　$A = [a_{ij}]$, $B = [b_{ij}]$, $C = [c_{ij}], \cdots$ として，示したい式の両辺の (i,j) 成分が等しくなることを示せばよい．以下 (2) のみ示す．

$(AB)C$ の (i,j) 成分は（(AB) の (i,t) 成分 × C の (t,j) 成分）を $t = 1, \cdots, l$ について和をとったものだから

$$(AB)C \text{ の } (i,j) \text{ 成分} = \sum_{t=1}^{l} \left(\sum_{s=1}^{k} a_{is} b_{st}\right) c_{tj} = \sum_{s=1}^{k} a_{is} \left(\sum_{t=1}^{l} b_{st} c_{tj}\right)$$

$$= A(BC) \text{ の } (i,j) \text{ 成分}.$$

2.2.6 $(j, 1)$ 成分が 1 で他の成分が 0 である $(n, 1)$ 行列を $\boldsymbol{e}_j$ で表す．すなわち

$$\boldsymbol{e}_1 = \begin{bmatrix} 1 \\ 0 \\ \vdots \\ 0 \end{bmatrix}, \quad \boldsymbol{e}_2 = \begin{bmatrix} 0 \\ 1 \\ \vdots \\ 0 \end{bmatrix}, \quad \cdots, \quad \boldsymbol{e}_n = \begin{bmatrix} 0 \\ 0 \\ \vdots \\ 1 \end{bmatrix}$$

とする．行列 $\begin{bmatrix} \lambda_1 & 0 & \cdots & 0 \\ 0 & \lambda_2 & \cdots & 0 \\ \vdots & \vdots & \ddots & \vdots \\ 0 & 0 & \cdots & \lambda_n \end{bmatrix}$ を L とし，L の第 j 列を L_j で表すと $L_j = \lambda_j \boldsymbol{e}_j$ である．行列の積の定義から

$$P\boldsymbol{e}_j = \boldsymbol{p}_j$$

が成り立つことがわかる．(2.1)を用いると

$$PL = [PL_1, PL_2, \cdots, PL_n] = [\lambda_1 P\boldsymbol{e}_1, \lambda P\boldsymbol{e}_2, \cdots, \lambda P\boldsymbol{e}_n] = [\lambda_1 \boldsymbol{p}_1, \lambda \boldsymbol{p}_2, \cdots, \lambda \boldsymbol{p}_n]$$

となる．

2.3 節

2.3.1 定理 2.5 より，$(2, 2)$ 型の行列に対する逆行列の公式を用いると，$A^{-1} = \dfrac{1}{1 \times 4 - 1 \times 3} \begin{bmatrix} 4 & -1 \\ -3 & 1 \end{bmatrix} = \begin{bmatrix} 4 & -1 \\ -3 & 1 \end{bmatrix}$ となる．

2.3.2 A の逆行列を $X = \begin{bmatrix} x_1 & x_2 & x_3 \\ y_1 & y_2 & y_3 \\ z_1 & z_2 & z_3 \end{bmatrix}$ とすると，定義から $AX = E$ だから

$$\begin{bmatrix} x_1 + 2y_1 + 3z_1 & x_2 + 2y_2 + 3z_2 & x_3 + 2y_3 + 3z_3 \\ y_1 + 2z_1 & y_2 + 2z_2 & y_3 + 2z_3 \\ z_1 & z_2 & z_3 \end{bmatrix} = \begin{bmatrix} 1 & 0 & 0 \\ 0 & 1 & 0 \\ 0 & 0 & 1 \end{bmatrix}$$

である．両辺の第 3 行を比較して $z_1 = 0, z_2 = 0, z_3 = 1$ となり，両辺の第 2 行を比較して $y_1 = 0, y_2 = 1, y_3 = -2$ となる．さらに両辺の第 1 行を比較して $x_1 = 1, x_2 = -2, x_3 = 1$ となる．以上より $X = \begin{bmatrix} 1 & -2 & 1 \\ 0 & 1 & -2 \\ 0 & 0 & 1 \end{bmatrix}$ とすると $AX = E$ である．この X に対して $XA = E$ が成り立つこともわかるから X が A の逆行列である．

2.3.3 与えられた連立 1 次方程式は，行列の積を用いて

$$\begin{bmatrix} a_{11} & a_{12} & \cdots & a_{1n} \\ a_{21} & a_{22} & \cdots & a_{2n} \\ \vdots & \vdots & \ddots & \vdots \\ a_{n1} & a_{n2} & \cdots & a_{nn} \end{bmatrix} \begin{bmatrix} x_1 \\ x_2 \\ \vdots \\ x_n \end{bmatrix} = \begin{bmatrix} 1 \\ 0 \\ \vdots \\ 0 \end{bmatrix}$$

と表される．いま，$A = [a_{ij}]$ は正則行列だから逆行列 A^{-1} が存在する．それを上の等式の両辺に左からかけると

$$A^{-1}A \begin{bmatrix} x_1 \\ x_2 \\ \vdots \\ x_n \end{bmatrix} = E \begin{bmatrix} x_1 \\ x_2 \\ \vdots \\ x_n \end{bmatrix} = \begin{bmatrix} x_1 \\ x_2 \\ \vdots \\ x_n \end{bmatrix} = A^{-1} \begin{bmatrix} 1 \\ 0 \\ \vdots \\ 0 \end{bmatrix}$$

となる．A^{-1} と縦ベクトル ${}^t[1, 0, \cdots, 0]$ の積を計算することで，解 $x_1, x_2, \cdots, x_n$ が求まる．

2.3.4 本文中の方向性に従って計算すればよい．

2.3.5 $(A^k)^{-1}$ は，$A^k(A^k)^{-1} = (A^k)^{-1}A^k = E$ をみたす．

他方，$(A^{-1})^k$ は，

$$\begin{aligned} A^k(A^{-1})^k &= \underbrace{A\cdots AA}_{k\,個}\underbrace{A^{-1}A^{-1}\cdots A^{-1}}_{k\,個} = \underbrace{A\cdots A}_{k-1\,個}E\underbrace{A^{-1}\cdots A^{-1}}_{k-1\,個} \\ &= \underbrace{A\cdots A}_{k-1\,個}\underbrace{A^{-1}\cdots A^{-1}}_{k-1\,個} = \cdots = AA^{-1} = E, \\ (A^{-1})^kA^k &= \underbrace{A^{-1}\cdots A^{-1}A^{-1}}_{k\,個}\underbrace{AA\cdots A}_{k\,個} = \underbrace{A^{-1}\cdots A^{-1}}_{k-1\,個}E\underbrace{A\cdots A}_{k-1\,個} \\ &= \underbrace{A^{-1}\cdots A^{-1}}_{k-1\,個}\underbrace{A\cdots A}_{k-1\,個} = \cdots = A^{-1}A = E \end{aligned}$$

をみたす．定理 2.6 (1) より，逆行列は存在すればただ 1 つであることから，$(A^k)^{-1} = (A^{-1})^k$ でなくてはならない．

2.4 節

2.4.1 (1)

$$\left[\begin{array}{cc|c} 3 & -1 & 1 \\ 2 & 2 & 1 \end{array}\right] \xrightarrow{①} \left[\begin{array}{cc|c} 1 & -\frac{1}{3} & \frac{1}{3} \\ 2 & 2 & 1 \end{array}\right] \xrightarrow{②} \left[\begin{array}{cc|c} 1 & -\frac{1}{3} & \frac{1}{3} \\ 0 & \frac{8}{3} & \frac{1}{3} \end{array}\right] \xrightarrow{③} \left[\begin{array}{cc|c} 1 & -\frac{1}{3} & \frac{1}{3} \\ 0 & 1 & \frac{1}{8} \end{array}\right]$$

$$\xrightarrow{④} \left[\begin{array}{cc|c} 1 & 0 & \frac{3}{8} \\ 0 & 1 & \frac{1}{8} \end{array}\right]$$

①：第 1 行を $\dfrac{1}{3}$ 倍する．②：第 1 行の -2 倍を第 2 行に加える．③：第 2 行を $\dfrac{3}{8}$ 倍する．④：第 2 行の $\dfrac{1}{3}$ 倍を第 1 行に加える．

解は $x = \dfrac{3}{8},\ y = \dfrac{1}{8}$ である．

(2)
$$\left[\begin{array}{ccc|c} 3 & -1 & 2 & 1 \\ 2 & 2 & -2 & 1 \\ 1 & 2 & -5 & 2 \end{array}\right] \xrightarrow{①} \left[\begin{array}{ccc|c} 1 & 2 & -5 & 2 \\ 2 & 2 & -2 & 1 \\ 3 & -1 & 2 & 1 \end{array}\right] \xrightarrow{②} \left[\begin{array}{ccc|c} 1 & 2 & -5 & 2 \\ 0 & -2 & 8 & -3 \\ 0 & -7 & 17 & -5 \end{array}\right]$$
$$\xrightarrow{③} \left[\begin{array}{ccc|c} 1 & 2 & -5 & 2 \\ 0 & 1 & -4 & \dfrac{3}{2} \\ 0 & -7 & 17 & -5 \end{array}\right] \xrightarrow{④} \left[\begin{array}{ccc|c} 1 & 0 & 3 & -1 \\ 0 & 1 & -4 & \dfrac{3}{2} \\ 0 & 0 & -11 & \dfrac{11}{2} \end{array}\right] \xrightarrow{⑤} \left[\begin{array}{ccc|c} 1 & 0 & 3 & -1 \\ 0 & 1 & -4 & \dfrac{3}{2} \\ 0 & 0 & 1 & -\dfrac{1}{2} \end{array}\right]$$
$$\xrightarrow{⑥} \left[\begin{array}{ccc|c} 1 & 0 & 0 & \dfrac{1}{2} \\ 0 & 1 & 0 & -\dfrac{1}{2} \\ 0 & 0 & 1 & -\dfrac{1}{2} \end{array}\right]$$

①：第 1 行と第 3 行を入れ替える．②：第 1 行の -2 倍を第 2 行に加え，-3 倍を第 3 行に加える．③：第 2 行を $-\dfrac{1}{2}$ 倍する．④：第 2 行の -2 倍を第 1 行に加え，7 倍を第 3 行に加える．⑤：第 3 行を $-\dfrac{1}{11}$ 倍する．⑥：第 3 行の -3 倍を第 1 行に加え，4 倍を第 2 行に加える．

解は $x = \dfrac{1}{2},\ y = -\dfrac{1}{2},\ z = -\dfrac{1}{2}$ である．

(3)
$$\left[\begin{array}{ccc|c} 2 & 2 & 3 & 1 \\ 3 & 2 & 1 & 2 \\ 2 & 3 & 6 & 1 \end{array}\right] \xrightarrow{①} \left[\begin{array}{ccc|c} 2 & 2 & 3 & 1 \\ 2 & 3 & 6 & 1 \\ 3 & 2 & 1 & 2 \end{array}\right] \xrightarrow{②} \left[\begin{array}{ccc|c} 2 & 2 & 3 & 1 \\ 0 & 1 & 3 & 0 \\ 1 & 0 & -2 & 1 \end{array}\right] \xrightarrow{③} \left[\begin{array}{ccc|c} 1 & 0 & -2 & 1 \\ 0 & 1 & 3 & 0 \\ 2 & 2 & 3 & 1 \end{array}\right]$$
$$\xrightarrow{④} \left[\begin{array}{ccc|c} 1 & 0 & -2 & 1 \\ 0 & 1 & 3 & 0 \\ 0 & 0 & 1 & -1 \end{array}\right] \xrightarrow{⑤} \left[\begin{array}{ccc|c} 1 & 0 & 0 & -1 \\ 0 & 1 & 0 & 3 \\ 0 & 0 & 1 & -1 \end{array}\right]$$

①：第 2 行と第 3 行を入れ替える．②：第 1 行の -1 倍を第 2 行および第 3 行に加える．③：第 1 行と第 3 行を交換する．④：第 1 行の -2 倍を第 3 行に加えた後，

第 2 行の -2 倍を第 3 行に加える．⑤：第 3 行の 2 倍を第 1 行に加え，-3 倍を第 2 行に加える．

解は $x=-1,\ y=3,\ z=-1$ である．

2.5 節

2.5.1 (1) $\left[\begin{array}{cc:cc}1&2&1&0\\1&3&0&1\end{array}\right]\xrightarrow{①}\left[\begin{array}{cc:cc}1&2&1&0\\0&1&-1&1\end{array}\right]\xrightarrow{②}\left[\begin{array}{cc:cc}1&0&3&-2\\0&1&-1&1\end{array}\right]$

①：第 2 行から第 1 行を引く．②：第 1 行から第 2 行の 2 倍を引く．

逆行列は $\begin{bmatrix}3&-2\\-1&1\end{bmatrix}$ である．

(2) $\left[\begin{array}{ccc:ccc}1&2&3&1&0&0\\0&1&2&0&1&0\\0&0&1&0&0&1\end{array}\right]\xrightarrow{①}\left[\begin{array}{ccc:ccc}1&0&-1&1&-2&0\\0&1&2&0&1&0\\0&0&1&0&0&1\end{array}\right]\xrightarrow{②}\left[\begin{array}{ccc:ccc}1&0&0&1&-2&1\\0&1&0&0&1&-2\\0&0&1&0&0&1\end{array}\right]$

①：第 1 行から第 2 行の 2 倍を引く．②：第 1 行に第 3 行を加え，第 2 行から第 3 行の 2 倍を引く．

逆行列は $\begin{bmatrix}1&-2&1\\0&1&-2\\0&0&1\end{bmatrix}$ である．

(3) $\left[\begin{array}{ccc:ccc}1&-3&-1&1&0&0\\2&-1&-2&0&1&0\\-3&1&2&0&0&1\end{array}\right]\xrightarrow{①}\left[\begin{array}{ccc:ccc}1&-3&-1&1&0&0\\0&5&0&-2&1&0\\0&-8&-1&3&0&1\end{array}\right]$

$\xrightarrow{②}\left[\begin{array}{ccc:ccc}1&-3&-1&1&0&0\\0&1&0&-\frac{2}{5}&\frac{1}{5}&0\\0&8&1&-3&0&-1\end{array}\right]\xrightarrow{③}\left[\begin{array}{ccc:ccc}1&0&-1&-\frac{1}{5}&\frac{3}{5}&0\\0&1&0&-\frac{2}{5}&\frac{1}{5}&0\\0&0&1&\frac{1}{5}&-\frac{8}{5}&-1\end{array}\right]$

$\xrightarrow{④}\left[\begin{array}{ccc:ccc}1&0&0&0&-1&-1\\0&1&0&-\frac{2}{5}&\frac{1}{5}&0\\0&0&1&\frac{1}{5}&-\frac{8}{5}&-1\end{array}\right]$

①：第 1 行の -2 倍を第 2 行に加え，3 倍を第 3 行に加える．②：第 2 行を $\frac{1}{5}$ 倍し，第 3 行を -1 倍する．③：第 2 行の 3 倍を第 1 行，-8 倍を第 3 行に加える．④：第

1行に第3行を加える.

逆行列は $\begin{bmatrix} 0 & -1 & -1 \\ -\frac{2}{5} & \frac{1}{5} & 0 \\ \frac{1}{5} & -\frac{8}{5} & -1 \end{bmatrix}$ となる.

(4) $$\left[\begin{array}{cccc|cccc} 1 & 2 & 3 & 4 & 1 & 0 & 0 & 0 \\ 0 & 1 & 2 & 3 & 0 & 1 & 0 & 0 \\ 0 & 0 & 1 & 2 & 0 & 0 & 1 & 0 \\ 0 & 0 & 0 & 1 & 0 & 0 & 0 & 1 \end{array}\right] \xrightarrow{①} \left[\begin{array}{cccc|cccc} 1 & 0 & -1 & -2 & 1 & -2 & 0 & 0 \\ 0 & 1 & 2 & 3 & 0 & 1 & 0 & 0 \\ 0 & 0 & 1 & 2 & 0 & 0 & 1 & 0 \\ 0 & 0 & 0 & 1 & 0 & 0 & 0 & 1 \end{array}\right]$$

$$\xrightarrow{②} \left[\begin{array}{cccc|cccc} 1 & 0 & 0 & 0 & 1 & -2 & 1 & 0 \\ 0 & 1 & 0 & -1 & 0 & 1 & -2 & 0 \\ 0 & 0 & 1 & 2 & 0 & 0 & 1 & 0 \\ 0 & 0 & 0 & 1 & 0 & 0 & 0 & 1 \end{array}\right] \xrightarrow{③} \left[\begin{array}{cccc|cccc} 1 & 0 & 0 & 0 & 1 & -2 & 1 & 0 \\ 0 & 1 & 0 & 0 & 0 & 1 & -2 & 1 \\ 0 & 0 & 1 & 0 & 0 & 0 & 1 & -2 \\ 0 & 0 & 0 & 1 & 0 & 0 & 0 & 1 \end{array}\right]$$

①: 第2行の -2 倍を第1行に加える. ②: 第3行を第1行に加え, 第3行の -2 倍を第2行に加える. ③: 第4行を第2行に加え, 第4行の -2 倍を第3行に加える.

逆行列は $\begin{bmatrix} 1 & -2 & 1 & 0 \\ 0 & 1 & -2 & 1 \\ 0 & 0 & 1 & -2 \\ 0 & 0 & 0 & 1 \end{bmatrix}$ である.

(5) $$\left[\begin{array}{cccc|cccc} 1 & 1 & 1 & 1 & 1 & 0 & 0 & 0 \\ 2 & 2 & 2 & 1 & 0 & 1 & 0 & 0 \\ 3 & 3 & 2 & 1 & 0 & 0 & 1 & 0 \\ 4 & 3 & 2 & 1 & 0 & 0 & 0 & 1 \end{array}\right] \xrightarrow{①} \left[\begin{array}{cccc|cccc} 1 & 1 & 1 & 1 & 1 & 0 & 0 & 0 \\ 0 & 0 & 0 & -1 & -2 & 1 & 0 & 0 \\ 0 & 0 & -1 & -2 & -3 & 0 & 1 & 0 \\ 0 & -1 & -2 & -3 & -4 & 0 & 0 & 1 \end{array}\right]$$

$$\xrightarrow{②} \left[\begin{array}{cccc|cccc} 1 & 1 & 1 & 1 & 1 & 0 & 0 & 0 \\ 0 & -1 & -2 & -3 & -4 & 0 & 0 & 1 \\ 0 & 0 & -1 & -2 & -3 & 0 & 1 & 0 \\ 0 & 0 & 0 & -1 & -2 & 1 & 0 & 0 \end{array}\right] \xrightarrow{③} \left[\begin{array}{cccc|cccc} 1 & 1 & 1 & 1 & 1 & 0 & 0 & 0 \\ 0 & 1 & 2 & 3 & 4 & 0 & 0 & -1 \\ 0 & 0 & 1 & 2 & 3 & 0 & -1 & 0 \\ 0 & 0 & 0 & 1 & 2 & -1 & 0 & 0 \end{array}\right]$$

$$\xrightarrow{④} \left[\begin{array}{cccc|cccc} 1 & 1 & 1 & 0 & -1 & 1 & 0 & 0 \\ 0 & 1 & 2 & 0 & -2 & 3 & 0 & -1 \\ 0 & 0 & 1 & 0 & -1 & 2 & -1 & 0 \\ 0 & 0 & 0 & 1 & 2 & -1 & 0 & 0 \end{array}\right] \xrightarrow{⑤} \left[\begin{array}{cccc|cccc} 1 & 1 & 0 & 0 & 0 & -1 & 1 & 0 \\ 0 & 1 & 0 & 0 & 0 & -1 & 2 & -1 \\ 0 & 0 & 1 & 0 & -1 & 2 & -1 & 0 \\ 0 & 0 & 0 & 1 & 2 & -1 & 0 & 0 \end{array}\right]$$

$$\xrightarrow{⑥}\left[\begin{array}{cccc:cccc}1&0&0&0&0&0&-1&1\\0&1&0&0&0&-1&2&-1\\0&0&1&0&-1&2&-1&0\\0&0&0&1&2&-1&0&0\end{array}\right]$$

①：第2行，第3行，第4行に，それぞれ第1行の -2 倍，-3 倍，-4 倍を加える．②：第2行と第4行を交換する．③：第2行，第3行，第4行を -1 倍する．④：第1行，第2行，第3行に，それぞれ第4行の -1 倍，-3 倍，-2 倍を加える．⑤：第3行の -1 倍，-2 倍を第1行，第2行に加える．⑥：第1行に第2行の -1 倍を加える．

逆行列は $\begin{bmatrix}0&0&-1&1\\0&-1&2&-1\\-1&2&-1&0\\2&-1&0&0\end{bmatrix}$ である．

2.6節

2.6.1 (1) $\widetilde{A}=\left[\begin{array}{ccc:c}1&3&4&1\\3&4&2&3\end{array}\right]\xrightarrow{①}\left[\begin{array}{ccc:c}1&3&4&1\\0&-5&-10&0\end{array}\right]\xrightarrow{②}\left[\begin{array}{ccc:c}1&3&4&1\\0&1&2&0\end{array}\right]$

$$\xrightarrow{③}\left[\begin{array}{cc:c:c}1&0&-2&1\\0&1&2&0\end{array}\right]$$

①：第1行の -3 倍を第2行に加える．①：第2行を $-1/5$ 倍する．③：第2行の -3 倍を第1行に加える．

$x_1=2t+1$，$x_2=-2t$，$x_3=t$（ただし t は任意の実数）である．

(2) $\widetilde{A}=\left[\begin{array}{ccc:c}1&2&3&1\\2&5&9&8\\3&8&15&15\end{array}\right]\xrightarrow{①}\left[\begin{array}{ccc:c}1&2&3&1\\0&1&3&6\\0&2&6&12\end{array}\right]\xrightarrow{②}\left[\begin{array}{ccc:c}1&2&3&1\\0&1&3&6\\0&0&0&0\end{array}\right]$

$$\xrightarrow{③}\left[\begin{array}{cc:c:c}1&0&-3&-11\\0&1&3&6\\ \hdashline 0&0&0&0\end{array}\right]$$

①：第1行の -2 倍，-3 倍を，それぞれ第2行，第3行に加える．②：第2行の -2 倍を第3行に加える．③：第2行の -2 倍を第1行に加える．

$x_1=3t-11$，$x_2=-3t+6$，$x_3=t$（ただし t は任意の実数）である．

2.6.2 (1) $\widetilde{A}=\left[\begin{array}{ccc:c}2&3&4&1\\3&4&2&1\\5&7&6&3\end{array}\right]\xrightarrow{①}\left[\begin{array}{ccc:c}2&3&4&1\\5&7&6&2\\5&7&6&3\end{array}\right]\xrightarrow{②}\left[\begin{array}{ccc:c}2&3&4&1\\5&7&6&2\\0&0&0&1\end{array}\right]$

①：第 1 行を第 2 行に加える．②：第 3 行から第 2 行を引く．

x_1, x_2, x_3 が問題の連立 1 次方程式の解であるとき

$$\begin{cases} 2x_1 + 3x_2 + 4x_3 = 1 \\ 5x_1 + 7x_2 + 6x_3 = 2 \\ 0x_1 + 0x_2 + 0x_3 = 1 \end{cases}$$

が成り立つが，第 3 式 $0x_1 + 0x_2 + 0x_3 = 1$ はどんな x_1, x_2, x_3 に対しても成り立たないから，解は存在しない．

(2) $$\tilde{A} = \left[\begin{array}{ccc|c} 1 & 2 & 3 & 1 \\ 2 & 5 & 9 & 8 \\ 1 & 4 & 9 & 13 \end{array}\right] \xrightarrow{①} \left[\begin{array}{ccc|c} 1 & 2 & 3 & 1 \\ 0 & 1 & 3 & 6 \\ 0 & 2 & 6 & 12 \end{array}\right] \xrightarrow{②} \left[\begin{array}{cc|c|c} 1 & 0 & -3 & -11 \\ 0 & 1 & 3 & 6 \\ \hline 0 & 0 & 0 & 0 \end{array}\right]$$

①：第 1 行の -2 倍，-1 倍を，それぞれ第 2 行，第 3 行に加える．②：第 2 行の -2 倍を第 1 行および第 3 行に加える．

$x_1 = 3t - 11$，$x_2 = -3t + 6$，$x_3 = t$（ただし t は任意の実数）である．

2.6.3 $$\tilde{A} = \left[\begin{array}{cccc|c} 0 & 2 & 4 & 2 & 2 \\ -1 & 1 & 3 & 2 & 2 \\ 1 & 2 & 3 & 1 & a \\ -2 & -1 & 0 & 2 & 1 \end{array}\right] \xrightarrow{①} \left[\begin{array}{cccc|c} 0 & 1 & 2 & 1 & 1 \\ 0 & 3 & 6 & 3 & 2+a \\ 1 & 2 & 3 & 1 & a \\ 0 & 3 & 6 & 4 & 1+2a \end{array}\right]$$

$$\xrightarrow{②} \left[\begin{array}{cccc|c} 0 & 1 & 2 & 1 & 1 \\ 0 & 0 & 0 & 0 & a-1 \\ 1 & 0 & -1 & -1 & a-2 \\ 0 & 0 & 0 & 1 & 2a-2 \end{array}\right] \xrightarrow{③} \left[\begin{array}{cccc|c} 1 & 0 & -1 & -1 & a-2 \\ 0 & 1 & 2 & 1 & 1 \\ 0 & 0 & 0 & 1 & 2a-2 \\ \hline 0 & 0 & 0 & 0 & a-1 \end{array}\right]$$

$$\xrightarrow{④} \left[\begin{array}{ccc|c|c} 1 & 0 & 0 & -1 & 3a-4 \\ 0 & 1 & 0 & 2 & 3-2a \\ 0 & 0 & 1 & 0 & 2a-2 \\ \hline 0 & 0 & 0 & 0 & a-1 \end{array}\right]$$

①：第 3 行を第 2 行に，第 3 行の 2 倍を第 4 行に加え，第 1 行を 2 で割る．②：第 1 行の -3 倍，-2 倍，-3 倍を，それぞれ第 2 行，第 3 行，第 4 行に加える．③：行を交換する．④：第 3 列と第 4 列を交換した後，第 3 行の 1 倍，-1 倍をそれぞれ第 1 行，第 2 行に加える．

問題の連立 1 次方程式が解を持つのは $a - 1 = 0$ が成り立つとき，すなわち $a = 1$ のときである．また，$a = 1$ のとき解は（④ は x_3 と x_4 の交換に対応することに注意して）

$$x_1 = -1 + t, \quad x_2 = 1 - 2t, \quad x_3 = t, \quad x_4 = 0 \qquad (\text{ただし } t \text{ は任意の実数})$$

である．

2.7 節

2.7.1 (1) 階数は 3　(2) 階数は 2　(3) 階数は 2

2.7.2 (1) 変数が 2 個で係数行列の階数が 2 であるから系 2.13 により自明な解しか持たない．

(2) 変数が 3 個で係数行列の階数が 2 であるから系 2.12 により自明でない解を持つ．

(3) 変数が 4 個で係数行列の階数が 4 であるから系 2.13 により自明な解しか持たない．

2.7.3 $\tilde{A} = \left[\begin{array}{cccc:c} 3 & -1 & 2 & -4 & 1 \\ 2 & 2 & -2 & -2 & 1 \\ -1 & -2 & 5 & -2 & 2 \\ -1 & -3 & -2 & 6 & a \end{array}\right] \xrightarrow{①} \left[\begin{array}{cccc:c} 0 & -7 & 17 & -10 & 7 \\ 0 & -2 & 8 & -6 & 5 \\ -1 & -2 & 5 & -2 & 2 \\ 0 & -1 & -7 & 8 & a-2 \end{array}\right]$

$$\xrightarrow{②} \left[\begin{array}{cccc:c} 1 & 2 & -5 & 2 & -2 \\ 0 & 1 & 7 & -8 & -a+2 \\ 0 & -7 & 17 & -10 & 7 \\ 0 & -2 & 8 & -6 & 5 \end{array}\right] \xrightarrow{③} \left[\begin{array}{cccc:c} 1 & 0 & -19 & 18 & 2a-6 \\ 0 & 1 & 7 & -8 & -a+2 \\ 0 & 0 & 66 & -66 & -7a+21 \\ 0 & 0 & 22 & -22 & -2a+9 \end{array}\right]$$

$$\xrightarrow{④} \left[\begin{array}{cccc:c} 1 & 0 & -19 & 18 & 2a-6 \\ 0 & 1 & 7 & -8 & -a+2 \\ 0 & 0 & 0 & 0 & -a-6 \\ 0 & 0 & 22 & -22 & -2a+9 \end{array}\right] \xrightarrow{⑤} \left[\begin{array}{cccc:c} 1 & 0 & -19 & 18 & 2a-6 \\ 0 & 1 & 7 & -8 & -a+2 \\ 0 & 0 & 22 & -22 & -2a+9 \\ \hdashline 0 & 0 & 0 & 0 & -a-6 \end{array}\right]$$

①：第 3 行の 3 倍，2 倍，-1 倍を，それぞれ第 1 行，第 2 行，第 4 行に加える．②：第 3 行を -1 倍した後，第 1 行と交換し，第 4 行を -1 倍した後，第 2 行と交換する．③：第 2 行の -2 倍，7 倍，2 倍を，それぞれ第 1 行，第 3 行，第 4 行に加える．④：第 4 行の -3 倍を第 3 行に加える．

与えられた連立 1 次方程式が解を持つのは係数行列と拡大係数行列の階数が等しくなるとき，すなわち $-a-6=0$ が成り立つときである．よって連立方程式は $a=-6$ のときにのみ解を持つ．

2.7.4 係数行列 $\begin{bmatrix} 1 & 1 & 1 & -2 \\ 1 & 1 & -1 & 2 \\ 1 & -2 & -2 & 1 \end{bmatrix}$ を行基本変形すると

$$\longrightarrow \begin{bmatrix} 1 & 1 & 1 & -2 \\ 0 & 0 & -2 & 4 \\ 0 & -3 & -3 & 3 \end{bmatrix} \longrightarrow \begin{bmatrix} 1 & 1 & 1 & -2 \\ 0 & 1 & 1 & -1 \\ 0 & 0 & 1 & -2 \end{bmatrix} \longrightarrow \begin{bmatrix} 1 & 0 & 0 & -1 \\ 0 & 1 & 0 & 1 \\ 0 & 0 & 1 & -2 \end{bmatrix}$$

となるから

$$x_1 = x_4, \quad x_2 = -x_4, \quad x_3 = 2x_4 \qquad (x_4 \text{ は任意の実数})$$

である．

第3章

3.1 節

3.1.1 (1) $\begin{pmatrix} 1 & 2 & 3 & 4 & 5 \\ 3 & 4 & 5 & 1 & 2 \end{pmatrix}$　(2) $\begin{pmatrix} 1 & 2 & 3 & 4 & 5 & 6 \\ 1 & 2 & 3 & 4 & 5 & 6 \end{pmatrix}$

3.1.2 (1) $\begin{pmatrix} 1 & 2 & 3 & 4 & 5 & 6 \\ 2 & 3 & 4 & 5 & 6 & 1 \end{pmatrix} = (1\ \ 6) \circ (1\ \ 5) \circ (1\ \ 4) \circ (1\ \ 3) \circ (1\ \ 2)$ と表せるから奇置換である．

(2) $\begin{pmatrix} 1 & 2 & 3 & 4 & 5 & 6 \\ 4 & 1 & 6 & 2 & 3 & 5 \end{pmatrix} = (2\ \ 1) \circ (1\ \ 4) \circ (3\ \ 6) \circ (5\ \ 6)$ と表せるから偶置換である．

3.1.3 定理 3.1 を用いると以下のようになる．

(1) -37　(2) 8

(3) $3acb - a^3 - b^3 - c^3 = -(a + b + c)(a^2 + b^2 + c^2 - ab - bc - ca)$

3.1.4 行列式の定義 (3.2) の右辺に現れる項が $a_{1\sigma(1)} a_{2\sigma(2)} a_{3\sigma(3)} \cdots a_{n\sigma(n)} \neq 0$ となる $\sigma \in S_n$ を考える．

$i < \sigma(i)$ のとき $a_{i\sigma(i)} = 0$ となることに注意する．まず，$\sigma(1) \leq 1$ から $\sigma(1) = 1$ である．次に，$\sigma(2) \leq 2$ で $\sigma(1) = 1$ だから $\sigma(1) = 2$ となることはできないから $\sigma(2) = 2$ である．以下同様にして $\sigma(i) = i$ となることがわかる．したがって $a_{1\sigma(1)} a_{2\sigma(2)} a_{3\sigma(3)} \cdots a_{n\sigma(n)} \neq 0$ となる $\sigma \in S_n$ は $\sigma = \begin{pmatrix} 1 & 2 & \cdots & n \\ 1 & 2 & \cdots & n \end{pmatrix}$ だけで，$|A| = a_{11} a_{22} \cdots a_{nn}$ である．

3.1.5 行列式の定義 (3.2) の右辺に現れる項 $a_{1\sigma(1)} a_{2\sigma(2)} a_{3\sigma(3)} \cdots a_{n\sigma(n)}$ は，$\sigma(n) \neq n$ のとき 0 になるから

$$|A| = \sum_{\sigma \in S_n,\, \sigma(n) = n} \operatorname{sgn}(\sigma)\, a_{1\sigma(1)} a_{2\sigma(2)} a_{3\sigma(3)} \cdots a_{n-1\sigma(n-1)} a_{nn}$$

となる．ここで $\sigma(n)=n$ をみたす $\sigma\in S_n$ を n 文字の置換 $\sigma\in S_{n-1}$ とみなせば

$$|A| = a_{nn}\sum_{\sigma\in S_{n-1}}\operatorname{sgn}(\sigma)\, a_{1\sigma(1)}a_{2\sigma(2)}a_{3\sigma(3)}\cdots a_{n-1\sigma(n-1)}$$

となる．

3.2 節

3.2.1 (1) 第 1 行の -1 倍を第 2 行に加えると，与式 $=\begin{vmatrix}1033 & 1034\\ 2 & 2\end{vmatrix}=2(1033-1034)=-2$ となる．

(2) 第 2 行の -1 倍を第 1 行および第 3 行に加えると，与式 $=\begin{vmatrix}1 & 1 & 1\\ 99 & 100 & 101\\ -1 & -3 & -2\end{vmatrix}=$ $\begin{vmatrix}1 & 0 & 0\\ 99 & 1 & 2\\ -1 & -2 & -1\end{vmatrix}=1\times(-1)-2\times(-2)=3$ となる．

3.2.2 (1) 第 2 行を第 1 行および第 4 行に加え，第 1 行と第 4 行に定理 3.6 (1) を用いると，与式 $=\begin{vmatrix}5 & 5 & 5 & 5\\ 4 & 3 & 2 & 1\\ 6 & 5 & 4 & 3\\ 7 & 7 & 7 & 7\end{vmatrix}=5\times 7\times\begin{vmatrix}1 & 1 & 1 & 1\\ 4 & 3 & 2 & 1\\ 6 & 5 & 4 & 3\\ 1 & 1 & 1 & 1\end{vmatrix}=0.$

(2) 第 2 行の -3 倍，2 倍を，それぞれ第 1 行，第 4 行に加えた後に，第 2 行と第 4 行を交換すると，

$$与式 = \begin{vmatrix}7 & -21 & -10 & 0\\ -2 & 7 & 4 & -1\\ 3 & 3 & 1 & 0\\ -2 & 19 & 7 & 0\end{vmatrix} = -\begin{vmatrix}7 & -21 & -10 & 0\\ -2 & 19 & 7 & 0\\ 3 & 3 & 1 & 0\\ -2 & 7 & 4 & -1\end{vmatrix}$$

となる．前節の問題 3.1.5 の結果を用いると 与式 $=\begin{vmatrix}7 & -21 & -10\\ -2 & 19 & 7\\ 3 & 3 & 1\end{vmatrix}$ となる．ここで第 3 行の 10 倍，-7 倍をそれぞれ第 1 行，第 2 行に加えれば，

$$与式 = \begin{vmatrix}7 & -21 & -10\\ -2 & 19 & 7\\ 3 & 3 & 1\end{vmatrix} = \begin{vmatrix}37 & 9 & 0\\ -23 & -2 & 0\\ 3 & 3 & 1\end{vmatrix} = \begin{vmatrix}37 & 9\\ -23 & -2\end{vmatrix}$$

$$= 37\times(-2)-9\times(-23)=133$$

となる．

(3)　列基本変形により，

$$与式 = \begin{vmatrix} 1 & 0 & 0 & 0 \\ 1 & a-1 & 0 & 0 \\ 1 & 0 & b-1 & 0 \\ 1 & 0 & 0 & c-1 \end{vmatrix} = 1\begin{vmatrix} a-1 & 0 & 0 \\ 0 & b-1 & 0 \\ 0 & 0 & c-1 \end{vmatrix}$$

$$= (a-1)(b-1)(c-1)$$

となる．

3.2.3　(1)　$$与式 = \begin{vmatrix} 1 & a^2 & (b+c)^2 \\ 1 & b^2 & (c+a)^2 \\ 1 & c^2 & (a+b)^2 \end{vmatrix} = \begin{vmatrix} 1 & a^2 & (b+c)^2 \\ 0 & b^2-a^2 & (c+a)^2-(b+c)^2 \\ 0 & c^2-a^2 & (a+b)^2-(b+c)^2 \end{vmatrix}$$

$$= \begin{vmatrix} (b-a)(b+a) & (a-b)(a+b+2c) \\ (c-a)(c+a) & (a-c)(a+2b+c) \end{vmatrix}$$

$$= (b-a)(c-a)\begin{vmatrix} b+a & -(a+b+2c) \\ c+a & -(a+2b+c) \end{vmatrix}$$

$$= (b-a)(c-a)\begin{vmatrix} b+a & -(a+b+2c) \\ c-b & c-b \end{vmatrix}$$

$$= (b-a)(c-a)(c-b)\begin{vmatrix} b+a & -(a+b+2c) \\ 1 & 1 \end{vmatrix}$$

$$= 2(a-b)(b-c)(c-a)(a+b+c).$$

(2)　$$与式 = \begin{vmatrix} a+b+c & a+b+c & a+b+c & a+b+c \\ a & 0 & c & b \\ b & c & 0 & a \\ c & b & a & 0 \end{vmatrix}$$

$$= (a+b+c)\begin{vmatrix} 1 & 1 & 1 & 1 \\ a & 0 & c & b \\ b & c & 0 & a \\ c & b & a & 0 \end{vmatrix}$$

$$= (a+b+c)\begin{vmatrix} 1 & 1 & 1 & 1 \\ 0 & -a & c-a & b-a \\ 0 & c-b & -b & a-b \\ 0 & b-c & a-c & -c \end{vmatrix}$$

$$= (a+b+c)\begin{vmatrix} -a & c & b \\ c-b & -c & a-c \\ b-c & a-b & -b \end{vmatrix}$$

$$= (a+b+c)\begin{vmatrix} -a & c & b \\ c-b & -c & a-c \\ 0 & a-b-c & a-b-c \end{vmatrix}$$

$$= (a+b+c)(a-b-c)\begin{vmatrix} -a & c & b \\ c-b & -c & a-c \\ 0 & 1 & 1 \end{vmatrix}$$

$$= (a+b+c)(a-b-c)\begin{vmatrix} -a & c-b & b \\ c-b & -a & a-c \\ 0 & 0 & 1 \end{vmatrix}$$

$$= (a+b+c)(a-b-c)(a^2-(c-b)^2)$$

$$= (a+b+c)(a-b-c)(a+b-c)(a-b+c).$$

3.3節

3.3.1 (1) $\begin{bmatrix} 3 & -7 \\ -2 & 5 \end{bmatrix}$　(2) $\begin{bmatrix} -1 & 4 & -1 \\ 2 & -8 & 2 \\ -1 & 4 & -1 \end{bmatrix}$

3.3.2 (1) 与式 $= 7 \times \begin{vmatrix} 4 & 3 \\ 5 & 4 \end{vmatrix} - 11 \times \begin{vmatrix} 3 & 3 \\ 4 & 4 \end{vmatrix} = 7 \times (4 \times 4 - 3 \times 5) = 7.$

(2) 与式 $= 3 \times \begin{vmatrix} -4 & 0 & 7 \\ 6 & -2 & -3 \\ 3 & 1 & 2 \end{vmatrix} - (-1) \times \begin{vmatrix} 1 & 0 & 7 \\ 2 & -2 & -3 \\ 2 & 1 & 2 \end{vmatrix} + 1 \times \begin{vmatrix} 1 & -4 & 7 \\ 2 & 6 & -3 \\ 2 & 3 & 2 \end{vmatrix} - 4$
$\times \begin{vmatrix} 1 & -4 & 0 \\ 2 & 6 & -2 \\ 2 & 3 & 1 \end{vmatrix} = 180.$

3.3.3 (1) 行列式は 11 だから正則. 余因子行列は $\begin{bmatrix} 4 & 3 \\ -1 & 2 \end{bmatrix}$, 逆行列は
$\dfrac{1}{11}\begin{bmatrix} 4 & 3 \\ -1 & 2 \end{bmatrix}$.

(2) 行列式は -21 だから正則. 余因子行列は $\begin{bmatrix} -12 & 14 & 11 \\ -12 & 21 & 18 \\ -15 & 28 & 19 \end{bmatrix}$, 逆行列は

$$\frac{-1}{21}\begin{bmatrix}-12 & 14 & 11\\ -12 & 21 & 18\\ -15 & 28 & 19\end{bmatrix}.$$

3.3.4 数学的帰納法を用いて示す．

$n=1$ のとき与式の左辺を計算すると $\begin{vmatrix}x & -1\\ a_1 & a_0\end{vmatrix}=a_0x+a_1$ となるから与式は成り立つ．

次に，与式が $n=k$ $(k \geq 1)$ のときに成り立つと仮定する．

$n=k+1$ として与式の左辺を第 1 列について余因子展開すると

$$x\begin{vmatrix}x & -1 & 0 & \cdots & 0 & 0\\ 0 & x & -1 & \ddots & 0 & 0\\ 0 & 0 & x & \ddots & \vdots & \vdots\\ \vdots & \vdots & \vdots & \ddots & -1 & 0\\ 0 & 0 & 0 & \cdots & x & -1\\ a_k & a_{k-1} & a_{k-2} & \cdots & a_1 & a_0\end{vmatrix}+(-1)^{k+2}a_{k+1}\begin{vmatrix}-1 & 0 & \cdots & 0 & 0\\ x & -1 & \ddots & 0 & 0\\ 0 & x & \ddots & \vdots & \vdots\\ \vdots & \vdots & \ddots & -1 & 0\\ 0 & 0 & \cdots & x & -1\end{vmatrix}$$

$$=x(a_0x^k+a_1x^{k-1}+\cdots+a_{k-1}x+a_k)+(-1)^{2k+2}a_{k+1}$$

となるから，与式は $n=k+1$ のときにも成り立つ．

よって，すべての自然数 n に対して与式は成り立つ．

3.4 節

3.4.1 (1) $x_1=\dfrac{\begin{vmatrix}11 & -5\\ 5 & 4\end{vmatrix}}{\begin{vmatrix}2 & -5\\ 3 & 4\end{vmatrix}}=\dfrac{69}{23}=3,$

$$x_2=\frac{\begin{vmatrix}2 & 11\\ 3 & 5\end{vmatrix}}{\begin{vmatrix}2 & -5\\ 3 & 4\end{vmatrix}}=\frac{-23}{23}=-1$$

(2) $x_1=\dfrac{\begin{vmatrix}4 & 1 & 1\\ 8 & 2 & -3\\ 27 & -2 & 5\end{vmatrix}}{\begin{vmatrix}1 & 1 & 1\\ 2 & 2 & -3\\ 3 & -2 & 5\end{vmatrix}}=\dfrac{-175}{-25}=7,\quad x_2=\dfrac{\begin{vmatrix}1 & 4 & 1\\ 2 & 8 & -3\\ 3 & 27 & 5\end{vmatrix}}{\begin{vmatrix}1 & 1 & 1\\ 2 & 2 & -3\\ 3 & -2 & 5\end{vmatrix}}=\dfrac{75}{-25}=-3,$

$$x_3 = \frac{\begin{vmatrix} 1 & 1 & 4 \\ 2 & 2 & 8 \\ 3 & -2 & 27 \end{vmatrix}}{\begin{vmatrix} 1 & 1 & 1 \\ 2 & 2 & -3 \\ 3 & -2 & 5 \end{vmatrix}} = \frac{0}{-25} = 0$$

3.4.2 どれも定理 3.17（ヴァンデルモンドの行列式）を適用できる形に変形できるものである．なお(2)，(3)については転置行列を考えよ．少し工夫が必要であるが以下で示すようになる．

(1) $\begin{vmatrix} 1 & 1 & 1 \\ 3 & 5 & 7 \\ 3^2 & 5^2 & 7^2 \end{vmatrix} = (5-3)(7-5)(7-3) = 16$

(2) $\begin{vmatrix} 1 & -2 & (-2)^2 & (-2)^3 \\ 1 & 3 & 3^2 & 3^3 \\ 1 & 4 & 4^2 & 4^3 \\ 1 & -5 & (-5)^2 & (-5)^3 \end{vmatrix}$

$= (3-(-2))(4-(-2))(-5-(-2))(4-3)(-5-3)(-5-4)$

$= -6480$

(3) $\begin{vmatrix} 3 & 3^2 & 3^3 & 3^4 \\ 2^2 & 2^3 & 2^4 & 2^5 \\ 1 & 1 & 1 & 1 \\ 2^4 & 2^6 & 2^8 & 2^{10} \end{vmatrix} = 3 \times 2^2 \times 2^4 \times \begin{vmatrix} 1 & 3 & 3^2 & 3^3 \\ 1 & 2 & 2^2 & 2^3 \\ 1 & 1 & 1^2 & 1^3 \\ 1 & 2^2 & (2^2)^2 & (2^2)^3 \end{vmatrix}$

$= 3 \times 2^2 \times 2^4 \times (2-3)(1-3)(2^2-3)(1-2)(2^2-2)(2^2-1) = -2304$

3.4.3 行基本変形によって A は

$$A \longrightarrow \begin{bmatrix} 1 & 0 & 2 & -3 \\ 0 & 1 & 18 & -25 \\ 0 & 0 & -1 & 42 \\ 0 & 0 & 0 & -133 \end{bmatrix}$$

となる．

(1) 行列 A の階数は 4 だから，A は正則行列である．

(2) A の行列式は $1 \times 1 \times (-1) \times (-133) = 133$ である．行列式が 0 ではないから A は正則行列である．

(3) (1)の基本変形（掃き出し法）から，A を係数とする連立方程式 $A\boldsymbol{x} = \boldsymbol{0}$ は自

明な解 $\boldsymbol{x}=\boldsymbol{0}$ しか存在しない．したがって，A は正則行列である．

第4章

4.1節

4.1.1 (1) $\boldsymbol{x}$ が $\boldsymbol{a}$ と $\boldsymbol{b}$ の1次結合 $k\boldsymbol{a}+h\boldsymbol{b}$ に等しいことは，k，h が連立1次方程式

$$\begin{cases} k+2h=2 \\ 2k+2h=3 \\ -2k-3h=x \end{cases}$$

の解であることと同値である．この連立1次方程式の拡大係数行列を行基本変形すると

$$\left[\begin{array}{cc|c} 1 & 2 & 2 \\ 2 & 2 & 3 \\ -2 & -3 & x \end{array}\right] \longrightarrow \left[\begin{array}{cc|c} 1 & 2 & 2 \\ 0 & -2 & -1 \\ 0 & 1 & x+4 \end{array}\right] \longrightarrow \left[\begin{array}{cc|c} 1 & 0 & 1 \\ 0 & 2 & 1 \\ 0 & 0 & x+7/2 \end{array}\right]$$

となるから $x=-7/2$ である．$x=-7/2$ のとき $k=1$，$h=1/2$ で $\boldsymbol{x}=\boldsymbol{a}+1/2\boldsymbol{b}$ である．

(2) (1) と同様にすると $\boldsymbol{x}=k\boldsymbol{a}+h\boldsymbol{c}$ となる k，h が存在しないことがわかる．すなわち，$\boldsymbol{x}={}^t[2,3,x]$ は $\boldsymbol{a}$，$\boldsymbol{c}$ の1次結合で表せない．

4.1.2 $\boldsymbol{a}$ と $\boldsymbol{b}$ がなす角を θ とする．$S=|\boldsymbol{a}||\boldsymbol{b}|\sin\theta$ だから

$$\begin{aligned} S^2 &= |\boldsymbol{a}|^2|\boldsymbol{b}|^2(1-\cos^2\theta)=|\boldsymbol{a}|^2|\boldsymbol{b}|^2-(\boldsymbol{a},\boldsymbol{b})^2 \\ &= (a_1{}^2+a_2{}^2)(b_1{}^2+b_2{}^2)-(a_1b_1+a_2b_2)^2=(a_1b_2-a_2b_1)^2 \\ &= D^2 \end{aligned}$$

となる．$S\geq 0$ だから $S=|D|$ である．

4.1.3 (1) $\boldsymbol{a}_1=x\boldsymbol{b}_1+y\boldsymbol{b}_2$ とおくと $\boldsymbol{a}_1=(x+2y)\boldsymbol{a}_1+(2x+3y)\boldsymbol{a}_2$ となり $(x+2y-1)\boldsymbol{a}_1=-(2x+3y)\boldsymbol{a}_2$ となる．ここで，$\boldsymbol{a}_1$ と $\boldsymbol{a}_2$ は平行でないから $x+2y-1=2x+3y=0$ であり $x=-3$，$y=2$ である．よって $\boldsymbol{a}_1=-3\boldsymbol{b}_1+2\boldsymbol{b}_2$ である．

(2) $\boldsymbol{a}_1=x\boldsymbol{b}_1+y\boldsymbol{b}_2+z\boldsymbol{b}_3$ が成り立つことと $(x+2y+3z-1)\boldsymbol{a}_1=-(2x+3y+3z)\boldsymbol{a}_2$ が成り立つことは同値で，$\boldsymbol{a}_1$ と $\boldsymbol{a}_2$ は平行でないから x，y，z が連立1次方程式

$$\begin{cases} x+2y+3z=1 \\ 2x+3y+3z=0 \end{cases}$$

の解であることと同値である．拡大係数行列を行基本変形すると

$$\left[\begin{array}{ccc:c}1&2&3&1\\2&3&3&0\end{array}\right]\longrightarrow\left[\begin{array}{ccc:c}1&2&3&1\\0&-1&-3&-2\end{array}\right]\longrightarrow\left[\begin{array}{ccc:c}1&0&-3&-3\\0&1&3&2\end{array}\right]$$

となるから，上の連立 1 次方程式の解は z を任意の実数として $x=3z-3$，$y=-3z+2$ である．したがって，$\boldsymbol{a}_1$ は，z を任意の定数として $\boldsymbol{a}_1=(3z-3)\boldsymbol{b}_1+(-3z+2)\boldsymbol{b}_2+z\boldsymbol{b}_3$ と表せる．

4.2 節

4.2.1 (1) $x\boldsymbol{a}_1+y\boldsymbol{a}_2+z\boldsymbol{a}_3=A\boldsymbol{x}$

(2) 連立 1 次方程式 $A\boldsymbol{x}=\boldsymbol{0}$ の係数行列 $A=\begin{bmatrix}1&2&3\\2&5&7\\3&1&4\end{bmatrix}$ を行基本変形すると $\begin{bmatrix}1&0&1\\0&1&1\\0&0&0\end{bmatrix}$ となるから $x=y=-z$ (z は任意の実数) である．

(3) (2) で見たように，1 次関係式 $x\boldsymbol{a}_1+y\boldsymbol{a}_2+z\boldsymbol{a}_3=\boldsymbol{0}$ は $x=y=-z$ (z は任意の実数) のときに成り立つから 1 次独立ではない．

例えば ($x=y=-z=1$ として) 自明でない 1 次関係式 $\boldsymbol{a}_1+\boldsymbol{a}_2-\boldsymbol{a}_3=\boldsymbol{0}$ が成り立つ．

4.2.2 (1) $\boldsymbol{a}_1$，$\boldsymbol{a}_2$ は平行でないから 1 次独立である．

(2) $\boldsymbol{a}_1$，$\boldsymbol{a}_2$，$\boldsymbol{a}_3$ の 1 次関係式 $x_1\boldsymbol{a}_1+x_2\boldsymbol{a}_2+x_3\boldsymbol{a}_3=\boldsymbol{0}$ を書き直した連立 1 次方程式

$$\begin{bmatrix}1&2&-1\\2&3&-1\\-3&-5&2\end{bmatrix}\begin{bmatrix}x_1\\x_2\\x_3\end{bmatrix}=\begin{bmatrix}0\\0\\0\end{bmatrix}$$

の係数行列を行基本変形すると

$$\begin{bmatrix}1&2&-1\\2&3&-1\\-3&-5&2\end{bmatrix}\longrightarrow\begin{bmatrix}1&0&-1\\0&1&1\\0&0&0\end{bmatrix}$$

となるから $x_1=-x_2=x_3$ である．これより，例えば $x_3=-1$ として自明でない 1 次関係式 $\boldsymbol{a}_1-\boldsymbol{a}_2-\boldsymbol{a}_3=\boldsymbol{0}$ が成り立つことがわかる．よって $\boldsymbol{a}_1$，$\boldsymbol{a}_2$，$\boldsymbol{a}_3$ は 1 次従属である．

(3), (4) 上と同様にして (3) は 1 次独立，(4) は 1 次従属である．

なお，(2)，(3) については定理 4.2 を用いることもできる．行列 $[\boldsymbol{a}_1,\boldsymbol{a}_2,\boldsymbol{a}_3]$ の

行列式を計算すると，(2) では 0 となるから 1 次従属，(3) では -2 となるから 1 次独立である．

4.2.3 1 次関係式 $x\boldsymbol{a}_1 + y\boldsymbol{a}_2 + z\boldsymbol{a}_3 = \boldsymbol{0}$ は係数行列が A の同次連立 1 次方程式 $A\,{}^t[x, y, z] = {}^t[0, 0, 0]$ である．$\boldsymbol{a}_1$，$\boldsymbol{a}_2$，$\boldsymbol{a}_3$ が 1 次従属であることと，この連立 1 次方程式が自明でない解を持つことは同値である．

定理 3.15 から $|A| \neq 0$ ならば同次連立 1 次方程式は自明な解しか持たない．対偶をとれば (2) $\Longrightarrow$ (1) がわかる．

同様に，同次連立 1 次方程式が自明な解しか持たないならば $|A| \neq 0$ だから，対偶をとれば (1) $\Longrightarrow$ (2) がわかる．

4.2.4 上の演習問題 4.2.3 の結果を用いる．$\begin{vmatrix} 1 & t & 2 \\ t & 1 & 2 \\ 1 & 2 & t \end{vmatrix} = -(t+3)(t-1)(t-2)$ $= 0$ から $t = -3, 1, 2$ である．

4.3 節

4.3.1 (1) $A = [\boldsymbol{a}_1, \boldsymbol{a}_2, \boldsymbol{a}_3] = \begin{bmatrix} 1 & 2 & 3 \\ 2 & 3 & 1 \\ 3 & 1 & 2 \\ 4 & 7 & 6 \end{bmatrix}$ を行基本変形すると $A \longrightarrow \begin{bmatrix} 1 & 0 & 0 \\ 0 & 1 & 0 \\ 0 & 0 & 1 \\ 0 & 0 & 0 \end{bmatrix}$ となるから $\mathrm{rank}(A) = 3$ である．定理 4.4 によって $\boldsymbol{a}_1$，$\boldsymbol{a}_2$，$\boldsymbol{a}_3$ は 1 次独立である．

(2) 行基本変形によって $[\boldsymbol{a}_1, \boldsymbol{a}_2, \boldsymbol{a}_3] \longrightarrow \begin{bmatrix} 1 & 0 & 0 \\ 0 & 1 & 0 \\ 0 & 0 & 1 \\ 0 & 0 & 0 \end{bmatrix}$ となるから $\mathrm{rank}([\boldsymbol{a}_1, \boldsymbol{a}_2, \boldsymbol{a}_3])$ $= 3$ である．定理 4.4 によって $\boldsymbol{a}_1$，$\boldsymbol{a}_2$，$\boldsymbol{a}_3$ は 1 次独立である．

(3) 行基本変形によって

$$[\boldsymbol{a}_1, \boldsymbol{a}_2, \boldsymbol{a}_3, \boldsymbol{a}_4] = \begin{bmatrix} 1 & 1 & -3 & -1 \\ 1 & -3 & 1 & 1 \\ -3 & 1 & 1 & 1 \\ 1 & 1 & 2 & 3 \end{bmatrix} \longrightarrow \begin{bmatrix} 1 & 0 & 0 & 0 \\ 0 & 1 & 0 & 0 \\ 0 & 0 & 1 & 0 \\ 0 & 0 & 0 & 1 \end{bmatrix}$$

となるから $\mathrm{rank}([\boldsymbol{a}_1, \boldsymbol{a}_2, \boldsymbol{a}_3, \boldsymbol{a}_4]) = 4$ である．定理 4.4 によって $\boldsymbol{a}_1$，$\boldsymbol{a}_2$，$\boldsymbol{a}_3$，$\boldsymbol{a}_4$ は 1 次独立である．

4.3.2 定理 4.4 (3) を用いる．

(1) $\begin{vmatrix} 1 & 2 & x \\ 2 & 3 & y \\ 4 & 5 & z \end{vmatrix} = -2x + 3y - z$ だから $-2x + 3y - z = 0$ である．

(2) $\begin{vmatrix} 1 & 1 & 1 & 1 \\ 1 & 1 & 2 & x \\ 1 & 2 & 1 & y \\ 2 & 1 & 1 & z \end{vmatrix} = -x - y - z + 4$ だから $-x - y - z + 4 = 0$ である．

4.4 節

4.4.1 (1), (2) をまとめて解答する．

A の第 1 列の -2 倍を第 2 列に，3 倍を第 3 列に加えた行列を B とすると $A = \begin{bmatrix} 1 & 2 & -3 \\ 2 & -3 & 1 \\ -3 & 1 & 2 \end{bmatrix} \longrightarrow B = \begin{bmatrix} 1 & 0 & 0 \\ 2 & -7 & 7 \\ -3 & 7 & -7 \end{bmatrix}$ で，B の第 i 列を $\boldsymbol{b}_i$ $(i = 1, 2, 3)$ とすると $\boldsymbol{b}_1 = \boldsymbol{a}_1$，$\boldsymbol{b}_2 = -2\boldsymbol{a}_1 + \boldsymbol{a}_2$，$\boldsymbol{b}_3 = 3\boldsymbol{a}_1 + \boldsymbol{a}_3$ だから $\boldsymbol{b}_1$，$\boldsymbol{b}_2$，$\boldsymbol{b}_3$ はすべて $\langle \boldsymbol{a}_1, \boldsymbol{a}_2, \boldsymbol{a}_3 \rangle$ の元である．

B の第 3 列に第 2 列を加え，第 2 列を $-1/7$ 倍した行列を C とすると $B \longrightarrow C = \begin{bmatrix} 1 & 0 & 0 \\ 2 & 1 & 0 \\ -3 & -1 & 0 \end{bmatrix}$ で，C の 第 i 列 を $\boldsymbol{c}_i$ $(i = 1, 2, 3)$ と す る と $\boldsymbol{c}_1 = \boldsymbol{b}_1 = \boldsymbol{a}_1, \boldsymbol{c}_2 = -1/7\,\boldsymbol{b}_2 = 1/7(2\boldsymbol{a}_1 - \boldsymbol{a}_2), \boldsymbol{c}_3 = \boldsymbol{b}_2 + \boldsymbol{b}_3 = \boldsymbol{a}_1 + \boldsymbol{a}_2 + \boldsymbol{a}_3 = \boldsymbol{0}$ だから $\boldsymbol{c}_1$，$\boldsymbol{c}_2$，$\boldsymbol{c}_3$ はすべて $\langle \boldsymbol{a}_1, \boldsymbol{a}_2, \boldsymbol{a}_3 \rangle$ の元である．

C の 第 2 列の -2 倍 に 第 1 列 を 加 え た 行 列 を D と す る と $C \longrightarrow D = \begin{bmatrix} 1 & 0 & 0 \\ 0 & 1 & 0 \\ -1 & -1 & 0 \end{bmatrix}$ で，D の 第 i 列 を $\boldsymbol{d}_i$ $(i = 1, 2, 3)$ と す る と $\boldsymbol{d}_1 = \boldsymbol{c}_1 - 2\boldsymbol{c}_2 = 1/7(3\boldsymbol{a}_1 + 2\boldsymbol{a}_2)$，$\boldsymbol{d}_2 = \boldsymbol{c}_2 = -1/7\,\boldsymbol{b}_2 = 1/7(2\boldsymbol{a}_1 - \boldsymbol{a}_2)$，$\boldsymbol{d}_3 = \boldsymbol{b}_3 + \boldsymbol{b}_2 = \boldsymbol{a}_1 + \boldsymbol{a}_2 + \boldsymbol{a}_3 = \boldsymbol{0}$ だから $\boldsymbol{d}_1$，$\boldsymbol{d}_2$，$\boldsymbol{d}_3$ はすべて $\langle \boldsymbol{a}_1, \boldsymbol{a}_2, \boldsymbol{a}_3 \rangle$ の元である．

4.4.2 連立 1 次方程式

$$x_1\boldsymbol{a}_1 + \cdots + x_n\boldsymbol{a}_n = \boldsymbol{y}$$

が解を持つとき，解を $(x_1, \cdots, x_n) = (c_1, \cdots, c_n)$ とすれば $\boldsymbol{y} = c_1\boldsymbol{a}_1 + \cdots + c_n\boldsymbol{a}_n$ だから $\boldsymbol{y} \in \langle \boldsymbol{a}_1, \cdots, \boldsymbol{a}_n \rangle$ である．

逆に $\boldsymbol{y} \in \langle \boldsymbol{a}_1, \cdots, \boldsymbol{a}_n \rangle$ ならば $\boldsymbol{y} = c_1\boldsymbol{a}_1 + \cdots + c_n\boldsymbol{a}_n$ となる実数 c_1，$\cdots$，c_n が存

在する．$(x_1, \cdots, x_n) = (c_1, \cdots, c_n)$ は連立 1 次方程式 $x_1\boldsymbol{a}_1 + \cdots + x_n\boldsymbol{a}_n = \boldsymbol{y}$ の解である．

4.4.3 $\boldsymbol{x} = {}^t[x_1, \cdots, x_n]$ とおくとき

$$\begin{cases} a_{11}x_1 + \cdots + a_{1n}x_n = 0 \\ \qquad\vdots \\ a_{m1}x_1 + \cdots + a_{mn}x_n = 0 \end{cases}$$

が成り立つことと

$$A\boldsymbol{x} = \boldsymbol{0}$$

が成り立つことは同値である．

$\boldsymbol{a}$, $\boldsymbol{b}$ を U の元とするとき，任意の実数 s, t に対して $s\boldsymbol{a} + t\boldsymbol{b} \in U$ が成り立つことを示せばよい．

$\boldsymbol{a}$, $\boldsymbol{b}$ は U の元だから $A\boldsymbol{a} = A\boldsymbol{b} = \boldsymbol{0}$ が成り立ち

$$A(s\boldsymbol{a} + t\boldsymbol{b}) = A(s\boldsymbol{a}) + A(t\boldsymbol{b}) = s(A\boldsymbol{a}) + t(A\boldsymbol{b}) = \boldsymbol{0}$$

となる．よって $s\boldsymbol{a} + t\boldsymbol{b} \in U$ である．

4.5 節

4.5.1 $\boldsymbol{x} = c_1\boldsymbol{a}_1 + c_2\boldsymbol{a}_2 + c_3\boldsymbol{a}_3$ とおく．これは $A = [\boldsymbol{a}_1, \boldsymbol{a}_2, \boldsymbol{a}_3]$ を係数行列とする連立 1 次方程式 $A\,{}^t[c_1, c_2, c_3] = \boldsymbol{x}$ である．A は正則行列で $A^{-1} = \begin{bmatrix} 2 & -1 & 0 \\ -1 & 2 & -1 \\ 0 & -1 & 1 \end{bmatrix}$ である．${}^t[c_1, c_2, c_3] = A^{-1}\boldsymbol{x}$ から $c_1 = 2x - y$, $c_2 = -x + 2y - z$, $c_3 = -y + z$ となり

$$\boldsymbol{x} = (2x - y)\boldsymbol{a}_1 + (-x + 2y - z)\boldsymbol{a}_2 + (-y + z)\boldsymbol{a}_3$$

となる．

4.5.2 $A = [\boldsymbol{a}_1, \boldsymbol{a}_2, \boldsymbol{a}_3]$ とおくとき，A の行列式の値は -1 だから A は正則行列である．$\boldsymbol{x} \in \boldsymbol{R}^3$ を任意のベクトルとする．$c_1\boldsymbol{a}_1 + c_2\boldsymbol{a}_2 + c_3\boldsymbol{a}_3 = \boldsymbol{x}$ は連立 1 次方程式 $A\,{}^t[c_1, c_2, c_3] = \boldsymbol{x}$ である．これは，A が正則行列だからただ一組の解 ${}^t[c_1, c_2, c_3] = A^{-1}\boldsymbol{x}$ を持つ．

実際，$A^{-1} = \begin{bmatrix} 9 & 5 & 2 \\ 13 & 8 & 3 \\ 5 & 3 & 1 \end{bmatrix}$ で

$$\boldsymbol{x} = (9x + 5y + 2z)\boldsymbol{a}_1 + (13x + 8y + 3z)\boldsymbol{a}_2 + (5x + 3y + z)\boldsymbol{a}_3$$

となる．

すなわち，$\boldsymbol{R}^3$ の任意の元 $\boldsymbol{x}$ は，$\boldsymbol{a}_1, \boldsymbol{a}_2, \boldsymbol{a}_3$ の 1 次結合としてただ一通りに表せる．

4.5.3 $A = \begin{bmatrix} 1 & 1 & 3 & 2 \\ -2 & 1 & 2 & 1 \\ 1 & -3 & 1 & 1 \\ 0 & 1 & -6 & -4 \end{bmatrix}$ とおく．列基本変形により

$$A \longrightarrow B = \begin{bmatrix} 1 & 0 & 0 & 0 \\ 0 & 1 & 0 & 0 \\ 0 & 0 & 1 & 0 \\ -1 & -1 & -1 & 0 \end{bmatrix}$$

となる．B の列ベクトルを順に $\boldsymbol{b}_1 = {}^t[1, 0, 0, -1]$，$\boldsymbol{b}_2 = {}^t[0, 1, 0, -1]$，$\boldsymbol{b}_3 = {}^t[0, 0, 1, -1]$ とする．定理 4.10 より $\langle \boldsymbol{a}_1, \boldsymbol{a}_2, \boldsymbol{a}_3, \boldsymbol{a}_4 \rangle = \langle \boldsymbol{b}_1, \boldsymbol{b}_2, \boldsymbol{b}_3 \rangle$ である．すなわち U の任意の元 $\boldsymbol{x}$ を $\boldsymbol{b}_1$，$\boldsymbol{b}_2$，$\boldsymbol{b}_3$ の 1 次結合で表すことができる．明らかに $\mathrm{rank}([\boldsymbol{b}_1, \boldsymbol{b}_2, \boldsymbol{b}_3]) = 3$ だから，定理 4.4 により $\boldsymbol{b}_1$，$\boldsymbol{b}_2$，$\boldsymbol{b}_3$ は 1 次独立である．よって定理 4.8 により

$$\left\{ \begin{bmatrix} 1 \\ 0 \\ 0 \\ -1 \end{bmatrix}, \begin{bmatrix} 0 \\ 1 \\ 0 \\ -1 \end{bmatrix}, \begin{bmatrix} 0 \\ 0 \\ 1 \\ -1 \end{bmatrix} \right\}$$

は U の基底である．

4.6 節

4.6.1 (1) $\boldsymbol{v}_1 = 2\boldsymbol{u}_1 - \boldsymbol{u}_3, \boldsymbol{v}_2 = 4\boldsymbol{u}_1 - \boldsymbol{u}_2 - \boldsymbol{u}_3, \boldsymbol{v}_3 = -\boldsymbol{u}_1 + 2\boldsymbol{u}_2 - \boldsymbol{u}_3$ である．

(2) $T = \begin{bmatrix} 2 & 4 & -1 \\ 0 & -1 & 2 \\ -1 & -1 & -1 \end{bmatrix}$ である．

(3) $V = UT$ である．T は正則行列だから $U = VT^{-1}$ となり $\boldsymbol{x} = U\begin{bmatrix} x \\ y \\ z \end{bmatrix} = VT^{-1}\begin{bmatrix} x \\ y \\ z \end{bmatrix}$ である．ここで，T^{-1} を求めると $T^{-1} = \begin{bmatrix} -3 & -5 & -7 \\ 2 & 3 & 4 \\ 1 & 2 & 2 \end{bmatrix}$ だから

$$\boldsymbol{x} = VT^{-1}\begin{bmatrix} x \\ y \\ z \end{bmatrix} = V\begin{bmatrix} -3x - 5y - 7z \\ 2x + 3y + 4z \\ x + 2y + 2z \end{bmatrix}$$

$$= (-3x - 5y - 7z)\boldsymbol{v}_1 + (2x + 3y + 4z)\boldsymbol{v}_2 + (x + 2y + 2z)\boldsymbol{v}_3$$

となる．

4.6.2 $\begin{bmatrix} -1 & 0 & -1 \\ 0 & 1 & 1 \\ 2 & 0 & 1 \end{bmatrix}$

4.6.3 $\overrightarrow{\mathrm{OP'}} = \overrightarrow{\mathrm{OP}} + \vec{d}$ だから $\xi = x + a$, $\eta = y + b$ である．A の (i, j) 成分を a_{ij} とすると $\begin{bmatrix} \xi \\ \eta \\ 1 \end{bmatrix} = A \begin{bmatrix} x \\ y \\ 1 \end{bmatrix}$ から

$$\begin{cases} a_{11}x + a_{12}y + a_{13} = \xi = x + a \\ a_{21}x + a_{22}y + a_{23} = \eta = y + b \\ a_{31}x + a_{32}y + a_{33} = 1 \end{cases}$$

となる．ここで x, y は任意の実数だから $a_{11} = a_{22} = a_{33} = 1$, $a_{12} = a_{21} = a_{31} = a_{32} = 0$, $a_{13} = a$, $a_{23} = b$, すなわち $A = \begin{bmatrix} 1 & 0 & a \\ 0 & 1 & b \\ 0 & 0 & 1 \end{bmatrix}$ である．

第 3 章のコラムについての説明 $\boldsymbol{n}_i = {}^t[a_i, b_i, c_i]$ $(i = 1, 2, 3)$ とする．${}^t\boldsymbol{n}_i$ は平面 π_i の法ベクトルである．また ${}^tA = [\boldsymbol{n}_1, \boldsymbol{n}_2, \boldsymbol{n}_3]$ である．47 ページで注意したように $\mathrm{rank}(A) = \mathrm{rank}({}^tA)$ だから，系 4.11 によって $\mathrm{rank}(A) = \dim\langle \boldsymbol{n}_1, \boldsymbol{n}_2, \boldsymbol{n}_3 \rangle$ となる．

Case 2：$s = 2$, $t = 3$ のとき，$\boldsymbol{n}_1$, $\boldsymbol{n}_2$, $\boldsymbol{n}_3$ は 1 次従属で，$\boldsymbol{n}_1$, $\boldsymbol{n}_2$, $\boldsymbol{n}_3$ のうちのどれか 2 つは 1 次独立である．必要ならば，番号を変えて $\boldsymbol{n}_1$, $\boldsymbol{n}_2$ は 1 次独立であるとする．このとき行列 $\begin{bmatrix} a_1 & b_1 & c_1 \\ a_2 & b_2 & c_2 \end{bmatrix}$, $\begin{bmatrix} a_1 & b_1 & c_1 & d_1 \\ a_2 & b_2 & c_2 & d_2 \end{bmatrix}$ の階数はともに 2 となり，π_1 と π_2 は交わる．$\boldsymbol{n}_1$, $\boldsymbol{n}_3$ が 1 次独立ならば，π_1, π_3 は交わり，1 次従属ならば，π_1, π_3 は平行である．π_2, π_3 についても同様である．

Case 4：$s = 1$, $t = 2$ のとき，$\boldsymbol{n}_1$, $\boldsymbol{n}_2$, $\boldsymbol{n}_3$ はすべて平行である．よって 3 平面 π_1, π_2, π_3 はすべて平行である．

第5章

5.1節

5.1.1 (1) $G_1(x) = G_1(y)$ とすると，$2x+1 = 2y+1$ すなわち $x = y$ となるから，G_1 は単射である．また，任意の実数 b に対し，$a = \frac{1}{2}(b-1)$ とすれば $G_1(a) = b$ となるから，G_1 は全射である．

(2) 例えば，$2 \neq -2$ であるが，$G_2(2) = G_2(-2) = 4$ となるから，G_2 は単射ではない．また，例えば，$G_2(x) = -1$ となる実数 x は存在しないから，G_2 は全射ではない．

5.1.2 任意の $\boldsymbol{x}_1 = {}^t[x_1, y_1]$，$\boldsymbol{x}_2 = {}^t[x_2, y_2] \in \boldsymbol{R}^2$ および任意の実数 a，b をとる．$a\boldsymbol{x}_1 + b\boldsymbol{x}_2 = {}^t[ax_1 + bx_2, ay_1 + by_2]$ であるから，$F_3(a\boldsymbol{x}_1 + b\boldsymbol{x}_2) = ay_1 + by_2$ である．一方，$aF_3(\boldsymbol{x}_1) + bF_3(\boldsymbol{x}_2) = ay_1 + by_2$ である．よって $F_3(a\boldsymbol{x}_1 + b\boldsymbol{x}_2) = aF_3(\boldsymbol{x}_1) + bF_3(\boldsymbol{x}_2)$ が成り立つから，F_3 は線形写像である．

5.1.3 $\mathbf{0} + \mathbf{0} = \mathbf{0}$ が成り立つ．両辺を F で写すと $F(\mathbf{0} + \mathbf{0}) = F(\mathbf{0})$ が得られ，左辺を線形写像の性質を用いて変形すれば $F(\mathbf{0}) + F(\mathbf{0}) = F(\mathbf{0})$ となる．両辺から $F(\mathbf{0})$ を引いて $F(\mathbf{0}) = \mathbf{0}$ を得る．

5.2節

5.2.1 (1) a，b を実数とし，$\boldsymbol{x}_1 = {}^t[x_1, y_1]$，$\boldsymbol{x}_2 = {}^t[x_2, y_2]$ とする．$a\boldsymbol{x}_1 + b\boldsymbol{x}_2 = {}^t[ax_1 + bx_2, ay_1 + by_2]$ であるから，

$$F(a\boldsymbol{x}_1 + b\boldsymbol{x}_2) = \begin{bmatrix} ay_1 + by_2 \\ 3(ax_1 + bx_2) - (ay_1 + by_2) \end{bmatrix} = a\begin{bmatrix} y_1 \\ 3x_1 - y_1 \end{bmatrix} + b\begin{bmatrix} y_2 \\ 3x_2 - y_2 \end{bmatrix}$$
$$= aF(\boldsymbol{x}_1) + bF(\boldsymbol{x}_2)$$

が成り立つ．よって F は線形写像である．

$F(\begin{bmatrix} 1 \\ 0 \end{bmatrix}) = \begin{bmatrix} 0 \\ 3 \end{bmatrix}$，$F(\begin{bmatrix} 0 \\ 1 \end{bmatrix}) = \begin{bmatrix} 1 \\ -1 \end{bmatrix}$ より，定理 5.2 から $A = \begin{bmatrix} 0 & 1 \\ 3 & -1 \end{bmatrix}$ である．

(2) 演習問題 5.1.3 の対偶「$F(\mathbf{0}) \neq \mathbf{0}$ ならば F は線形写像ではない」を用いる．$F(\mathbf{0}) = {}^t[1, 0] \neq \mathbf{0}$ であるから，F は線形写像ではない．

(3) $\boldsymbol{x}_1 = {}^t[1, 1]$，$\boldsymbol{x}_2 = {}^t[0, 0]$，$a = 2$，$b = 1$ とする．$F(a\boldsymbol{x}_1 + b\boldsymbol{x}_2) = F({}^t[2, 2]) = {}^t[4, 8]$ である．一方，$aF(\boldsymbol{x}_1) + bF(\boldsymbol{x}_2) = 2\,{}^t[2, 2] + {}^t[0, 0] = {}^t[4, 4]$ である．よって $F(a\boldsymbol{x}_1 + b\boldsymbol{x}_2) = aF(\boldsymbol{x}_1) + bF(\boldsymbol{x}_2)$ が成り立たない例があるから，F は線形写像ではない．

5.2.2 (1) $F_A(\boldsymbol{e}_1) = A\boldsymbol{e}_1 = {}^t[-1, 2, -4]$.

(2) $F_A(\boldsymbol{e}_2) = A\boldsymbol{e}_2 = {}^t[-5, 4, -8]$.

(3) $F_A(\boldsymbol{e}_3) = A\boldsymbol{e}_3 = {}^t[-1, 0, 0]$.

(4) 直接計算して $F_A(\boldsymbol{x}) = {}^t[-x-5y-z, 2x+4y, -4x-8y]$. $\boldsymbol{x} = x\boldsymbol{e}_1 + y\boldsymbol{e}_2 + z\boldsymbol{e}_3$ と表せることに注意して，F_A の線形性と (1)～(3) の結果を用いて

$$F_A(\boldsymbol{x}) = xF_A(\boldsymbol{e}_1) + yF_A(\boldsymbol{e}_2) + zF_A(\boldsymbol{e}_3) = {}^t[-x-5y-z, 2x+4y, -4x-8y]$$

と計算してもよい.

5.2.3 (1) A に対して行基本変形をくり返し施すことで，$A \longrightarrow \begin{bmatrix} 1 & 0 & -2/3 \\ 0 & 1 & 1/3 \\ 0 & 0 & 0 \end{bmatrix}$ という形に変形できるから，$\mathrm{rank}(A) = 2$ である.

(2) s を実数として $\begin{bmatrix} x \\ y \\ z \end{bmatrix} = s\begin{bmatrix} 2 \\ -1 \\ 3 \end{bmatrix}$.

(3) F_A の核は，連立 1 次方程式 $A\boldsymbol{x} = \boldsymbol{0}$ の解全体と一致する. (2) の結果より，$\boldsymbol{p} = {}^t[2, -1, 3]$ とおくと，F_A の核は $\langle \boldsymbol{p} \rangle$ であることがわかる. したがって，F_A の核の基底は $\boldsymbol{p}$ であり，1 次元である.

(4) 次元定理により，F_A の像の次元は $3 - 1 = 2$ である. よって，A の列ベクトルから 1 次独立なものを 2 つ選び出せば，それが像の基底となる. 基底はただ 1 つでないことに注意しておく. 例えば $\left\{\begin{bmatrix} 1 \\ 0 \\ 0 \end{bmatrix}, \begin{bmatrix} 0 \\ 1 \\ -2 \end{bmatrix}\right\}$ や，$\left\{\begin{bmatrix} -1 \\ 2 \\ -4 \end{bmatrix}, \begin{bmatrix} -1 \\ 0 \\ 0 \end{bmatrix}\right\}$ は F_A の像の基底である.

5.3 節

5.3.1 (1) 固有方程式は $|A - \lambda E| = (3 - \lambda)^2 = 0$ であり，固有値は 3 (重複度 2) である. 連立 1 次方程式 $(A - 3E)\boldsymbol{x} = \boldsymbol{0}$ の解は $\boldsymbol{x} = s\begin{bmatrix} 1 \\ 0 \end{bmatrix}$ $(s \in \boldsymbol{R})$ である. 解のうちの 1 つを $\boldsymbol{p}_1 = {}^t[1, 0]$ とおけば固有空間は $V_3 = \langle \boldsymbol{p}_1 \rangle$ である.

(2) 固有方程式は $|A - \lambda E| = (\lambda - 4)(\lambda + 2) = 0$ であり，固有値は 4, -2 である. 固有値 4 に対する固有ベクトルは，連立 1 次方程式 $(A - 4E)\boldsymbol{x} = \boldsymbol{0}$ の解 $\boldsymbol{x} = s\begin{bmatrix} 1 \\ 1 \end{bmatrix}$ $(s \in \boldsymbol{R})$ であり，固有値 -2 に対する固有ベクトルは，連立 1 次方程式 (A

$-(-2)E)\boldsymbol{x}=\boldsymbol{0}$ の解 $\boldsymbol{x}=s\begin{bmatrix}-1\\1\end{bmatrix}$ $(s\in\boldsymbol{R})$ である．それぞれの固有空間からベクトルとして $\boldsymbol{p}_1={}^t[1,1]$ および $\boldsymbol{p}_2={}^t[-1,1]$ を取れば，固有値 4 に対する固有空間 V_4 は $V_4=\langle\boldsymbol{p}_1\rangle$ であり，固有値 -2 に対する固有空間 V_{-2} は $V_{-2}=\langle\boldsymbol{p}_2\rangle$ である．

(3)　固有方程式は $|A-\lambda E|=-(\lambda+2)(\lambda-1)(\lambda-3)=0$ で，固有値は 3，1，-2 である．固有値 3 に対する固有空間は $\boldsymbol{p}_1={}^t[1,-1,1]$ として $V_3=\langle\boldsymbol{p}_1\rangle$，固有値 1 に対する固有空間は $\boldsymbol{p}_2={}^t[1,-2,2]$ として $V_1=\langle\boldsymbol{p}_2\rangle$，固有値 -2 に対する固有空間は $\boldsymbol{p}_3={}^t[1,-2,3]$ として $V_{-2}=\langle\boldsymbol{p}_3\rangle$ である．

5.4 節

5.4.1　(1) は演習問題 5.3.1 (2) と，(2) は例題 5.8 と同じ行列である．固有値，固有ベクトルの計算についてはそれぞれの解答を参照せよ．

(1)　固有値は 4，-2 で，$\boldsymbol{p}_1={}^t[1,1]$ は固有値 4 に対する固有ベクトル，$\boldsymbol{p}_2={}^t[-1,1]$ は固有値 -2 に対する固有ベクトルである．$P=[\boldsymbol{p}_1,\boldsymbol{p}_2]$ とおくと，$P^{-1}AP=\begin{bmatrix}4&0\\0&-2\end{bmatrix}$ となる．

(2)　固有値は 1 (重複度 2) および -2 で，$\boldsymbol{p}_1={}^t[1,1,0]$，$\boldsymbol{p}_2={}^t[1,0,-1]$ は固有値 1 に対する固有ベクトル，$\boldsymbol{p}_3={}^t[1,-1,1]$ は，固有値 -2 に対する固有ベクトルである．$P=[\boldsymbol{p}_1,\boldsymbol{p}_2,\boldsymbol{p}_3]$ とおくと，$P^{-1}AP=\begin{bmatrix}1&0&0\\0&1&0\\0&0&-2\end{bmatrix}$ となる．

5.4.2　(1)　固有方程式は $|A-\lambda E|=-(\lambda-1)(\lambda-2)^2=0$ であり，固有値は 1 と 2 (重複度 2) のみである．

(2)　連立 1 次方程式 $(A-E)\boldsymbol{x}=\boldsymbol{0}$ の解は $\boldsymbol{x}=s\,{}^t[0,-1,1]$ $(s\in\boldsymbol{R})$，$\boldsymbol{x}=s\,{}^t[0,-1,1]$ は固有空間 V_1 の基底である．

(3)　連立 1 次方程式 $(A-2E)\boldsymbol{x}=\boldsymbol{0}$ の解は $\boldsymbol{x}=s\,{}^t[-1,1,0]$ $(s\in\boldsymbol{R})$，$\boldsymbol{x}=s\,{}^t[-1,1,0]$ $(s\in\boldsymbol{R})$ は固有空間 V_2 の基底である．

5.5 節

5.5.1　$|\boldsymbol{u}_1|^2=1$ より $\dfrac{9}{25}+a^2=1$，$|\boldsymbol{u}_2|^2=1$ より $b^2+c^2=1$，$\langle\boldsymbol{u}_1,\boldsymbol{u}_2\rangle=0$ より $\dfrac{3}{5}b+ac=0$ を得る．この 3 式をみたす $a>0$, b, c を求めると $a=4/5$,

$b=\pm 4/5$, $c=\mp 3/5$ (複号同順) となる.

5.5.2 $|\boldsymbol{u}_1|^2=\dfrac{1}{2}+a^2=1$, $|\boldsymbol{u}_2|^2=3b^2=1$, $|\boldsymbol{u}_3|^2=c^2+d^2+e^2=1$, $\langle \boldsymbol{u}_1, \boldsymbol{u}_2\rangle=\dfrac{\sqrt{2}}{2}b-ab=0$, $\langle \boldsymbol{u}_1, \boldsymbol{u}_3\rangle=\dfrac{\sqrt{2}}{2}c+ad=0$, $\langle \boldsymbol{u}_2, \boldsymbol{u}_3\rangle=bc-bd+be=0$ の 6 式をみたす a, b, c, d, e (ただし a, b, c は正の数) を求めると $a=1/\sqrt{2}$, $b=1/\sqrt{3}$, $c=1/\sqrt{6}$, $d=-1/\sqrt{6}$, $e=-\sqrt{2/3}$ となる.

5.5.3 $\boldsymbol{v}=\boldsymbol{u}-c_1\boldsymbol{u}_1-\cdots-c_r\boldsymbol{u}_r$ とおく. 内積の性質と, $\boldsymbol{u}_1, \cdots, \boldsymbol{u}_r$ が $\boldsymbol{R}^n$ の正規直交系であることから

$$
\begin{aligned}
(\boldsymbol{v}, \boldsymbol{u}_i) &= (\boldsymbol{u}, \boldsymbol{u}_i)-c_1(\boldsymbol{u}_1, \boldsymbol{u}_i)-\cdots-c_i(\boldsymbol{u}_i, \boldsymbol{u}_i)-\cdots-c_r(\boldsymbol{u}_r, \boldsymbol{u}_i) \\
&= (\boldsymbol{u}, \boldsymbol{u}_i)-c_i(\boldsymbol{u}_i, \boldsymbol{u}_i)
\end{aligned}
$$

である. 一方, $\boldsymbol{v}$ と $\boldsymbol{u}_i$ は直交するから $(\boldsymbol{v}, \boldsymbol{u}_i)=0$ である. よって $c_i=\dfrac{(\boldsymbol{u}, \boldsymbol{u}_i)}{(\boldsymbol{u}_i, \boldsymbol{u}_i)}$ と表される.

5.5.4 (1) $\boldsymbol{u}_1=\dfrac{1}{|\boldsymbol{p}_1|}\boldsymbol{p}_1=\begin{bmatrix}1/\sqrt{5}\\2/\sqrt{5}\end{bmatrix}$, $\boldsymbol{p}_2{}^*=\boldsymbol{p}_2-(\boldsymbol{p}_2, \boldsymbol{u}_1)\boldsymbol{u}_1=\begin{bmatrix}3\\4\end{bmatrix}-\dfrac{11}{\sqrt{5}}\begin{bmatrix}1/\sqrt{5}\\2/\sqrt{5}\end{bmatrix}=\begin{bmatrix}4/5\\-2/5\end{bmatrix}$, $\boldsymbol{u}_2=\dfrac{1}{|\boldsymbol{p}_2{}^*|}\boldsymbol{p}_2{}^*=\begin{bmatrix}2/\sqrt{5}\\-1/\sqrt{5}\end{bmatrix}$ となる.

(2) $\boldsymbol{u}_1=\dfrac{1}{|\boldsymbol{p}_1|}\boldsymbol{p}_1=\begin{bmatrix}1/\sqrt{2}\\0\\-1/\sqrt{2}\end{bmatrix}$, $\boldsymbol{p}_2{}^*=\boldsymbol{p}_2-(\boldsymbol{p}_2, \boldsymbol{u}_1)\boldsymbol{u}_1=\begin{bmatrix}0\\1\\-1\end{bmatrix}-\dfrac{1}{\sqrt{2}}\begin{bmatrix}1/\sqrt{2}\\0\\-1/\sqrt{2}\end{bmatrix}=\begin{bmatrix}-1/2\\1\\-1/2\end{bmatrix}$, $\boldsymbol{u}_2=\dfrac{1}{|\boldsymbol{p}_2{}^*|}\boldsymbol{p}_2{}^*=\begin{bmatrix}-1/\sqrt{6}\\2/\sqrt{6}\\-1/\sqrt{6}\end{bmatrix}$, $\boldsymbol{p}_3{}^*=\boldsymbol{p}_3-(\boldsymbol{p}_3, \boldsymbol{u}_1)\boldsymbol{u}_1-(\boldsymbol{p}_3, \boldsymbol{u}_2)\boldsymbol{u}_2=\begin{bmatrix}2/3\\2/3\\2/3\end{bmatrix}$,

$\boldsymbol{u}_3=\dfrac{1}{|\boldsymbol{p}_3{}^*|}\boldsymbol{p}_3{}^*=\begin{bmatrix}1/\sqrt{3}\\1/\sqrt{3}\\1/\sqrt{3}\end{bmatrix}$ となる.

5.5.5 仮定から

$$(A\boldsymbol{x}, \boldsymbol{y})-(B\boldsymbol{x}, \boldsymbol{y})=((A-B)\boldsymbol{x}, \boldsymbol{y})=0$$

が任意の $\boldsymbol{x}$, $\boldsymbol{y}$ に対して成り立つことがわかる. ここで, $\boldsymbol{x}\in\boldsymbol{R}^n$ を任意の元とし $\boldsymbol{y}=(A-B)\boldsymbol{x}$ とおくと $((A-B)\boldsymbol{x}, (A-B)\boldsymbol{x})=0$ となるから, 定理 5.10 (4) により $(A-B)\boldsymbol{x}=\boldsymbol{0}$ である. $\boldsymbol{x}$ は任意だったから $A-B=O$, すなわち $A=B$ である.

5.6 節

5.6.1 (1) $U^{-1}=\begin{bmatrix}1/\sqrt{2} & 1/\sqrt{2}\\ -1/\sqrt{2} & 1/\sqrt{2}\end{bmatrix}$ である．また，

$${}^tUU=\left(\frac{1}{\sqrt{2}}\right)^2\begin{bmatrix}1 & 1\\ -1 & 1\end{bmatrix}\begin{bmatrix}1 & -1\\ 1 & 1\end{bmatrix}=\frac{1}{2}\begin{bmatrix}2 & 0\\ 0 & 2\end{bmatrix}=E_2$$

となる．

(2) $U=R\left(\dfrac{\pi}{4}\right)$ である．

(3) $\begin{bmatrix}1\\0\end{bmatrix}$ の像は $U\begin{bmatrix}1\\0\end{bmatrix}=\begin{bmatrix}1/\sqrt{2}\\1/\sqrt{2}\end{bmatrix}$ である．$\begin{bmatrix}0\\1\end{bmatrix}$ の像は $U\begin{bmatrix}0\\1\end{bmatrix}=\begin{bmatrix}-1/\sqrt{2}\\1/\sqrt{2}\end{bmatrix}$ である．

(4) 三角形の像は，点 $(0,0)$，$(1/\sqrt{2},1/\sqrt{2})$，$(-1/\sqrt{2},1/\sqrt{2})$ を頂点とする三角形である．これは，元の三角形を，原点を中心に $\dfrac{\pi}{4}$ だけ回転させた三角形である．

5.6.2 $|R(\theta)|=\begin{vmatrix}\cos\theta & -\sin\theta\\ \sin\theta & \cos\theta\end{vmatrix}=\cos^2\theta-(-\sin^2\theta)=1.$

$$|R^*(\theta)|=\begin{vmatrix}\cos\theta & \sin\theta\\ \sin\theta & -\cos\theta\end{vmatrix}=-\cos^2\theta-\sin^2\theta=-1.$$

5.6.3 (1) U，Vを直交行列とする．${}^t(UV)(UV)=({}^tV{}^tU)(UV)={}^tV({}^tUU)V={}^tVE_nV={}^tVV=E_n$ となる．よって積 UVは直交行列である．

(2) Uを直交行列とし $V=U^{-1}$ とおく．このとき ${}^tV={}^t(U^{-1})={}^t({}^tU)=U$ となるから ${}^tVV=UV=UU^{-1}=E_n$ となる．すなわち Uの逆行列 Vは直交行列である．

(3) ${}^tUU=E_n$ の両辺の行列式をとると $|{}^tUU|=1$ となる．行列式の公式 $|AB|=|A||B|$ および $|{}^tA|=|A|$ を用いると，左辺は $|{}^tU||U|=|U|^2$ となるから，$|U|=\pm1$ を得る．

5.6.4 $\{\boldsymbol{e}\}$ および $\{\boldsymbol{f}\}$ を構成している縦ベクトルを並べてできる行列をそれぞれ E, Fとする．E, Fは定理 5.15 により直交行列になる．とくに，Eは正則行列で $E^{-1}={}^tE$ が存在する．$\{\boldsymbol{e}\}\to\{\boldsymbol{f}\}$ の基底の取り替え行列を Tとすると，$F=ET$ が成り立ち，両辺に左から ${}^tE$をかけると ${}^tEF=T$ となる．演習問題 5.6.3 (2) により ${}^tE$も直交行列である．Tは，2 つの直交行列 ${}^tE$, Fの積だから演習問題 5.6.3 (1) によって直交行列である．

5.7 節

5.7.1 (1) 固有値は 3, -1 である．固有値 3 に対する固有ベクトルとして $\boldsymbol{p}_1={}^t[1,1]$ を，固有値 -1 に対する固有ベクトルとして $\boldsymbol{p}_2={}^t[-1,1]$ を取ること

ができる．$\boldsymbol{p}_1$ と $\boldsymbol{p}_2$ は内積 $(\boldsymbol{p}_1, \boldsymbol{p}_2)=0$ より直交することがわかる．$\boldsymbol{u}_1=\dfrac{1}{|\boldsymbol{p}_1|}\boldsymbol{p}_1$ $={}^t[1/\sqrt{2}, 1/\sqrt{2}]$，$\boldsymbol{u}_2=\dfrac{1}{|\boldsymbol{p}_2|}\boldsymbol{p}_2={}^t[-1/\sqrt{2}, 1/\sqrt{2}]$ として $U=[\boldsymbol{u}_1, \boldsymbol{u}_2]$ とおく．U は直交行列であり，A は ${}^tUAU=\begin{bmatrix}3 & 0\\ 0 & -1\end{bmatrix}$ と対角化される．

(2)　固有値は 2, -3 である．固有値 2 に対する固有ベクトルとして $\boldsymbol{p}_1={}^t[2,1]$ を，固有値 -3 に対する固有ベクトルとして $\boldsymbol{p}_2={}^t[-1,2]$ を取ることができる．$\boldsymbol{p}_1$ と $\boldsymbol{p}_2$ は直交していることに注意して，$\boldsymbol{u}_1=\dfrac{1}{|\boldsymbol{p}_1|}\boldsymbol{p}_1={}^t[2/\sqrt{5}, 1/\sqrt{5}]$，$\boldsymbol{u}_2=\dfrac{1}{|\boldsymbol{p}_2|}\boldsymbol{p}_2={}^t[-1/\sqrt{5}, 2/\sqrt{5}]$ として $U=[\boldsymbol{u}_1, \boldsymbol{u}_2]$ とおく．U は直交行列であり，B は ${}^tUBU=\begin{bmatrix}2 & 0\\ 0 & -3\end{bmatrix}$ と対角化される．

(3)　固有値は 6, 3, -2 であり，それぞれの固有値に対する固有ベクトルとして $\boldsymbol{p}_1={}^t[1,2,1]$，$\boldsymbol{p}_2={}^t[1,-1,1]$，$\boldsymbol{p}_3={}^t[-1,0,1]$ を取れる．これらの固有ベクトルは互いに直交しているから，$\boldsymbol{u}_i=\dfrac{1}{|\boldsymbol{p}_i|}\boldsymbol{p}_i\ (i=1,2,3)$ として $U=[\boldsymbol{u}_1, \boldsymbol{u}_2, \boldsymbol{u}_3]$ とおく．U は直交行列であり，C は ${}^tUCU=\begin{bmatrix}6 & 0 & 0\\ 0 & 3 & 0\\ 0 & 0 & -2\end{bmatrix}$ と対角化される．

(4)　固有値は 4 および 1 (重複度 2) である．固有値 4 に対する固有ベクトルとして $\boldsymbol{p}_1={}^t[1,1,1]$ を取れる．また，固有値 1 に対する固有ベクトルとして $\boldsymbol{p}_2={}^t[-1,0,1]$，$\boldsymbol{p}_3={}^t[-1,1,0]$ を取れる．これらの固有ベクトルにシュミットの直交化法を適用して正規直交基底を構成すると，$\boldsymbol{u}_1={}^t[1/\sqrt{3}, 1/\sqrt{3}, 1/\sqrt{3}]$，$\boldsymbol{u}_2={}^t[-1/\sqrt{2}, 0, 1/\sqrt{2}]$，$\boldsymbol{u}_3={}^t[-1/\sqrt{6}, 2/\sqrt{6}, -1/\sqrt{6}]$ を得る．ここで，$U=[\boldsymbol{u}_1, \boldsymbol{u}_2, \boldsymbol{u}_3]=\begin{bmatrix}1/\sqrt{3} & -1/\sqrt{2} & -1/\sqrt{6}\\ 1/\sqrt{3} & 0 & 2/\sqrt{6}\\ 1/\sqrt{3} & 1/\sqrt{2} & -1/\sqrt{6}\end{bmatrix}$ とおく．U は直交行列であり，D は ${}^tUDU=\begin{bmatrix}4 & 0 & 0\\ 0 & 1 & 0\\ 0 & 0 & 1\end{bmatrix}$ と対角化される．

5.7.2　(1)　$A=\begin{bmatrix}3 & 1\\ 1 & 3\end{bmatrix}$ である．

(2)　$U=\begin{bmatrix}1/\sqrt{2} & -1/\sqrt{2}\\ 1/\sqrt{2} & 1/\sqrt{2}\end{bmatrix}$ とおくと，$U^{-1}AU=\begin{bmatrix}4 & 0\\ 0 & 2\end{bmatrix}$ となる．

(3) $\boldsymbol{u} = \begin{bmatrix} u \\ v \end{bmatrix}$ として $\boldsymbol{x} = U\boldsymbol{u}$ とおけば，2 次曲線の方程式 ${}^t\boldsymbol{x}A\boldsymbol{x} = 1$ は ${}^t\boldsymbol{u}\begin{bmatrix} 4 & 0 \\ 0 & 2 \end{bmatrix}\boldsymbol{u} = 1$，すなわち $4u^2 + 2v^2 = 1$ に変換される．U は 2 次の回転行列 $R\left(\dfrac{\pi}{4}\right)$ であり，問題の 2 次曲線は楕円 $4x^2 + 2y^2 = 1$ を原点を中心として $\dfrac{\pi}{4}$ だけ回転させた楕円である．曲線の概形は以下の図の通りである．

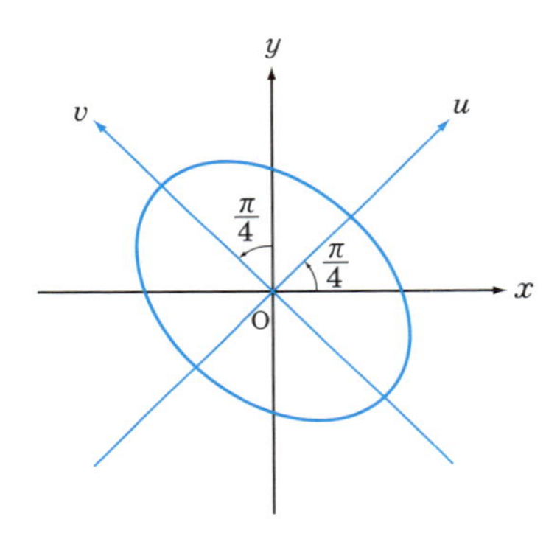

索　引

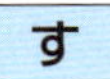

せ

そ

た

て

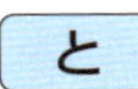

な

は

ふ

著者略歴

礒島　　伸（いそじま　しん）

東京大学教養学部基礎科学科卒業．東京大学大学院数理科学研究科修了．現在，法政大学准教授．博士（数理科学）．

桂　　利行（かつら　としゆき）

東京大学理学部数学科卒業．東京大学大学院理学系研究科中退．現在，法政大学教授・東京大学名誉教授．理学博士．

間下　克哉（ましも　かつや）

東京教育大学理学部数学科卒業．筑波大学大学院数学研究科中退．現在，法政大学教授．理学博士．

安田　和弘（やすだ　かずひろ）

京都大学理学部卒業．大阪大学大学院基礎工学研究科修了．現在，法政大学准教授．博士（理学）．

コア講義　線形代数

2016年 9 月25日　第1版1刷発行
2017年 4 月 5 日　第2版1刷発行
2025年 3 月25日　第2版5刷発行

検印省略

定価はカバーに表示してあります．

著　者　礒島　伸　桂　利行　間下克哉　安田和弘

発行者　吉野和浩

発行所　東京都千代田区四番町 8-1
電　話　03-3262-9166(代)
郵便番号　102-0081
株式会社　裳　華　房

印刷所　三報社印刷株式会社

製本所　牧製本印刷株式会社

一般社団法人
自然科学書協会会員

ISBN 978-4-7853-1568-9